DANIEL SCHOCH

Topologische Axiomatisierung methodologischer Konzepte der Theorienentwicklung

ERFAHRUNG UND DENKEN

Schriften zur Förderung der Beziehungen zwischen Philosophie und Einzelwissenschaften

---

Band 81

Topologische Axiomatisierung methodologischer Konzepte der Theorienentwicklung

Von

Dr. Daniel Schoch

Duncker & Humblot · Berlin

Gedruckt mit Unterstützung der
Geschwister Boehringer Ingelheim Stiftung für Geisteswissenschaften
Ingelheim am Rhein

Die Deutsche Bibliothek – CIP-Einheitsaufnahme

Schoch, Daniel:
Topologische Axiomatisierung methodologischer Konzepte der Theorienentwicklung / von Daniel Schoch. – Berlin : Duncker und Humblot, 1998
(Erfahrung und Denken ; Bd. 81)
Zugl.: Frankfurt (Main), Univ., Diss., 1994
ISBN 3-428-09110-8

D 30

Fotoprint: Berliner Buchdruckerei Union GmbH, Berlin
Printed in Germany

ISSN 0425-1806
ISBN 3-428-09110-8

Gedruckt auf alterungsbeständigem (säurefreiem) Papier
entsprechend ISO 9706 ♾

Meinen Eltern gewidmet

Inhalt

Kapitel I

Einleitung

Fragt man einen Wissenschaftler nach derjenigen theoretischen Gesetzmäßigkeit, welche eine gegebene Menge von Meßdaten am besten zu erklären vermag, so wird er mit traumwandlerischer Sicherheit eine Hypothese aus der unendlichen Klasse der mit den Daten Verträglichen ausdeuten. Nach den Gründen für seine Wahl gefragt, wird er behaupten, die einfachste Gesetzmäßigkeit gewählt zu haben. Er wird diese Hypothese selbst dann vertreten, wenn sie die Daten nicht so gut reproduziert, wie eine Ad-hoc-Approximation. Welches die Kriterien für Einfachheit sind, wird der Wissenschaftler nicht sagen können; er wird auf 'Schönheit', 'Eleganz', 'Symmetrie' oder auf die 'Kürze' oder 'Einheitlichkeit' der formalen Beschreibung verweisen.

Die Rolle von Kriterien zur rationalen Theorienwahl ist innerhalb der Wissenschaftstheorie sehr umstritten. Während Kuhn und insbesondere Feyerabend jegliche normative Methodologie strikt ablehnen, stehen diejenigen Wissenschaftsphilosophen, die an einen wie auch immer gearteten Erkenntnisfortschritt in den empirischen Wissenschaften glauben, Theoriewahlkriterien positiv gegenüber, jedoch mit scheinbar unterschiedlichen Vorzeichen: Diejenigen, die wie Popper [Popper(59)] und Lakatos im Scheitern von Theorien an der Erfahrung den Motor der Theoriendynamik sehen, halten die historisch früheren Theorien für die einfacheren; die, welche wie Watkins [Watkins(84)] und Redhead [Redhead(89)] den wissenschaftlichen Fortschritt hauptsächlich in der Vereinheitlichung bisher getrennter Bereiche sehen, weisen der späteren, unifizierten Theorie einen höhereren Grad von Einfachheit zu. Die ersteren zitieren Theorien aus der Physik, in denen Parameter hinzugefügt werden mußten, um mit den präziser werdenden Meßergebnissen verträglich zu bleiben, die letzteren verweisen auf vereinheitlichte Feldtheorien, in denen bisher unabhängige Größen verknüpft werden. Beide Positionen haben recht und sind mit demselben Einfachheitsbegriff beschreibbar.

Das Problem, zu gegebenen endlichen Meßdaten die bestmögliche verträgliche Hypothese zu finden, ist so alt, wie das Problem der Induktion schlechthin. Während aber früher die Frage nach der Bestätigung einer gegeben Theorie dominierte, so ist unter dem Eindruck der wissenschaftlichen Revolutionen des zwanzigsten Jahrhunderts der Blick für die Vielzahl der konkurrierenden Hypothesen geschärft worden. Wurden bis zum neunzehnten Jahrhundert Naturgesetze unter ästhetischen oder vermeintlich apriorischen Gesichtspunkten aufgestellt, so ist durch die Zunahme quantitativer Beschreibungen in allen Naturwissenschaften die Frage nach der rationalen Hypothesenwahl eines der wichtigsten methodologischen Probleme geworden. Die Einsicht in die Unmöglichkeit der Reduktion makroskopischer Phänomene nichtphysikalischer Wissenschaften wie Biologie, Geologie oder Ökonomie auf erste Prinzipien von Elementarteilchen läßt die Aufstellung von Gesetzmäßigkeiten zum wissenschaftlichen Alltag werden.

Einen Lösungsversuch entwickelte Popper in den frühen dreißiger Jahren mit dem von ihm so genannten mengentheoretischen 'Dimensionskriterium'. Es hatte den großen Vorzug, gleichzeitig eine Begründung für die Wahl zu liefern: Je weniger Information einer Theorie hinzugefügt werden mußte, bevor die erste basale Vorhersage deduziert werden kann, desto früher kann eine Nichtübereinstimmung mit der Wirklichkeit entdeckt werden, desto höher ist also der Grad ihrer Prüfbarkeit, desto einfacher ist die Theorie. Leider ist es so unpräzise formuliert, daß es nicht einmal auf die von Popper selbst zitierten Beispiele anwendbar ist. Daher wird es nach anfänglicher naiver Rezeption heute einhellig abgelehnt. Selbst diejenigen, welche der Popperschen Philosophie positiv gegenüberstehen, halten es für praktisch nicht mehr relevant.[1] Parallel dazu wuchs in der Folge von Kuhn und Feyerabend die Kritik an normativer Methodologie schlechthin und wurde vom Strukturalismus aufgenommen.

Diese Arbeit soll zeigen, daß sich ein Einfachheitskriterium im Sinne des frühen Popper entwickeln läßt. Allerdings ist dazu ein erheblicher mathematischer Aufwand vonnöten. Um hinreichende Allgemeinheit beanspruchen zu können, werden Theorien als Klassen topologischer Objekte, welche die möglichen Zustände des Systems repräsentieren, rekonstruiert. Diese Klassen werden ihrerseits mit einer Topologie versehen. Auf diesen sogenannten Hyperräumen kann dann für einige Fälle die topologische Dimension, also die Zahl der Parameter der Theorie, charakterisiert werden. Es zeigt sich, daß im Gegensatz zu syntaktisch-semantischen Einfachheitskriterien vielen häufig verwendeten Kurven hohe Einfachheitsgrade zugeordnet werden, die ihrer bevorzugten Wahl durch Wissenschaftler entsprechen. Doch dies allein wäre kein hinreichender Grund für die Akzeptanz eines methodologischen Kriteriums. Wir können ein Maß für die Anzahl der Punkte

[1] Unter anderem Miller und Grünbaum in persönlichem Gespräch.

definieren, die benötigt werden, um den Zustand eindeutig zu bestimmen, also die Theorie zu 'fitten'. Es ist ein Maß für die Prüfbarkeit der Theorie und vermeidet die Schwächen der Popperschen Definition. Die topologische Dimension ist proportional zu diesem Maß. In allgemeineren Fällen, in denen das Maß nicht anwendbar ist, läßt sich zeigen, daß aus der Endlichdimensionalität der Klasse die Existenz eines Experimentum Crucis folgt. Diese beiden Tatsachen liefern die gesuchte apriorische Begründung für die topologische Dimension der Zustandsklasse als Einfachheitskriterium.

Das Einfachheitskriterium liefert aber nicht nur einen Qualitätsmaßstab für Theorien, sondern auch lerntheoretisch charakterisierbare Auswahlkriterien. Allerdings ist die Theoriewahl nicht voraussetzungsfrei möglich, sondern nur innerhalb bestimmter Klassen von Theorien, den Theorierahmen. Diese legen die Struktur von Prädiktion, Retrodiktion und Kausalität fest, wie die Arten von Anfangs- und Randwertproblemen, deren Stabilität und Homogenität. In der Physik handelt es sich meist um bestimmte Klassen von Differentialgleichungen. Die Klassen sind so allgemein, daß sie mit jeder endlichen Beobachtung verträglich sind. Man kann innerhalb dieser Rekonstruktion unterscheiden zwischen einem bloßen Wechsel der Theorie und einem Wechsel des Theorierahmens. Für den letzteren existieren keine übergeordneten methodologischen Regeln, sondern nur Begründungen im Einzelfall. Rahmenwechsel sind die eigentlichen wissenschaftlichen Revolutionen.

Wir untersuchen sehr detailliert den Hempel-Popperschen deduktiven Bewährungsbegriff mit dem Kriterium der Vorhersage. In vielen wichtigen Fällen ist der Bewährbarkeitsgrad, die minimale Länge eines bewährenden Basissatzes im Hyperraum, gleich der Dimension des Hyperraumes. Es zeigt sich, daß eine intrinsische Unterscheidung von positiven und negativen Beobachtungsaussagen im Hyperraum nicht nur möglich, sondern notwendig ist, um den Bewährungsbegriff frei von Scheinbewährungen zu halten. Dieser eingeschränkte Bewährungsbegriff ist allerdings nur für Hyperräume, deren Topologie schon von den positiven Mengen allein erzeugt wird, erklärt. Schon der harmonische Oszillator gehört strenggenommen nicht dazu, man kann ihn aber lokal mit solchen Topologien approximativ beschreiben (Paraobservabilität). Dafür können wir unter Verwendung des Einfachheitsbegriffes hyperraumspezifische Lösungsansätze für die Rabenparadoxie, Hempels Uran/Goldkugelbeispiel und Goodmans Problem der Zerütteten Prädikate angeben.

Die Konstruktion von Hyperräumen stellt einige topologische Voraussetzungen an die Observablen. Von ihnen muß gezeigt werden, daß sie ohne Beschränkung der Allgemeinheit immer durch geeignete Konstruktion erzielt werden kann. Dies kann durch Standardtechniken der Topologie erreicht werden. Umgekehrt muß die Beschränkung auf reine Topologie auch hinreichend für die Rekonstruktion aller empirisch relevanten (metrischen, geometrischen) Eigenschaften der Größen der Theorie sein. Wir zeigen, daß es möglich ist, Koordinaten rein topologisch als komparativen Begriff eindeutig zu definieren. Die Metrik läßt sich dann mittels einer Kongruenzrelation, ein ebenfalls rein mengentheoretisches Objekt, wiedergewinnen. Eine Theorie zerfällt also in ein Tupel von Mengen von Mengen, ihre Symmetrien sind diejenigen Automorphismen, die jede einzelne auf sich selbst abbildet.

Das Problem der theoretischen Terme und ihre bisherigen Lösungsversuche wird einer kritischen Analyse unterworfen. Nach der klassischen Ansicht von Ramsey werden Größen, die durch die Theorie selbst bestimmt werden können, durch einen Existenzquantor gebunden. Die Frage, welche Größen dafür in Frage kommen, ist von elementarer Bedeutung für die Rekonstruktion des empirischen Gehaltes von Theorien. Das Einfachheitskriterium kann hier nicht in allen Fällen zur Entscheidung beitragen. Als notwendige Bedingung sollten die Symmetrien der Meßtheorien der observablen Gößen auch Symmetrien des Fundamentalgesetzes sein. Wir zeigen, daß die Frage der Definierbarkeit oder Nichtdefinierbarkeit stark von der Reichhaltigkeit der Sprache abhängen, was uns Einsichten in die Struktur von Theorien vermittelt. Syntaktische Definierbarkeit in monadischen Sprachen erster Ordnung fällt genau mit dem üblichen Verfahren zur Gewinnung von Mengen in Hyperraum zusammen. Ist ein Term semantisch (Padoa-)definierbar, so zeigen zwei Induktionstheoreme die topologische Äquivalenz des reduzierten Hyperraumes ohne diesen Term.

Es wird dann gezeigt, wie die Topologie der kausalen Struktur der Relativitätstheorie unter Verwendung von Homogenitäts- und Einfachheitsaxiomen bestimmt werden kann. Hierbei wird nur von den Konzepten des Lichtkegels und der raumzeitlichen Koinzidenz gebrauch gemacht, was eine gute Operationalisierbarkeit gewährleistet. Die spezielle Relativitätstheorie ist die einfachste zeitlich und räumlich homogene Raumzeit, die durch eine Wirkungsrelation axiomatisierbar ist. Die weiteren Strukturen, wie Metrik, Lorentztransformation und Einstein-Gleichzeitigkeit ergeben sich ebenfalls axiomatisch aus der Wirkungsrelation.

Als Beispiel für ein Forschungsprogramm, welches sich am besten anhand des Einfachheitskonzeptes verfolgen läßt, wird die Bohr-Sommerfeldsche Atomtheorie analysiert. Es zeigt sich, daß die einfachere Theorie auch dann vorläufig zeitlich bevorzugt wird, wenn ein mit der Erfahrung besser übereinstimmendes Modell formuliert werden kann und auch kurz darauf formuliert wird. Diese Wahl ist rational, da sie die Erforschung und Überprüfung grundlegender Eigenschaften der Theorie ermöglicht.

Abschließend wird ein Problem aus der moderneren Physik behandelt. Verborgene Parameter werden für die Quantentheorie diskutiert, um den Meßprozeß interpretieren zu können. Unter bestimmten Bedingungen läßt sich ein Widerspruch zur Statistik der Quantenphysik herleiten. Lokalität allein reicht dazu nicht aus, die formale Bedingung interpretiert man am besten als Einfachheitsannahme.

Kapitel II

Topologische Räume

II.1 Notation und Grundbegriffe

II.1.a Notation

Alle logischen Konzepte dieser Arbeit sind im Kalkül des Natürlichen Schliessens (KNS) mit klassischer Typentheorie unter Verwendung des Auswahlaxioms formuliert. Es quantifizieren - wo nicht anders angegeben - die Variablen u, v, w, x, y, z über Punkte und Gegenstände (Objekte vom Typ 0), Großbuchstaben $A, B, \ldots, Z$ über Mengen (vom Typ 1), hierbei $F, G, H \ldots$ insbesondere über Mengen, die als Punkte von Mengen zweiter Stufe angesehen werden. Letztere werden durch kalligraphische Buchstaben $\mathcal{A}, \mathcal{B}, \ldots, \mathcal{Z}$ bezeichnet. Mengen dritter Stufe notieren wir im Fettdruck $\mathbf{A}, \mathbf{B}, \ldots, \mathbf{Z}$. Die Variablen i, j, k, l, m, n und $\alpha, \beta, \ldots, \varepsilon, \ldots$ quantifizieren über natürliche respektive reelle Zahlen.

Anstelle der im KNS häufig verwendeten Schreibweise $x \varepsilon \lambda y.A(y)$ notieren wir für Mengen wie in der Mathematik üblich $x \in \{y | A(y)\}$. Verwechselungen sind ausgeschlossen, da sowohl die in den Einzelwissenschaften verwendeten Räume wie auch die hier entwickelten Konzepte nur in klassischer Typentheorie rekonstruierbar sind. Gleichzeitig steht der Ausdruck $\{t[\underline{x}] | A(\underline{x})\}$ für $\{y | \bigvee \underline{x}\ y = t[\underline{x}] \wedge A(\underline{x})\}$, wenn $\underline{x}$ ein Variablentupel und $t[\underline{x}]$ ein Term ist, in dem nur die Variablen aus $\underline{x}$ frei vorkommen. Die Mengeninklusion bezeichen wir mit "$\subseteq$", die Relationsinklusion mit "$\dot{\subseteq}$", die starken (echten) Inklusionen mit "$\subset$" bzw. "$\dot{\subset}$". $\mathrm{br}_1(R) = \{x | \bigvee y\ xRy\}$, $\mathrm{br}_2(R) = \{y | \bigvee x\ xRy\}$ und $\mathrm{br}(R) = \mathrm{br}_1(R) \cup \mathrm{br}_2(R)$ stehen für Vorbereich, Nachbereich und Bereich einer Relation.

Wir führen die folgenden Konventionen ein. Sei R eine Relation vom Typ $(0,0)$, dann stehen die Ausdrücke MRy, xRM und MRN für die Sätze $\bigwedge x \in M : xRy$, $\bigwedge y \in M : xRy$ sowie $\bigwedge x \in M \bigwedge y \in N : xRy$. Sei Q eine Relation des gleichen Typs, dann ist $xRyQz$ eine Schreibweise für $xRy \wedge yQz$. Entsprechende Abkürzungen gelten für die anderen Typen. Das Relationsprodukt von R und Q schreiben wir RQ ($xRQy \Leftrightarrow \bigvee z\ xRz \wedge zQy$), das n-fache Relationsprodukt R^n.

II.1.b Topologische Grundbegriffe

Ein **topologischer Raum** $\langle X, \mathcal{X} \rangle$ erfüllt die bekannten Beziehungen

$$\text{(II.1)} \qquad \begin{array}{rcrcl} & & \emptyset, X & \in & \mathcal{X} \\ O, O' \in X & \Rightarrow & O \cap O' & \in & \mathcal{X} \\ \mathcal{O} \subseteq \mathcal{X} & \Rightarrow & \bigcup \mathcal{O} & \in & \mathcal{X} \end{array}$$

wobei die Elemente von $\mathcal{X}$ **offen** und ihre Komplemente **abgeschlossen** heißen. Jede Obermenge einer offenen Menge O, und nur solche Mengen, heißen **Umgebung** von $x \in O$. Für die Menge aller offenen Umgebungen von x notieren wir $\mathcal{U}^\circ(x)$. Eine **Basis** des Raumes ist eine Teilmenge $\mathcal{B}$ von $\mathcal{X}$, so daß $\biguplus \mathcal{B} := \{\bigcup \mathcal{O} | \mathcal{O} \subseteq \mathcal{B}\} = \mathcal{X}$. Eine **Subbasis** eines Raumes ist ein System offener Mengen, deren endliche Durchschnitte eine Basis formen. Eine Menge $\mathcal{B}$ ist Basis eines topologischen Raumes genau dann, wenn

$$\text{(II.2)} \qquad \bigwedge B'B'' \in \mathcal{B} \bigwedge x \in B' \cap B'' \bigvee B \in \mathcal{B} : x \in B \subseteq B' \cap B''$$

Eine Eigenschaft von Mengen (oder: Menge von Mengen) heißt **lokal**, wenn es zu jedem Punkt x und zu jeder seiner offenen Umgebungen O eine Umgebung U von x gibt mit $U \subseteq O$, die diese Eigenschaft besitzt; wenn es also beliebig kleine Umgebungen mit der Eigenschaft gibt. Für offene Mengen ist dies genau die Basiseigenschaft.

Für eine Teilmenge $A \subseteq X$ eines topologischen Raumes läßt sich der **Unterraum** $\langle X, \{A \cap O | O \in \mathcal{X}\} \rangle$ erklären, den wir ohne Einschränkung auch als $\langle A, \mathcal{X} \rangle$ schreiben können. Der (endliche) **Produktraum** $\langle X \times Y, \mathcal{X} \otimes \mathcal{Y} \rangle$ von $\langle X, \mathcal{X} \rangle$ und $\langle Y, \mathcal{Y} \rangle$ mit $\mathcal{X} \otimes \mathcal{Y} := \biguplus \{U \times V | U \in \mathcal{X} \wedge V \in \mathcal{Y}\}$ und den Projektionen $\mathrm{p}_X : X \times Y \to X$ $\mathrm{p}_X(M) = \{x \in X | \bigvee y \in Y : \langle x, y \rangle \in M\}$ und p_Y analog ist hier vereinfacht definiert.[1] Beides sind topologische Räume.

Die **Häufungspunkte** einer beliebigen Menge A sind diejenigen Punkte, deren Umgebungen sämtlich A schneiden (es genügen schon die in einer vorgegebenen Basis enthaltenen offenen Umgebungen). Die Menge $\overline{A}$ aller

[1] Diese Definition läßt sich nicht ohne weiteres für unendliche Produkte übertragen.

Häufungspunkte heißt **Abschluß** von A. Es gilt[2]

$$
\begin{array}{rcl}
\overline{\emptyset} & = & \emptyset \\
A & \subseteq & \overline{A} \\
\overline{\overline{A}} & = & \overline{A} \\
\overline{A \cup B} & = & \overline{A} \cup \overline{B}
\end{array}
\tag{II.3}
$$

Umgekehrt erzeugt ein Abschlußoperator mit obigen Eigenschaften einen topologischen Raum $\mathcal{X} = \{X \setminus \overline{A} | A \subseteq X\}$, denn es folgen die zu Gleichung II.1 mengentheoretisch dualen Sätze für die abgeschlossenen Mengen $\overline{A}$.[3] $\delta\mathcal{V} = \overline{\mathcal{V}} \setminus \mathcal{V}$ ist der **Rand** einer offenen Menge, $\mathcal{V}^\circ = \{F \in \mathcal{V} | \bigvee \mathcal{U} \in \mathrm{U}_F \mathcal{U} \subseteq \mathcal{V}\}$ der **offene Kern** einer beliebigen Menge.

Separabel sind die Räume, die eine abzählbare Teilmenge A enthalten mit $\overline{A} = X$. Für Räume mit abzählbarer Basis folgt aus dem Auswahlaxiom sofort die Separabilität. Die Umkehrung gilt im Allgemeinen nur für metrische Räume.

Ein Raum heißt **hausdorffsch**, wenn es zu zwei verschiedenen Punkten disjunkte Umgebungen gibt. Er heißt **regulär** genau dann, wenn jeder Punkt eine abgeschlossene Menge darstellt und zu jedem Punkt und jeder abgeschlossenen Menge zwei disjunkte offene Obermengen existieren. Jeder reguläre Raum ist natürlich erst recht hausdorffsch. Regularität erweist sich für Räume mit abzählbarer Basis als äquivalent mit der Existenz einer topologieerhaltenden Metrik.

Lemma 1 *Ist jede einelementige Punktmenge abgeschlossen, dann ist ein Raum regulär genau dann, wenn jeder Punkt beliebig kleine abgeschlossene Umgebungen besitzt.*

Bew.: $\Rightarrow$: Zu jeder Umgebung O von x gibt es disjunkte offene Mengen um $X \setminus O$ und x. Das Komplement der Menge um $X \setminus O$ ist abgeschlossene Umgebung von x und Teilmenge von O.

---

[2] Die ersten beiden Gleichungen sind trivial. $\overline{\overline{A}} \subseteq \overline{A}$: Ist $x \notin \overline{A}$, so ist $X \setminus \overline{A}$ eine offene Umgebung von x, die $\overline{A}$ nicht schneidet, also $x \notin \overline{\overline{A}}$. Eine Umgebung, die eine Menge schneidet, schneidet auch jede Obermenge, also gilt $A \subseteq B \Rightarrow \overline{A} \subseteq \overline{B}$, woraus schon $\overline{A} \cup \overline{B} \subseteq \overline{A \cup B}$ folgt. Es bleibt $\overline{A \cup B} \subseteq \overline{A} \cup \overline{B}$ zu zeigen: Ist $x \in \overline{A \cup B}$, so schneiden beliebig kleine Umgebungen A oder B oder beide Mengen.

[3] Die ersten beiden Eigenschaften sind trivial. Für die letzte Gleichung zeigt man erst $A \subseteq B \Rightarrow \overline{A} \subseteq \overline{B}$. Dies folgt aber aus $B = A \cup B \setminus A$ und $\overline{B} = \overline{A} \cup \overline{B \setminus A}$. Dann ist auch $\bigcap_{A \in \mathcal{A}} \overline{A} \subseteq \overline{\bigcap_{A \in \mathcal{A}} \overline{A}} \subseteq \overline{\overline{A}} = \overline{A}$ für jedes $A \in \mathcal{A}$, also $\overline{\bigcap_{A \in \mathcal{A}} \overline{A}} = \bigcap_{A \in \mathcal{A}} \overline{A}$, die zum dritten Axiom duale Eigenschaft.

$\Leftarrow$: Umgekehrt ist das Komplement jeder abgeschlossenen Menge A Umgebung von $x \notin A$ und enthält nach Voraussetzung eine abgeschlossene Umgebung U von x; diese wiederum enthält eine offene Umgebung von x, die disjunkt zu $X \backslash U$ ist. Letztere ist die gesuchte offene Menge um A. □

Eine Teilmenge eines Hausdorffraumes heißt **kompakt**, wenn jede Überdeckung aus offenen Mengen eine endliche Teilüberdeckung besitzt ($\mathcal{C}(\mathcal{X})$ sei die Menge aller kompakten Teilmengen). Sie heißt **lokalkompakt**, wenn jeder Punkt eine kompakte Umgebung besitzt. Jede Teilmenge einer kompakten Menge ist genau dann kompakt, wenn sie abgeschlossen ist.[4] Daher ist nach obigem Lemma jeder lokalkompakte Raum regulär und jeder lokalkompakte Raum mit abzählbarer Basis metrisierbar. Somit ist Lokalkompaktheit tatsächlich eine lokale Eigenschaft. Ein lokalkompakter Raum erlaubt eine **Einpunkt-Kompaktifizierung** durch Hinzunahme eines Punktes ω und den offenen Mengen der Form $O \cup \{\omega\}$, für die das Komplement von O im ursprünglichen Raum kompakt ist.[5] **Relativ kompakt** nennen wir diejenigen Mengen, deren Abschluß kompakt ist, die also Teilmenge eines Kompaktums sind.

Eine Funktion $f : X \to Y$ zwischen topologischen Räumen heißt **stetig**, wenn das Urbild jeder offenen Menge offen ist. Sie heißt **offen (abgeschlossen)** wenn das Bild jeder offenen (abgeschlossenen) Menge offen (abgeschlossen) ist. Eine stetige Funktion heißt **eigentlich**, wenn das Urbild jeder kompakten Menge kompakt ist. Eine stetige offene Bijektion schließlich nennen wir **topologisch**, oder einen **Homöomorphismus**. Zwei topologische Räume, zwischen denen ein Homöomorphismus existiert, nennen wir topologisch äquivalent oder **homöomorph** und schreiben $\mathcal{X} \simeq \mathcal{Y}$. Man erinnere sich der folgenden Beziehungen:

---

[4] Sei $A \subseteq K$ eine abgeschlossene Teilmenge des Kompaktums K. Zu einer offenen Überdeckung von A fügen wir das (offene) Komplement $O := X \backslash A$ von A hinzu und erhalten eine Überdeckung von K, aus deren endlicher Teilüberdeckung wir das O wieder entfernen, um zu einer endlichen Teilklasse der ursprünglichen Überdeckung von A zu gelangen.

Sei umgekehrt K ein Kompaktum in X und $x \in X \backslash K$. Wir zeigen, daß x innerer Punkt und somit $X \backslash K$ offen und K abgeschlossen ist. X ist ein Hausdorffraum, also gibt es zu jedem Punkt $y \in K$ disjunkte offene Umgebungen O_y von y und O'_y von x. Es genügen aber endlich viele $O_{y_1}, \ldots O_{y_n}$, um K zu überdecken. Somit ist $O'_{y_1} \cap \cdots \cap O'_{y_n}$ eine offene, zu K disjunkte, Umgebung von x.

[5] Sei $\mathcal{X}$ die ursprüngliche Topologie und $\mathcal{X}^* := \mathcal{X} \cup \mathcal{X}^+$ mit $\mathcal{X}^+ := \{O \cup \{\omega\} | X \backslash O \in \mathcal{C}(\mathcal{X})\}$. $\mathcal{X}^+$ ist stabil gegen endlichen Durchschnitt und beliebiger Vereinigung, denn komplementär ist $\mathcal{C}(\mathcal{X})$ stabil gegen endliche Vereinigung und beliebigen Durchschnitt. Für $U \in \mathcal{X}$ und $V \in \mathcal{X}^+$ ist $U \cap V \in \mathcal{X}$ und $U \cup V \in \mathcal{X}^+$. Also ist $\mathcal{X}^*$ eine Topologie. Diese ist kompakt, denn jede offene Überdeckung enthält eine offene Menge, welche ω enthält; ihr kompaktes Komplement besitzt dann schon eine endliche Teilüberdeckung.

- Die Komposition stetiger (offener, abgeschlossener, eigentlicher) Funktionen ist stetig (offen, abgeschlossen, eigentlich).
- Eine Funktion $f : X \to Y$ ist stetig genau dann, wenn die eingeschränkte Funktion $f : X \to f(X)$ stetig ist.
- Eine Funktion ist genau dann stetig, wenn das Urbild jeder abgeschlossenen Menge abgeschlossen ist.
- Eine Bijektion ist genau dann offen, wenn sie abgeschlossen ist.
- Eine Funktion ist stetig, wenn die Urbilder einer Subbasis offen sind.[6]
- Eine Funktion auf einen Produktraum ist stetig genau dann, wenn die Komponenten stetig sind.[7]
- Eine Funktion ist offen, wenn die Bilder einer Basis offen sind.[8]
- Die Projektionen p_X und p_Y auf dem Produktraum $\mathcal{X} \otimes \mathcal{Y}$ sind stetig und offen.[9]
- Das stetige Bild eines Kompaktums ist kompakt.[10]
- Eine stetige Bijektion von einem Kompaktum auf einen Hausdorffraum ist offen, also topologisch.[11]
- Eine stetige Funktion zwischen lokalkompakten Räumen läßt sich genau dann auf die Einpunkt-Kompaktifizierungen stetig fortsetzen, wenn sie eigentlich ist.[12]

---

[6] Denn es gilt $f^{-1}[\bigcap_{i \in I} O_i] = \bigcap_{i \in I} f^{-1}[O_i]$ und $f^{-1}[\bigcup_{i \in I} O_i] = \bigcup_{i \in I} f^{-1}[O_i]$.

[7] Sei $f : X \mapsto Y \times Z$. Das Urbild der offenen Würfel der Form $O \times Z$ und $Y \times O$, einer Subbasis des Produktraumes, ist offen.

[8] Denn es gilt $f[\bigcup_{i \in I} O_i] = \bigcup_{i \in I} f[O_i]$.

[9] Für offenes $O \in \mathcal{X}$ ist $\mathrm{p}_X^{-1}[O] = O \times Y$ sicherlich offen. Umgekehrt liegt jeder Punkt $\langle x, y \rangle \in O \in \mathcal{X} \otimes \mathcal{Y}$ in einem offenen Würfel $\langle x, y \rangle \in U \times V \subseteq O$. Dann ist aber auch $x \in U = \mathrm{p}_X[U \times V] \subseteq \mathrm{p}_X[O]$, also ist jeder Punkt $x \in \mathrm{p}_X[O]$ innerer Punkt dieser Menge. Die Projektion ist also offen.

[10] Ohne Beschränkung sei die Funktion surjektiv. Jede offene Überdeckung des Bildraumes erzeugt dann durch die Urbilder eine offene Überdeckung des Urbildraumes. Wir wählen eine endliche Teilüberdeckung. Deren Bilder erzeugen aber wiederum eine endliche Teilüberdekung des Bildraumes.

[11] Jede abgeschlossene Teilmenge ist kompakt, ihr stetiges Bild somit ebenfalls. Damit ist die Abbildung abgeschlossen und als Bijektion auch offen.

[12] Da die Funktion auf den Ausgangsräumen stetig ist, genügt es, die Urbilder der offenen Umgebungen des hinzugenommenen Punktes im Bildraum zu untersuchen. Ihr Urbild genau dann offen, wenn das Urbild ihres kompakten Komplementes kompakt ist.

II.2 Uniforme Strukturen

II.2.a Abschlußstrukturen

Zur Beschreibung von Approximationen in der Wissenschaftstheorie genügt der topologische Konvergenzbegriff nicht, da die Beschränktheit der bei jedem Approximationsschritt verfügbaren Meßgenauigkeit nicht formal repräsentiert werden kann. Gleichmäßige Konvergenz wird durch uniforme Strukturen repräsentiert. In Übereinstimmung mit Ludwig werden wir aus Mengen von Unschärfemengen eine uniforme Struktur konstruieren und auf ihr eine Metrik definieren. Im Gegensatz zu Ludwig werden wir jedoch nicht die (aus Lehrbüchern der Topologie entnommenen und auf H. Weyl zurückgehende) allgemeinen Definition einer uniformen Struktur einführen, die auch nichtmetrisierbare Topologien zuläßt, sondern wir werden ein für unsere Zwecke besser geeignetes spezielles Axiomensystem wählen. Es hat den Vorzug, ausschließlich aus Sätzen der inneren Quantorenlogik (first order logic) plus Identität oder aus zu solchen logisch äquivalenten Sätzen zu bestehen.

Die Nachbarschaft von Punkten wird von einer reflexiven und symmetrischen dreistellige Relation $x \approx_i y$ repräsentiert, wobei $x, y \in X$ und i eine natürliche Zahl ist. Sie soll intuitiv bedeuten: "Der Punkt x ist vom Punkt y mit der zum Stadium i der Wissenschaft verfügbaren Meßgenauigkeit nicht unterscheidbar". Handelt es sich bei der Meßgröße zum Beispiel um den Ort eines Gegenstandes unter dem Mikroskop, so identifiziert $x \approx_i y$ alle diejenigen Raumpunkte x und y, die näher als die Auflösung des besten zur Zeit i verfügbaren Mikroskops zusammenliegen. Selbstverständlich wird eine Nachbarschaftsrelation nicht transitiv sein, ist x nicht von y und dieser nicht von z unterscheidbar, so können sehr wohl x und z unterscheidbar sein.

Zu einem gegebenen Punkt x nennen wir die Menge aller Punkte y, für die $x \approx_i y$ gilt, die **Unschärfemenge** von x relativ zu i und bezeichnen sie mit U_x^i. Diese können in einem weiten Spielraum beliebig gesetzt werden, ohne die topologischen Strukturen zu ändern, zumindest solange nicht sicher unterscheidbare Punkte identifiziert oder sicher ununterscheidbare Punkte getrennt werden.[13]

Die Nachbarschaftsrelation erzeugt als den Durchschnitt aller Überdeckun-

[13] Diese Bedingung ist hinreichend für die später zu definierende Äquivalenz von uniformen Basen.

gen einer Menge M mit Unschärfemengen

$$\widetilde{M}^i := \bigcap\{A \supseteq M \mid \bigvee N \subseteq X : A = \bigcup_{x \in N} \mathrm{U}_x^i\}$$

eine **Abschlußstruktur**, das ist eine Abbildung von Teilmengen von X auf ebensolche, welche die ersten drei Bedingungen von Gleichung II.3 erfüllt[14]. Diese Abschlußstrukturen spielen eine wichtige Rolle in der Quasi-Analyse.

Die Relationen $\approx_i$ sind für jede natürliche Zahl i definiert und bilden eine unendliche Folge. Sie ist monoton in dem Sinne, daß die einmal erreichte Meßgenauigkeit nicht mehr verlorengeht, weshalb spätere Unschärfemengen immer Teilmengen ihrer Vorgänger sind.

Diese Forderungen werden durch die folgende Definition zusammengefaßt: Eine Folge von Relationen $\approx_i$heißt **Abschlußsequenz** genau dann, wenn

AS$_1$ $\bigwedge ij \; \mathrm{br}(\approx_i) = \mathrm{br}(\approx_j) \neq \emptyset$

AS$_2$ $\bigwedge i \approx_i$ reflexiv

AS$_3$ $\bigwedge i \approx_i$ symmetrisch

AS$_4$ $\bigwedge ij \; i \geq j \Rightarrow \approx_j \dot{\subseteq} \approx_i$ (Monotonie)

AS$_1$ erlaubt die folgende Definition:

$$\bigwedge iX = \mathrm{br}(\approx_i) \tag{II.4}$$

Wir konstruieren nun die zur Abschlußsequenz gehörende Topologie: x heißt **innerer Punkt** einer Menge $F \subseteq X$ genau dann, wenn ein i existiert mit $\mathrm{U}_x^i \subseteq F$, wenn also x noch eine Unschärfemenge in F enthält. Eine Menge, die nur innere Punkte enthält, wird offen genannt. Insbesondere bezeichne O_x^i die Menge der inneren Punkte von U_x^i, wegen AS$_2$ ist $x \in \mathrm{O}_x^i$.

Um die Bezeichnung "offen" zu rechtfertigen, muß noch gezeigt werden, daß die Menge aller offenen Mengen den Axiomen II.1 eines topologischen Raumes genügt: Offensichtlich sind $\emptyset$ und X offen. Beliebige Vereinigungen offener Mengen sind per Konstruktion offen. Es bleibt zu zeigen, daß der Durchschnitt zweier offener Mengen offen ist. Sei F eine offene Menge. Zu jedem $x \in F$ gibt es also ein $i_F(x)$ mit $\mathrm{U}_x^{i_F(x)} \subseteq F$. Wegen

$$\bigwedge x \; x \in \mathrm{O}_x^{i_F(x)} \subseteq \mathrm{U}_x^{i_F(x)} \subseteq F$$

---

[14] $\widetilde{\emptyset}^i = \emptyset$ und $\widetilde{\widetilde{M}^i}^i = \widetilde{M}^i$ sind trivial. $M \subseteq \widetilde{M}^i$ folgt für $N = M$ aus der Reflexivität.

ist F als Vereinigung von Mengen O_x^i mit $F = \bigcup_{x \in F}\{x\} = \bigcup_{x \in F} O_x^{i_F(x)}$ darstellbar. Für zwei offene Mengen F und G distributiert der Durchschnitt $F \cap G = \bigcup_{x \in F} \bigcup_{y \in G}(O_x^{i_F(x)} \cap O_x^{i_G(x)})$. Es genügt, die Offenheit von $O_x^i \cap O_y^j$ für jedes i, j, x, y nachzuweisen, dann ist $F \cap G$ offen. Sei $z \in O_x^i \cap O_y^j$. Da beide Mengen offen sind, gibt es i' und j' mit $z \in U_x^{i'} \subseteq O_x^i$ und $z \in U_y^{j'} \subseteq O_y^j$. MS_4 führt zu $U_z^{\max(i',j')} \subseteq U_z^{i'}, U_z^{j'}$ und weiter zu $z \in U_z^{\max(i',j')} \subseteq U_z^{i'} \cap U_z^{j'} \subseteq O_x^i \cap O_y^j$. Also ist z innerer Punkt des Durchschnitts und $O_x^i \cap O_y^j$ offen.

II.2.b Uniforme Basen

Die oben konstruierte Topologie ist nicht notwendigerweise hausdorffsch, also erst recht nicht metrisierbar. Die folgenden beiden Axiome implizieren mit den anderen zusammen die Metrisierbarkeit. Axiom UB_1 sagt aus, daß es zu jeder Stufe i auch eine Stufe j mit einer "vielfachen" Genauigkeit gibt, und zwar uniform für alle Punkte. Wir zeigen später, daß umgekehrt jede Metrik eine das Uniformitätsaxiom erfüllende Meßstruktur induziert. Wäre das folgende Axiom nicht gültig, so ließe sich mit Mitteln der Topologie[15] zeigen, daß entweder zuwenig offene Mengen existieren, um abgeschlossene Mengen von Punkten zu trennen (was behebbar wäre), oder es gäbe nicht zu jeder Stufe i eine abzählbare Teilmenge der O_x^i, die den ganzen Raum überdecken. Dann aber hätte der Raum keine abzählbare Basis, eine erkenntnistheoretisch unhaltbare Position für eine Repräsentation von Meßgrößen.

Eine Abschlußsequenz $\approx_{()}$ heißt **Uniforme Basis** genau dann, wenn

UB_1 $\bigwedge i \bigvee j \ \approx_j^2 \dot{\subseteq} \approx_i$ (Uniformitätsaxiom)

UB_2 $\bigwedge xy \ x \neq y \Rightarrow \bigvee i \ \neg\, x \approx_i y$ (Trennungsaxiom)

Man sieht sofort mit AS_4, daß UB_2 für Abschlußsequenzen zu

$$\bigwedge xy \ x \neq y \Rightarrow \bigvee i \bigwedge j \geq i \ \neg\, x \approx_j y \tag{II.5}$$

äquivalent ist. Das Trennungsaxiom läßt sich auch durch eine Konstruktion erzwingen, sofern die Uniformitätseigenschaft gilt. Für zwei Punkte x und y können zwei Fälle eintreten. Nehmen wir an, es gälte $x \approx_i y$ für jedes i. Dann wären sie durch die in diesem Raum repräsentierten Observablen ununterscheidbar. In diesem Fall kann man sie identifizieren durch

[15] und zwar mit dem Metrisierbarkeitssatz von Nagata und Smirnov

die Äquivalenzrelation

$$xEy \Leftrightarrow \bigwedge i \; x \approx_i y$$

Reflexivität und Symmetrie sind klar. Die Transitivität folgt sofort aus dieser Verschärfung[16]

$$xEy \Leftrightarrow \bigvee k \bigwedge i \; x \approx_i^k y$$

Falls hingegen die beiden Punkte trennbar sind, dann liegen sie in disjunkten Äquivalenzklassen. Man zeigt leicht, daß auf den Äquivalenzklassen eine neue Abschlußsequenz definiert werden kann durch

$$M, N \in X/E \Rightarrow M \approx_i' N \Leftrightarrow \bigwedge x \in M, y \in N \; x \approx_i y$$

Das Trennungsaxiom gilt: Seien $M, N \in X/E$, $M \neq N$, dann ist für $x \in M$ und $y \in N$ $\neg xEy$, insbesondere $\neg\, x \approx_i y$ für ein i und damit auch $\neg M \approx_i' N$. Das Uniformitätsaxiom überträgt sich direkt: Mit $\approx_j^2 \,\dot{\subseteq}\, \approx_i$gilt auch: Ist $M \approx_j'^2 N$, gibt es ein L mit $\bigwedge x \in M, y \in L \; x \approx_j y$ und $\bigwedge y \in L, z \in N \; y \approx_j z$, also für jedes $x \in M$, $z \in N$ $x \approx_j^2 z$, nach Voraussetzung $x \approx_i z$, was zu zeigen war.

Auch UB_1 ist äquivalent zu einer schärferen Formulierung, die einen echten Fortschritt sichert, der nicht auf Trivialerfüllung $(\approx_i^2 \doteq \approx_i)$ basiert.

Lemma 2 *Eine Abschlußsequenz* $\approx_{()}$ *mit* UB_2 *ist uniform genau dann, wenn* $\bigwedge i \bigvee j \approx_j^2 \dot{\subset} \approx_i$.

Bew.:

$\Leftarrow$: Klar.

$\Rightarrow$: Man beachte, daß für jede reflexive Relation R gilt $R \dot{\subseteq} R^2$. Mit UB_1 ist $\approx_j^2 \dot{\subseteq} \approx_i$ und mit AS_4

$$\text{(II.6)} \qquad \bigwedge k \geq j \approx_k \dot{\subseteq} \approx_j \dot{\subseteq} \approx_j^2$$

Wäre $\bigwedge k \geq j \approx_k \doteq \approx_j$, dann ist mit UB_2 $\bigwedge xy \neg x \approx_j y$, insbesondere $\mathrm{br}(\approx_j) = \emptyset$ im Widerspruch zu MS_1, also $\bigvee k \geq j \approx_k \dot{\not\models} \approx_j$, mithin wegen (II.6) $\approx_k \dot{\subset} \approx_j$ und $\approx_k^2 \dot{\subset} \approx_j^2 \dot{\subset} \approx_i$, sowie $\approx_k^2 \dot{\subset} \approx_i$. □

[16] Es ist nur "$\Leftarrow$" zu zeigen. Sei $\neg xEy$, also gilt $\neg x \approx_i y$ für ein i. Für beliebiges k erhält man durch n-malige Anwendung des Uniformitätsaxioms ($2^n \geq k$) ein j mit $\approx_j^k \dot{\subseteq} \approx_j^{2^n} \dot{\subseteq} \approx_i$, also $\neg x \approx_j^k y$, die Negation der rechten Seite.

Das folgende Lemma veranschaulicht das Uniformitätsaxiom. Für jede Stufe i gibt es eine Stufe j, so daß für jeden Punkt x nicht nur die kleinere Unschärfemenge, sondern auch alle sie schneidenden Unschärfemengen in der größeren enthalten ist.

Lemma 3 *Eine Meßstruktur ist uniform genau dann, wenn*

$$\bigwedge i \bigvee j \bigwedge xy\, [\mathrm{U}_x^j \cap \mathrm{U}_y^i \neq \emptyset \rightarrow \mathrm{U}_y^j \subseteq \mathrm{O}_x^i]$$

Zunächst zeigen wir:

Lemma 4 $\bigwedge i \bigvee j \bigwedge x\, \mathrm{U}_x^j \subseteq \mathrm{O}_x^i$

Bew.: Seit j nach MS_6 mit $\bigvee j \approx_j^2 \dot{\subseteq} \approx_i$. Für $y \in \mathrm{U}_x^j$, also $y \approx_j x$, ist dann $\bigwedge z\ z \approx_j y \rightarrow z \approx_i x$, mithin $\mathrm{U}_y^j \subseteq \mathrm{U}_x^i$. Damit ist y innerer Punkt von U_x^i, also $y \in \mathrm{O}_x^i$. □

Nun zum eigentlichen Beweis des Satzes

$\Leftarrow$: Aus $x \approx_j^2 y$ folgt nach Voraussetzung $\mathrm{U}_y^j \subseteq \mathrm{U}_x^i$, also $y \in \mathrm{U}_x^i$, mithin $x \in \mathrm{U}_y^i$.

$\Rightarrow$: Sei durch zweifache Anwendung von UB_1 j so gewählt, daß $\approx_j^3 \subseteq \approx_i$. Dann ist für alle x, y mit $x \approx_j^2 y$ und $z \in \mathrm{U}_y^j$ auch $z \approx_j^3 x$ und nach Konstruktion $z \approx_i x$. Also ist $\mathrm{U}_y^j \subseteq \mathrm{U}_x^i$. Durch Anwendung des vorherigen Lemmas unter Berücksichtigung von $x \approx_j^2 y \Leftrightarrow \mathrm{U}_x^j \cap \mathrm{U}_y^j \neq \emptyset$ folgt die Behauptung.

II.2.c Uniforme Konvergenz

Wir abstrahieren nun von der speziellen Wahl der Unschärfemengen und der Folge der Abschlußstrukturen. Dabei werden uniforme Basen in Äquivalenzklassen zusammengefaßt, die wechselseitig kofinal bezüglich der Relationsinklusion sind.

Seien $\approx_{()}$ und $\approx'_{()}$ Prä-Meßstrukturen $\Rightarrow$:
$\approx'_{()}$ heißt feiner als $\approx_{()}$ genau dann, wenn $\bigwedge i \bigvee j \approx'_j \dot{\subseteq} \approx_{()}$.
$\approx'_{()}$ heißt äquivalent zu $\approx_{()}$ genau dann, wenn $\approx'_{()}$ feiner als $\approx_{()}$ und $\approx_{()}$ feiner als $\approx'_{()}$.

Anschaulich gesprochen kommt es nicht darauf an, wann eine bestimmte Präzisionsstufe erreicht wird, sondern nur ob sie erreicht wird. Dies hat unmittelbare Konsequenzen:

- *"feiner als" ist reflexiv und transitiv, "äquivalent zu" ist eine Äquivalenzrelation.*

- *Sei $\approx_{()}$ eine Abschlußsequenz mit Trennungseigenschaft, $\approx'_{()}$ eine feinere Abschlußsequenz. Dann erfüllt auch $\approx'_{()}$ das Trennungsaxiom.*

  Die Übertragung des Trennungsaxioms folgt sofort aus der obigen Definition.

- *Sei $\approx_{()}$ eine uniforme Basis, $\approx'_{()}$ eine äquivalente Abschlußsequenz. Dann ist auch $\approx'_{()}$ eine uniforme Basis.*
  Für jedes i existiert ein i' mit $\approx'_i \supseteq \approx_{i'}$. Mit UB_1 ist $\approx_{i'} \supseteq \approx_{j'}$ für ein j'. Zu diesem existiert nach Voraussetzung ein j mit $\approx_{j'} \supseteq \approx'_j$, somit $\approx^2_{j'} \dot{\supseteq} {\approx'_j}^2$, also auch $\approx'_i \dot{\supseteq} {\approx'_j}^2$.

- *Jede Abschlußsequenz ist äquivalent zu allen ihren unendlichen Teilfolgen.*
  Zu zeigen: $\approx_{()}$ ist äquivalent zu $\approx_{f()}$ für $f()$ streng monoton steigend.
  $\approx_{f()}$ ist feiner als $\approx_{()}$: Setze $j = f(i)$.
  $\approx_{()}$ ist feiner als $\approx_{f()}$: Setze $j = i$.

- *Eine feinere Abschlußsequenz erzeugt eine feinere Topologie, also mehr offene Mengen. Äquivalente Abschlußsequenzen erzeugen dieselbe Topologie.*
  Zu zeigen: jeder innere Punkt bezüglich einer Prä-Meßstruktur ist auch innerer Punkt bezüglich einer feineren Topologie. $\approx'_{()}$ sei feiner als $\approx_{()}$, ${\mathrm{U}'_{()}}^{()}$ und $\mathrm{U}^{()}_{()}$ die entsprechenden Unschärfemengen. Sei x innerer Punkt einer Menge F bezüglich $\approx_{()}$. Dann gibt es ein i mit $\mathrm{U}^i_x \subseteq F$. Weil $\approx'_j \dot{\subseteq} \approx_i$ für ein j gilt, ist auch ${\mathrm{U}'_x}^j \subseteq \mathrm{U}^i_x \subseteq F$. Also ist x innerer Punkt von F bezüglich $\approx'_{()}$.

Wir definieren nun eine Menge von Relationen, die diese Äquivalenzklasse (eine Menge von Folgen von Relationen) repräsentiert. Sei $\approx_{()}$ eine uniforme Basis, dann heißt

$$\mathcal{U}(\approx_{()}) := \{\approx'_i \mid \approx_{()} \text{ äquivalent } \approx'_{()} \wedge i \in \mathbf{N}\}$$

die **Uniforme Struktur** von $\approx_{()}$. Wir zeigen, daß die Weyl'schen Axiome erfüllt sind. Sei $R \in \mathcal{U}(\approx_{()})$ und $R \dot{\subseteq} Q$, dann ist $R = \approx'_n$ für ein n. Wir konstruieren uns die Folge

$$\approx''_i := \begin{cases} Q & i = 1 \\ \approx'_{n+i-1} & i > 1 \end{cases}$$

welche äquivalent zu $\approx'_{()}$ und damit auch zu $\approx_{()}$ ist. Somit ist $Q \in \mathcal{U}(\approx_{()})$; damit ist das Obermengenaxiom bewiesen. Das Uniformitätsaxiom entspricht genau dem dritten Axiom von Weyl. Es bleibt zu zeigen, daß zwei Elemente $R, Q \in \mathcal{U}(\approx_{()})$ eine gemeinsame Verfeinerung besitzen. Dies ist aber klar, da R und Q Elemente zweier äquivalenter uniformer Basen sind.

II.2.d Metrisierbarkeit

Der Begriff der Metrik ist unter Bezugnahme auf die Topologie wie folgt erklärt:

Definition 5 *Unter einer* **topologieerhaltenden Metrik** *verstehen wir eine Funktion* $X \times X \to \Re$ *mit den Eigenschaften*

MET$_1$ $\rho(x,y) \geq 0$ und $\rho(x,y) = 0 \Leftrightarrow x = y$

MET$_2$ $\rho(x,y) = \rho(y,x)$

MET$_3$ $\rho(x,z) \leq \rho(x,y) + \rho(y,z)$

MET$_4$ Die (offenen) Kugeln

$$\mathrm{K}_r(x) := \{y \in X | \rho(x,y) < r\}, \ r \in \Re, r > 0$$

bilden eine Basis der Topologie.

Theorem 6 *Sei* $\langle X, \mathcal{X} \rangle$ *ein topologischer Raum mit abzählbarer Basis. Er besitzt dann eine topologieerhaltende Metrik* $\rho(x,y)$ *genau dann, wenn eine uniforme Basis* $\approx_{()}$ *existiert, so daß sich jede (offene) Menge* $F \in \mathcal{X}$ *als Vereinigung der zugehörigen* $\mathrm{O}^{()}_{()}$ *darstellen lassen und* $\bigwedge ix \ \mathrm{O}^i_x \in \mathcal{X}$ *gilt.*

Korollar 7 *Jede uniforme Struktur mit abzählbarer Basis ist metrisierbar.*

Bew.: Im Folgenden sei nur eine Beweisskizze gegeben. Die fehlenden Argumente entnehme man Lehrbüchern der Topologie [Schubert(75), S. 116-119].

$\Rightarrow$: Definiere $x \approx_n y \Leftrightarrow \rho(x,y) < \frac{1}{2^n}$. Das Trennungsaxiom folgt aus MET$_1$. Aus $x \approx^2_{n+1} y$ folgt $\rho(x,z) + \rho(z,y) < \frac{2}{2^{n+1}}$ für ein z, also mit MET$_3$ $\rho(x,y) < \frac{1}{2^n}$, also $x \approx_n y$, also das Uniformitätsaxiom. Da die $\mathrm{O}^{()}_{()}$ als Kugeln definiert wurden, folgt das Übrige.

$\Leftarrow$: Man definiere:

$$\begin{aligned} d(x,y) &:= \inf\{\tfrac{1}{2^n} | x \approx_n y\} \\ \rho(x,y) &:= \inf\{\textstyle\sum_{i=1}^{n} d(x_{i-1},x_i) | \bigwedge i x_i \in X \wedge x_0 = x \wedge x_n = y\} \end{aligned}$$

und zeige $K_{\frac{1}{2^n}}(x) \subseteq \mathrm{O}_x^n$ für alle n. □

Manchmal, jedoch nicht in diesem Buch, wird verlangt, daß der Raum vollständig[17] metrisierbar ist. Lokalkompakte Räume mit abzählbarer Basis sind dies von vornherein [Schubert(75), S. 135 Aufgabe 7.]. Allerdings besitzt die vollständige Metrik in der Regel eine andere uniforme Struktur als die Ausgangsuniformität, wie man sich leicht am Beispiel des offenen Intervalls $(0,1)$, versehen mit der euklidischen Metrik, vergegenwärtigt. Jede Nullfolge aus dem Intervall ist eine Cauchyfolge. Bekanntlich läßt sich aber ein Uniformer Raum durch Hinzunahme von Punkten vervollständigen [Schubert(75), II 3.4].

Metrisierbarkeit genügt für unsere Ansprüche jedoch nicht. Der Raum muß aus Gründen, die erst im Zusammenhang mit der Hyperraumtopologie verstanden werden können, lokalkompakt sein. Die eleganteste Axiomatisierung besteht darin, eine Bedingung anzugeben, so daß die Vervollständigung lokalkompakt ist. In der Sprache der uniformen Basen ist notwendig und hinreichend, daß es zu jedem Punkt (uniforme) Umgebungen gibt, welche durch endlich viele Umgebungen jeder Größe überdeckt werden können (vgl. [Schubert(75), II 3.7])

$$\bigwedge x \bigvee n \bigwedge m \geq n \bigvee x_1,\ldots,x_k \; \mathrm{U}_x^n \subseteq \mathrm{U}_{x_1}^m \cup \cdots \cup \mathrm{U}_{x_k}^m$$

Ist diese Bedingung erfüllt, so liegen für eine beliebige Folge in U_x^n für jedes $m \geq n$ in mindestens einem $\mathrm{U}_{x'(m)}^n$ unendlich viele Folgenglieder. Die Folge enthält also eine Cauchyfolge als Teilfolge. In der Vervollständigung konvergiert diese. Somit besitzt jede Folge aus U_x^n einen Häufungspunkt in $\overline{\mathrm{U}_x^n}$. Also ist jede abgeschlossene Teilmenge von U_x^n kompakt. Damit können wir jedem Punkt x eine kompakte Umgebung zuordnen. Die umgekehrte Richtung ist trivial.

---

[17] In unserem Fall bedeutet Vollständigkeit nur, daß jede Cauchyfolge konvergiert. Für metrische Räume ist der Filterformalismus nicht allgemeiner als der aus der Schulmathematik bekannte Begriff der Folgenkonvergenz. Für einen Raum mit Metrik ρ ist $(x_n)_n$ bekanntlich eine Cauchyfolge genau dann, wenn

$$\bigwedge \varepsilon > 0 \bigvee n_0 \bigwedge n,m \geq n_0 \; \rho(x_n,x_m) < \varepsilon$$

II.3 DIMENSIONSTHEORIE

Vom Dimensionsbegriff haben wir schon eine gewisse anschauliche Vorstellung (Abb. II.1). Um einen dreidimensionalen Körper aus Holz zu zerteilen, benötigen wir eine Säge, und erzeugen einen flächenhaften Schnitt. Wollen wir eine Blechfolie durchschneiden, führen wir eine Blechschere entlang einer eindimensionalen Linie. Einen Draht schließlich durchtrennen wir idealiter an einem einzelnen Punkt. Es scheint so, als ob der Dimensionsbegriff rekursiv auf den Begriff des Randes einer offenen Menge zurückführbar ist. In welcher Weise dies geschehen kann, und ob es mehrere nicht äquivalente Möglichkeiten gibt, ist Gegenstand dieses Kapitels. Zuvor wollen wir uns jedoch Grundkenntnisse über den Begriff des Randes aneignen.

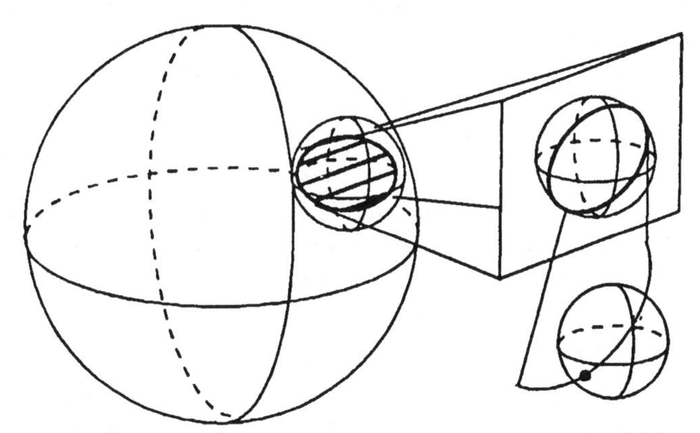

Abbildung II.1: Anschauung des Dimensionsbegriffs

II.3.a Ränder

Definition 8 *Als Rand einer offenen Menge O in einem beliebigen Unterraum A definieren wir*

(II.7) $$\delta_A O := \overline{O}^A \backslash O = (\overline{O \cap A} \backslash O) \cap A$$

Sei $\mathcal{B}$ eine Menge offener Mengen, so ist der Rand von $\mathcal{B}$ in einem Unterraum A erklärt als

(II.8) $$\Delta_{\mathcal{B}} A := \bigcup_{O \in \mathcal{B}} \delta_A O$$

Die relative Definition des Randes entspricht genau der absoluten Definition angewendet auf den Unterraum, denn $O \cap A$ ist eine offene Menge in A, und $\overline{O \cap A} \cap A$ ist ihr relativer Abschluß. Zieht man von diesem die Ausgangsmenge $O \cap A$ ab, so erhält man gerade den Ausdruck II.7. Die zweite Abkürzung für die Summe von Rändern einer ganzen Basis erweist sich als nützlich für die Dimensionstheorie. Wir werden zeigen, daß man durch mehrfache Anwendung dieser Operation für geeignete Basen einen Raum in nulldimensionale Komponenten zerlegen kann, denn es gilt die wichtige Beziehung

(II.9) $$\Delta_{\mathcal{B}}(A \backslash \Delta_{\mathcal{B}} A) = \emptyset$$

Man zeigt sofort für offenes $O, \mathcal{B}$

(II.10) $$A \subseteq B \Rightarrow \delta_A O \subseteq \delta_B O, \ \Delta_{\mathcal{B}} A \subseteq \Delta_{\mathcal{B}} B$$

Der Rand besitzt eine interessante Additionseigenschaft. Wir nennen eine Menge offener Mengen $\mathcal{U} \subseteq \mathcal{X}$ **lokalendlich**, wenn es zu jedem Punkt eine Umgebung gibt, die nur endlich viele Elemente aus $\mathcal{U}$ schneidet. In diesem Fall ist jeder Häufungspunkt von $\bigcup \mathcal{U}$ auch Häufungspunkt eines Elementes von $\mathcal{U}$ und es gilt

(II.11) $$\delta_A \bigcup \mathcal{U} \subseteq \bigcup_{U \in \mathcal{U}} \delta_A U$$

Eine lokalendliche Menge muß für alle Punkte des Raumes die entsprechenden Umgebungen besitzen, die Punkte aus $\bigcup \mathcal{U}$ genügen nicht. Als Beispiel betrachte man die Menge der Intervalle $(0, 1 - 1/n)$, $n = 2, 3, \ldots$ der Zahlengerade. Der Punkt 1 des Randes der Vereinigung ist in keinem Rand eines dieser Intervalle enthalten.

Da der Ausdruck II.7 recht umständlich ist, würde man ihn gerne als Funktion des absoluten Randes δO und der Menge A schreiben, in vielen anschaulichen Fällen ist auch $\delta_A O = \delta O \cap A$. Man braucht jedoch nur $A = \delta O \neq \emptyset$ zu setzen, um die Falschheit einzusehen, denn es ist $\delta_{\delta O} O = \emptyset$. Der folgende Satz zeigt, daß man dennoch nicht auf diese bequeme Schreibweise zu verzichten braucht. Es läßt sich immer eine geeignete Teilmenge finden, die an die Stelle von O treten kann.

Lemma 9 (Relativbegrenzung) *In einem separablen Raum gibt es zu jeder offenen Menge O und jeder Menge A eine offene Menge $O' \subseteq O$ mit $O \cap A = O' \cap A$ und*

$$\delta_A O = \delta O' \cap A$$

Bew.: [18]Wir bezeichnen mit F den relativen Abschluß von O in A und mit G den relativen Abschluß des Komplementes ($F := \overline{O}^A = A \cap \overline{O \cap A}$,

[18] Bei Menger [Menger(28), S. 36] falsch. Mit den angegebenen Hilfsdefinitionen kommt man nicht zum Ziel, konsequenterweise fehlen auch alle nichttrivialen Zwischenschritte.

$G := \overline{A\backslash F}^A = A \cap \overline{A\backslash F})$. Es sind also F und G in A abgeschlossene Mengen mit $F \cup G = A$. Um den allgemeinen Trennungssatz für separable Räume anwenden zu können, muß noch $F\backslash G \subseteq O$ gelten. Wir zeigen: $F\backslash G = O \cap A$. Es gilt unter Berücksichtigung der Offenheit von O

$$\begin{gathered} x \in F\backslash G = A \cap \overline{O \cap A} \backslash \left(\overline{A\backslash \overline{O \cap A}}\right) \Leftrightarrow \\ (\bigvee V \in \mathcal{U}^\circ(x) \bigwedge U \in \mathcal{U}^\circ(x)\ U \subseteq V \Rightarrow \\ (U \cap A) \cap (O \cap A) \neq \emptyset \wedge U \cap A \subseteq \overline{O \cap A}) \\ \Leftrightarrow \bigvee W \in \mathcal{U}^\circ(x)\ W \cap A \subseteq O \cap A \Leftrightarrow x \in O \cap A \end{gathered}$$

Der allgemeine Trennungssatz liefert uns nun eine offene Menge O' mit

$$F\backslash G \subseteq O' \subseteq O \wedge G\backslash F \cap \overline{O'} = \emptyset$$

womit auch schon $O \cap A = F\backslash G \subseteq O' \cap A \subseteq O \cap A$, also $O \cap A = O' \cap A$ gezeigt wäre. Damit ergibt sich schnell

$$F = A \cap \overline{O \cap A} = A \cap \overline{O' \cap A} \subseteq A \cap \overline{O'} \subseteq (O \cap A) \cup (F \cap G) \subseteq F \cup (F \cap G) = F$$

und weiter

$$\delta_A O = (A \cap \overline{O \cap A})\backslash O = (A \cap \overline{O'})\backslash (O \cap A) = A \cap (\overline{O'}\backslash O') = \delta O' \cap A$$

was zu zeigen war. □

Meistens werden die Räume mehrerer Observablen als Produkträume konstruiert. Daher ist es auch wichtig, den Rand der Basiselemente bestimmen zu können. Multipliziert man ein offenes Intervall der Zahlengeraden topologisch mit einem anderem, so erhält man ein offenes Rechteck. Dessen Rand sind natürlich seine vier Seiten. Zwei gegenüberliegende Seiten sind aber zusammen nichts anderes als der Abschluß eines Intervalls multipliziert mit den beiden Randpunkten des anderen Intervalls. Dieser Zusammenhang gilt allgemein.

Lemma 10 *Für zwei offene Mengen $U \in \mathcal{X}$ und $V \in \mathcal{Y}$ ist der Rand von $U \times V \in \mathcal{X} \otimes \mathcal{Y}$*

$$\delta_{X \times Y}(U \times V) = \delta_X(U) \times \overline{V} \cup \overline{U} \times \delta_Y(V) \tag{II.12}$$

Bew.: Da die Produkte offener Mengen eine Basis des Raums darstellen, gilt $\overline{U \times V} = \overline{U} \times \overline{V}$ und somit schon "$\supseteq$", denn die rechte Seite der Gleichung ist zu $U \times V$ disjunkt. Weil aber $(x, y) \notin U \times V \Leftrightarrow x \notin U \vee y \notin V$, muß für jedes $(x, y) \in \delta_{X \times Y}(U \times V) = (\overline{U} \times \overline{V})\backslash(U \times V)$ entweder

$x \in \overline{U}\setminus U = \delta_X(U)$ oder $y \in \overline{V}\setminus V = \delta_Y(V)$ sein. Dies ergibt die andere Richtung. □

Für spätere Ausführungen benötigen wir noch ein paar Rechenregeln zum Verhältnis von Komplement, Abschluß und Rand, die wir aus systematische Gründen hier anführen.

Lemma 11 *Für alle Mengen M und N gilt*

$$M\setminus\delta(X\setminus\overline{N}) = (M\setminus\overline{N}) \cup (M\setminus\overline{X\setminus\overline{N}}) \tag{II.13}$$

Für jede offene Menge O gilt

$$\begin{gathered} O \subseteq X\setminus\overline{X\setminus\overline{O}} \subseteq \overline{O} \\ \delta(X\setminus\overline{O}) \subseteq \delta O \\ \delta O = \delta(X\setminus\overline{O}) \Leftrightarrow O = X\setminus\overline{X\setminus\overline{O}} \end{gathered} \tag{II.14}$$

Bew.:

1. $M\setminus\delta(X\setminus\overline{N}) = M\setminus(\overline{(X\setminus\overline{N})}\setminus(X\setminus\overline{N})) = M\setminus(\overline{(X\setminus\overline{N})} \cap \overline{N})$. Dies ist gleich $(M\setminus\overline{X\setminus\overline{N}}) \cup (M\setminus\overline{N})$.

2. Mit $X\setminus\overline{O} \subseteq X\setminus O$ folgt auch $\overline{X\setminus\overline{O}} \subseteq \overline{X\setminus O} = X\setminus O$, letzteres, da O offen. Die zweite Inklusion erhält man durch Komplementierung von $X\setminus\overline{O} \subseteq \overline{X\setminus\overline{O}}$.

3. Dies folgt sofort mittels obigem aus $\overline{X\setminus\overline{O}} \subseteq X\setminus O$.

4. Mit II.13 und II.14 erhält man

$$\begin{aligned} \Leftarrow:&\quad X\setminus\delta(X\setminus\overline{O}) = (X\setminus\overline{O}) \cup (X\setminus\overline{X\setminus\overline{O}}) = (X\setminus\overline{O}) \cup O = X\setminus\delta O \\ \Rightarrow:&\quad X\setminus\overline{X\setminus\overline{O}} \subseteq X\setminus\delta(X\setminus\overline{O}) = X\setminus\delta O \subseteq O \subseteq X\setminus\overline{X\setminus\overline{O}} \end{aligned}$$

□

II.3.b Nulldimensionale Räume

Schon Poincaré hat die notwendige Bedingung formuliert, daß jeder n-dimensionale Raum einen $n-1$-dimensionalen Teilraum besitzen müsse, der ihn in zwei Teile zerlegt, so daß kein Punkt eines Teils Häufungspunkt des anderen ist. Dies ist aber selbst als lokale Eigenschaft nicht hinreichend. Man betrachte den Raum der Punkte in der Ebene mit rationalen

Koordinaten, vereinigt mit einer Geraden. Jede offene Menge enthält eine nichtleere gleichzeitig offene und abgeschlossene Menge, beispielsweise ein Rechteck mit irrationalen Koordinaten der Eckpunkte. Die leere Menge trennt also jede offene Menge. Dennoch ist der Raum als Ganzes eindimensional. Man wird verlangen müssen, daß jeder Punkt lokal von einer Menge niedrigerer Dimension umfaßt wird. Dies gilt insbesondere für die nulldimensionalen Mengen, auch hier sind Eigenschaften wie total oder vererblich unzusammenhängend[19] nicht hinreichend für die Nulldimensionalität. Dies soll die folgende Definition präzisieren.

Definition 12 *Sei O eine offene Menge. Dann* **umfaßt** $A \subseteq O$ **den Punkt** $x \in O$ **in** O *genau dann, wenn es eine offene Umgebung U von x gibt mit $\overline{U} \subseteq U \cup A$, wenn U also keine Berührungspunkte außerhalb von A besitzt. Ein Raum heißt* **schwach nulldimensional**, *wenn die leere Menge jeden Punkt in allen seinen offenen Umgebungen umfaßt, wenn es also beliebig kleine randlose Mengen gibt. Anders ausgedrückt: Die in ihr gleichzeitig offen und abgeschlossenen Mengen bilden eine Basis.*

Eine Basis heißt **von beliebiger Gestalt** *genau dann, wenn es zu jeder abgeschlossenen Menge A und zu jeder offenen Umgebung $O \supseteq A$ eine offene Menge U, $A \subseteq U \subseteq O$ aus der Basis gibt, wenn es also zu jeder abgeschlossenen Menge zu ihr beliebig ähnliche Basiselemente gibt. Ein Raum heißt* **stark nulldimensional**, *wenn die offen-abgeschlossenen Mengen eine Basis von beliebiger Gestalt bilden.*

Jeder stark nulldimensionale Raum ist natürlich erst recht schwach nulldimensional. Für separable metrische Räume sind die Begriffe äquivalent. Dieses Ergebnis bestätigt uns in der Hoffnung, dem Dimensionsbegriff für metrische separable Räume nähergekommen zu sein.

Lemma 13 *Ein separabler metrischer Raum ist genau dann stark nulldimensional, wenn er schwach nulldimensional ist.*

Bew.: Sei X ein schwach nulldimensionaler separabler metrischer Raum, seien F, G beliebige disjunkte abgeschlossene Teilmengen. Da der Raum

[19] Eine Menge heißt total unzusammenhängend, wenn je zwei verschiedene Punkte disjunkte offen-abgeschlossene Umgebungen besitzen. Eine Menge heißt vererblich unzusammenhängend, wenn sie keine zusammenhängenden Unterräume besitzt außer den einpunktigen. Jeder (schwach) nulldimensionale Raum ist total unzusammenhängend, und jeder total unzusammenhängende Raum ist vererblich unzusammenhängend. Die Umkehrung gilt auch im separablen Fall nicht.

separabel und regulär ist, gibt es eine abzählbare Basis $O_1, O_2, \ldots$ offen-abgeschlossener Mengen mit $O_i \cap F = \emptyset$ oder $O_i \cap G = \emptyset$. Wir definieren neue offene Mengen

$$U_i := O_i \setminus \bigcup_{j<i} O_j$$

welche eine Überdeckung des Raumes darstellen, denn zu jedem x gibt es ein kleinste j, so daß $x \in O_j$, somit $x \in U_j$. Es gilt erst recht

$$\bigwedge i \; U_i \cap F = \emptyset \vee U_i \cap G = \emptyset \;\wedge\; \bigwedge ij \; i \neq j \Rightarrow U_i \cap U_j = \emptyset$$

Somit sind die Mengen

$$\begin{array}{lll} U & := & \bigcup\{U_j | F \cap U_j \neq \emptyset\} \quad \supseteq F \\ V & := & \bigcup\{U_j | G \cap U_j \neq \emptyset\} \quad \supseteq G \end{array}$$

offene Umgebungen von F beziehungsweise G. Da jedes U_j genau in einer der beiden Mengen U und V enthalten ist und zu der jeweils anderen disjunkt ist, gilt $U \cap V = \emptyset$ und $U \cup V = X$. Damit sind aber beide Mengen als ihre gegenseitigen Komplemente auch abgeschlossen. Es ist $F \subseteq U \subseteq X \setminus G$ mit U offen und abgeschlossen, was zu zeigen war. □

Der folgende Satz zeigt, daß man immer eine Basis (sogar von beliebiger Gestalt) finden kann, deren Ränder außerhalb einer stark nulldimensionalen Menge A liegen. Ähnlich wie im Satz für die Relativbegrenzung können wir den Fall $\delta_A O = \emptyset$ zu $\delta O' \cap A = \emptyset$ verändern, allerdings gilt der Zusammenhang hier allgemeiner für metrische Räume.

Lemma 14 *Sei A eine stark nulldimensionale Teilmenge eines metrisierbaren Raumes X, dann gibt es eine Basis $\mathcal{B}$ von beliebiger Gestalt mit*

$$\Delta_{\mathcal{B}} X \subseteq X \setminus A$$

Bew.: Seien F und G abgeschlossene disjunkte Mengen in X, gesucht wird ein offenes U mit $F \subseteq U \subseteq X \setminus G$ und $\delta U \cap A = \emptyset$. Zunächst können wir wegen der Normalität des Raumes offene Umgebungen $V \supseteq F$, $W \supseteq G$ wählen mit disjunkten Abschlüssen ($\overline{V} \cap \overline{W} = \emptyset$). Diese Abschlüsse sind auch in A abgeschlossen, also gibt es eine offene Menge O mit

$$\overline{V} \cap A \subseteq O \cap A \subseteq A \setminus \overline{W}$$

Daraus folgen leicht die Beziehungen $O \cap A \subseteq X \setminus G$, $\overline{A \setminus O} \subseteq X \setminus V$, $\overline{A \setminus O} \subseteq X \setminus O$ und dann weiter

$$C := F \cup (O \cap A), \; D := G \cup A \setminus O$$
$$C \cap \overline{D} = (F \cup (O \cap A)) \cap (G \cup \overline{A \setminus O}) = \emptyset$$

Sei ρ eine beliebige topologieerhaltende Metrik. Wir erklären eine offene Umgebung von C und damit auch von F

$$U := \bigcup\{\mathrm{K}_{\frac{1}{2}\rho(x,D)} | x \in C\} \supseteq C \supseteq F$$

und wegen der letzten Gleichung ist $\overline{U} \cap D = \emptyset$. Also ist

$$\overline{U} \cap A \subseteq \overline{U} \cap (C \cup D) = \overline{U} \cap C \subseteq C \subseteq U$$

womit $\delta U \subseteq X \backslash A$ gezeigt wäre. $U \cap G \subseteq U \cap D = \emptyset$ beschließt den Beweis. □

II.3.c Charakterisierung der Dimension

Es gibt in der Mathematik verschiedene Axiomensysteme für die Dimension eines topologischen Raumes. Grundsätzlich wird immer von einer globalen Funktion von (Unter-)Räumen ausgegangen. Da man immer eine monotone Funktion erwartet, also ein Teilraum niemals eine größere Dimensionszahl besitzen kann, ist nachträglich eine Dimension auch als mehrstellige Relation relativ zu Teilräumen oder in einem Punkt des Raumes definierbar. Die bisherigen Axiomensysteme sind trotz ihrer Nützlichkeit für mathematische Zwecke, etwa zur Abgrenzung ähnlicher Konzepte, hier nicht brauchbar. Sie enthalten Axiome, die dem Philosophen und Wissenschaftstheoretiker nicht sofort evident sind[20]. Unser System ist demgegenüber trivial, denn das sehr starke Kompositionsprinzip legt schon die nulldimensionalen Mengen fest, die das größte axiomatische Problem darstellen. Dennoch ist es einsichtig: Eine stark nulldimensionale Menge kann keine eigene Meßgröße definieren. Sie kann günstigstenfalls, wie die rationalen zwischen den irrationalen Zahlen, eine Lücke füllen und die Dimension um höchstens 1 erhöhen.

Definition 15 *Unter einer (kanonischen)* **Dimensionsfunktion** *verstehen wir eine Funktion m von der Klasse der separablen metrischen Räume in die reellen Zahlen einschließlich $+\infty$, welche die folgenden drei Bedingungen erfüllt:*

[20] Das System von Scepin [Scepin(72)] enthält das Brouwer-Axiom über die nicht dimensionserniedrigende Abbildbarkeit n-dimensionaler Mengen durch Funktionen, deren Bildpunkte "hinreichend kleine" Urbilder besitzen. Das System von Aarts verlangt, daß jeder Raum dimensionserhaltend in einen vollständigen Raum eingebettet werden kann. Die meisten Axiome bei Aarts werden zur Charakterisierung der nulldimensionalen Mengen benötigt. Tatsächlich kann man induktive Invarianten mit anderen Rekursionsbasen erklären, die vom Dimensionsbegriff verschieden sind.

1. **(Normierung)** Genau die leere Menge erhält die niedrigste mögliche Zahl -1 zugeordnet: $m(\emptyset) = -1 \wedge m(F) \leq -1 \Rightarrow F = \emptyset$

2. **(Induktivität)** Jeder Punkt x wird in jeder seiner offenen Umgebungen U durch eine Menge $A \subseteq U$ umfaßt mit $m(A) < m(U)$.

3. **(Komposition)** Jede stark nulldimensionale Menge A erhöht die Dimensionszahl einer Menge B höchstens um eins: $m(A \cup B) \leq m(B)+1$.

Hierbei steht A in $m(A)$ abkürzend für den entsprechenden Unterraum $m(\langle A, \mathcal{X} \rangle)$.

Die älteste Definition einer Dimensionsfunktion stammt von Urysohn und Menger [Menger(28)]. Wir sagen, daß ein Raum die **Urysohn-Menger-Dimension** höchstens $n+1$ besitzt, falls die Menge aller offenen Mengen, deren Rand die Dimension höchstens n besitzt, lokal ist. Dabei nennen wir den leeren Raum dimensionslos und ordnen ihm die Dimensionszahl -1 zu. Ein Raum besitzt die Dimension genau n, wenn er die Dimension höchsten n besitzt, aber für kein $m < n$ die Dimension höchstens m besitzt. Abkürzend schreiben wir statt $\dim(\langle A, \mathcal{X} \rangle)$ meist $\dim(A)$.

$$\begin{array}{lcll} \dim(\langle X, \mathcal{X} \rangle) & \leq & n+1 & \leftrightarrow & \bigwedge x \in X \bigwedge U \in \mathcal{X}\ x \in U \\ & & & & \rightarrow \bigvee V \in \mathcal{X}\ x \in V \subseteq U \\ & & & & \wedge \dim(\langle \delta V, \mathcal{X} \rangle) \leq n \\ \dim(\langle X, \mathcal{X} \rangle) & = & -1 & \leftrightarrow & X = \emptyset \\ \dim(\langle X, \mathcal{X} \rangle) & = & n & \leftrightarrow & \dim(\langle X, \mathcal{X} \rangle) \leq n \\ & & & & \wedge \bigwedge m < n \neg \dim(\langle X, \mathcal{X} \rangle) \leq m \end{array} \tag{II.15}$$

Theorem 16 (Hauptsatz) *Es gibt genau eine Dimensionsfunktion auf der Klasse der separablen metrischen Räume gibt es genau eine Räume, die Urysohn-Menger-Dimension. Sie erfüllt den folgenden* **Summensatz**: *Sei $A_1, A_2, \ldots$ eine abzählbare Folge abgeschlossener Mengen mit*

$$\dim(\langle A_i, \mathcal{X} \rangle) \leq n \text{ für alle } i.$$

Dann ist $\dim(\langle \bigcup_i A_i, \mathcal{X} \rangle) \leq n$.[21]

Die drei Axiome sind unabhängig.

[21] Eine Verschärfung des Summensatzes, die wir hier nicht benötigen, findet sich in [Nagata(83), S.15 Theorem II.1].

Bew.: Wir zeigen zunächst, daß die Urysohn-Menger-Dimension eine Dimensionsfunktion ist.

1. Genau die leere Menge enthält nach der rekursiven Definition die Zahl -1.

2. Sei U eine offene Menge mit $x \in U$. Wegen der Regularität des Raumes gibt es mit dem Rekursionsschritt der Definition eine offene Umgebung O von x mit $\overline{O} \subseteq U$, also $\delta O \subseteq U$, und $\dim(\delta O) < \dim(U)$. Aber δO umfaßt x in U, was zu zeigen war.

3. Zunächst zeigen wir, daß

   (II.16) $$A \subseteq B \Rightarrow \dim(A) \leq \dim(B)$$

   Sei $\dim(B) \leq n$. Für $n = -1$ ist der Beweis trivial, sei also der Satz für $n-1$ bereits bewiesen. Sei O eine beliebig kleine Umgebung eines Punktes mit $\dim(\delta_B O) \leq n-1$ nach dem Rekursionsschritt der Definition. Mit (II.10) folgt $\delta_A O \subseteq \delta_B O$ und mit Induktionsvoraussetzung $\dim(\delta_A O) \leq n-1$ für beliebig kleine Umgebungen. Somit gilt $\dim(A) \leq n$.

   Sei nun A eine stark nulldimensionale Menge und (ohne Beschränkung) $\dim(X \backslash A) \leq n$. Nach Satz 14 gibt es also zu jedem Punkte x beliebig kleine Umgebungen O mit $\delta O \subseteq X \backslash A$. Wegen der Monotonieeigenschaft (II.16) ist dann $\dim(\delta O) \leq n$. Also folgt mit der Definition $\dim(X) \leq n+1$.

Wir zeigen nun den Summensatz, er wird für den Beweis der Eindeutigkeit gebraucht. Sei also $A_1, A_2, \ldots$ eine Folge abgeschlossener Mengen mit $\dim(A_i) \leq n$ für alle i, $X = \bigcup_i A_i$.

$n = -1$: Ist trivial.

$n = 0$: (Wird im Induktionsschritt gebraucht). Zu disjunkten abgeschlossenen Mengen F und G gibt es wegen der Normalität des Raumes immer offene Umgebungen $V_0 \supseteq F$ und $W_0 \supseteq G$ mit $\overline{V_0} \cap \overline{W_0} = \emptyset$. Seien nun V_i und W_i bereits als offene Mengen mit disjunktem Abschluß definiert. Da alle nulldimensionalen Mengen schwach nulldimensional sind, läßt sich nach Lemma 13 A_i in der Form

$$A_i = A_i^V \cup A_i^W; \; A_i^V, A_i^W \text{ abgeschlossen;}$$
$$A_i^V \cap A_i^W = \emptyset; \; A_i \cap \overline{V_i} \subseteq A_i^V; \; A_i \cap \overline{W_i} \subseteq A_i^W$$

schreiben. Da $\overline{V_i} \cup A_i^V$, $\overline{W_i} \cup A_i^W$ abgeschlossen und disjunkt sind, existieren offene Umgebungen $V_{i+1} \supseteq \overline{V_i} \cup A_i^V$ und $W_{i+1} \supseteq \overline{W_i} \cup A_i^W$ mit $\overline{V_{i+1}} \cap \overline{W_{i+1}} = \emptyset$. Die Mengen $V := \bigcup_i V_i$ und $W := \bigcup_i W_i$ sind offen und disjunkt. Es ist $V \cup W \supseteq \bigcup_i A_i^V \cup A_i^W = X$. Damit sind V und W als gegenseitige Komplemente auch abgeschlossen. Es gilt also $F \subseteq V \subseteq X \backslash G$ für beliebige disjunkte abgeschlossene F und G, also sind die offen und abgeschlossenen Mengen von beliebiger Gestalt, und erst recht lokal. Damit ist X nulldimensional.

$n-1 \Rightarrow n$: Es gelte also der Summensatz für $n-1$. Aus ihm folgt, daß es geeignete Basen $\mathcal{B}_1, \mathcal{B}_2, \ldots$ gibt mit $\dim(\Delta_{\mathcal{B}_i} A_i) \leq n-1$, also auch für $H := \bigcup_i \Delta_{\mathcal{B}_i} A_i$ $\dim(H) \leq n-1$. Weiterhin ist mit (II.9) auch $\Delta_{\mathcal{B}_i}(A_i \backslash \Delta_{\mathcal{B}_i} A_i) = \emptyset$, also $\dim(A_i \backslash \Delta_{\mathcal{B}_i} A_i) \leq 0$, mit der Monotonie (II.16) also erst recht $\dim(A_i \backslash H) \leq 0$. Es ist

$$\bigcup_{i=1}^{\infty} A_i \backslash H = \left(\bigcup_{i=1}^{\infty} A_i \right) \backslash H = X \backslash H$$

Jedes $A_i \backslash H$ ist in $X \backslash H$ abgeschlossen, somit kann der Summensatz für den Fall $n = 0$ angewendet werden. Er liefert $\dim(X \backslash H) \leq 0$, also ist nach dem soeben bewiesenen Kompositionssatz $\dim(X) \leq n$, was zu zeigen war.

Wir kommen nun zum Beweis der Eindeutigkeit. Sei $m()$ eine Dimensionsfunktion im obigen Sinne. Wir zeigen $\dim(X) = m(X)$ für jeden Raum X.

Verankerung: Wir beweisen gleichzeitig die Monotonie von $m()$, also $A \subseteq B \Rightarrow m(A) \leq m(B)$. Nach dem Normierungsaxiom kann es keine Menge A geben mit $m(A) < -1$. Weiterhin kann nach dem zweiten Axiom die Funktion nur ganzzahlige Werte oder ∞ annehmen, denn sonst käme man durch fortgesetzte Anwendung auf einen Wert kleiner -1. Der Fall $m(A) = -1 \Leftrightarrow A = \emptyset$ kann also als Rekursionsbasis fungieren, für ihn sind beide Eigenschaften bereits erfüllt. Es seien nun Monotonie und $\dim(Y) = m(Y)$ für $m(Y) \leq n-1$ und $\dim(Y) \leq n-1$ bereits bewiesen.

"$\leq$": Sei also $m(X) = n$. Zu $x \in X$ und einer offenen Umgebung V von x wählen wir eine offene Menge U mit $x \in U \subseteq \overline{U} \subseteq V$. Nach dem Induktivitätsaxiom gibt es eine offene Umgebung $O \subseteq U$ von x sowie eine Menge $A \subseteq U$ mit $\overline{O} \subseteq O \cup A$ und $m(A) \leq n-1$. Es ist somit

$\delta O \subseteq A$, und nach den Induktionsvoraussetzungen für Monotonie und Dimension folgt von rechts nach links

$$\dim(\delta O) \leq m(\delta O) \leq m(A) \leq n-1$$

Per Definition gilt dann $\dim(X) \leq n$, was zu zeigen war.

"$\geq$": Sei umgekehrt $\dim(X) \leq n$. Mit Hilfe des Summensatzes verschaffen wir uns eine abzählbare Basis $\mathcal{B}$ mit $\dim(\Delta_{\mathcal{B}}X) \leq n-1$, dann gilt nach Induktionsvoraussetzung auch

$$m(\Delta_{\mathcal{B}}X) = \dim(\Delta_{\mathcal{B}}X) \leq n-1$$

Das Komplement $X \backslash \Delta_{\mathcal{B}}X$ ist nach (II.9) und Lemma 13 stark nulldimensional, also gilt nach dem Kompositionsprinzip $m(X) \leq n$, was zu zeigen war.

"=": Wir haben nun gezeigt: Für jedes $k \leq n$ gilt

$$m(X) \leq k \Leftrightarrow \dim(X) \leq k$$

Damit folgt $m(X) \leq n \vee \dim(X) \leq n \Rightarrow m(X) = \dim(X)$, was zu zeigen war.

Monotonie: Sei $m(X) \leq n$ und $Y \subseteq X$. Aus dem letzten Ergebnis und (II.16) ergibt sich von rechts nach links

$$m(Y) = \dim(Y) \leq \dim(X) = m(X) \leq n$$

also $m(Y) \leq n$, was zu zeigen war.

Wir zeigen die Unabhängigkeit der drei Axiome durch Angabe einer Funktion, die jeweils ein Axiom nicht erfüllt, aber die beiden anderen.

1. wähle $m(X) := \dim(X) + 1$
2. wähle $m(X) := \begin{cases} -1, & \text{falls } X = \emptyset \\ 0, & \text{sonst} \end{cases}$
3. wähle $m(X) := \begin{cases} -1, & \text{falls } X = \emptyset \\ 2 \cdot \dim(X), & \text{sonst} \end{cases}$

Damit ist unser Hauptsatz der Dimensionstheorie separabler metrischer Räume bewiesen. □

Aus dem Beweis erhalten wir sofort:

Korollar 17 (Monotonie) *Ist F eine Teilmenge von G, so gilt* $\dim(F) \leq \dim(G)$.

Korollar 18 (Zerlegungssatz) *Eine nichtleere Menge A ist genau dann von der Dimension höchstens n, wenn es Mengen $A_0, A_1, \ldots, A_n$ gibt mit*

$$A = A_0 \cup A_1 \cup \ldots \cup A_n; \quad \dim(A_i) \leq 0$$

Korollar 19 (Produktsatz) *Die Dimension des Produktes zweier nicht gleichzeitig leerer Räume ist kleiner oder gleich der Summe ihrer Dimensionen. Formal ($X \neq \emptyset \vee Y \neq \emptyset$):*

$$\dim(\langle X, \mathcal{X}\rangle) \leq n \wedge \dim(\langle Y, \mathcal{Y}\rangle) \leq m \Rightarrow \dim(\langle X \times Y, \mathcal{X} \otimes \mathcal{Y}\rangle) \leq n + m$$

oder kurz

$$\dim(X \times Y) \leq \dim(X) + \dim(Y) \tag{II.17}$$

Bew.: Der Monotoniesatz wurde in (II.16) gezeigt. Der Zerlegungssatz ergibt sich durch n-faches Anwenden der Operation $\Delta_{\mathcal{B}}$ für geeignete Basen $\mathcal{B}$ auf den Raum mittels Komplementbildung aus (II.9) und in der Umkehrung durch n-fache Anwendung des Kompositionsprinzips. Ähnlich wie die reelle Zahlengerade sich in zwei nulldimensionale Mengen, die rationalen und die irrationalen Zahlen, zerlegen läßt, gilt dies auch allgemein. Der Produktsatz ergibt sich durch Induktion über $n + m \geq -1$ aus Gleichung (II.12) unter Anwendung des Summensatzes für die rechte Seite. Die Gleichheit gilt in der Regel nicht [Nagata(83), S.18f.]. □

Zum Abschluß erklären wir noch den relativen Dimensionsbegriff:

Definition 20 *Ein separabler metrischer Raum $\langle X, \mathcal{X}\rangle$ heißt* **im Punkte** $x \in X$ **von der Dimension höchstens** n *genau dann, wenn er eine offene Umgebung der Dimension höchstens n besitzt. Wir notieren* $\dim_x(X) \leq n$.

Wegen der Monotonie gilt: Ein separabler metrischer Raum ist höchstens n-dimensional genau dann, wenn er in jedem seiner Punkte (oder: in einer dichten Teilmenge von Punkten) höchstens von der Dimension n ist.

II.3.d Weitere Eigenschaften des Dimensionsbegriffs

Wir können nach dem oben genannten nun die Dimension eines separablen metrischen Raumes nun eleganter charakterisieren:

$$\begin{array}{lcccl} \dim(X) & \leq & n & \Leftrightarrow & \bigvee \mathcal{B} \subseteq \mathcal{X} \text{ Basis}: \dim(\Delta_{\mathcal{B}} X) \leq n - 1 \\ \dim(X) & = & -1 & \Leftrightarrow & X = \emptyset \end{array} \tag{II.18}$$

Mit anderen Worten: In einem höchstens n-dimensionalen Raum sind die offenen Mengen mit höchstens $n-1$-dimensionalem Rand lokal. Was würde nun passieren, wenn man schärfer fordern würde, daß sie von beliebiger Gestalt seien sollten? Tatsächlich gibt dies im Falle allgemeiner metrischer Räume eine andere Dimensionsfunktion, die den Summensatz allgemein erfüllt, aber nicht mit der Urysohn-Mengerschen Dimension übereinstimmt [Nagata(83), S.63]. Sie ist sogar die eigentliche in der Mathematik heute gebräuchliche induktive Dimension.[22]

$$\text{(II.19)} \quad \begin{array}{lcllc} \mathrm{Dim}(X) & \leq & n & \Leftrightarrow & \bigvee \mathcal{B} \subseteq \mathcal{X} \text{ v. bel. Gestalt} \\ & & & & \bigwedge O \in \mathcal{B}\ \mathrm{Dim}(\delta O) \leq n-1 \\ \mathrm{Dim}(X) & = & -1 & \Leftrightarrow & X = \emptyset \end{array}$$

Für unsere Zwecke gilt jedoch

Lemma 21 *Für jeden separablen metrischen Raum X fallen die beiden Dimensionsbegriffe zusammen:* $\mathrm{Dim}(X) = \dim(X)$.

Bew.: Nach dem Hauptsatz genügt es zu zeigen, daß Dim() eine Dimensionsfunktion ist.[23] Das erste Axiom ist per Definition erfüllt. Auch das Induktivitätsaxiom gilt trivialerweise, denn $\dim(X) \leq \mathrm{Dim}(X)$ läßt sich sofort induktiv beweisen, weil $\mathcal{B}$ in der Definition (II.19) schon eine Basis ist. Es bleibt allein das Kompositionsprinzip zu zeigen.

Zunächst beweisen wir die Monotonie $\mathrm{Dim}(A) \leq \mathrm{Dim}(X) =: n$ für $A \subseteq X$, A abgeschlossen. Für $n = -1$ ist dies trivial. Zwei disjunkte in A abgeschlossene Mengen F und G sind auch in X abgeschlossen, und es gibt ein offenes U mit $F \subseteq U \subseteq X \backslash G$ und $\mathrm{Dim}(\delta U) \leq n-1$. Es ist dann $U \cap A$ offen in A mit $F \subseteq U \cap A \subseteq A \backslash G$ und $\delta_A(U \cap A) \subseteq \delta U$ wegen (II.10). Nach Induktionsvoraussetzung gilt dann $\mathrm{Dim}(\delta_A(U \cap A)) \leq n-1$, also $\mathrm{Dim}(A) \leq n$.

Sei nun A eine stark nulldimensionale Teilmenge von X, dann gibt es nach Satz 14 eine Basis $\mathcal{B}$ von beliebiger Gestalt mit $\Delta_{\mathcal{B}} X \subseteq X \backslash A$, also

[22] Die folgende Definition stammt von Cech. Sie ist allgemein für metrische Räume äquivalent zur Lebesgue'schen Pflasterdimension. Dies beiden sind die in der Mathematik hauptsächlich verwendeten Dimensionsbegriffe. Für kompakte (und damit auch lokalkompakte) Räume läßt sich eine äquivalente konstruktive Definition angeben [Richman et al. (76)]. Neben den topologischen Konzepten gibt es auch noch metrische, wie die Haussdorffsche Dimension, deren integraler Bestandteil, der uns hier allein interessiert, mit unserem Dimensionsbegriff übereinstimmt.

[23] Wir haben den Fall $n = 0$ bereits in Lemma 13 gezeigt, er ging in den Beweis des Summensatzes ein, welcher wiederum zum Nachweis der Eindeutigkeit benötigt wurde.

folgt mit der Monotonie $\mathrm{Dim}(\delta O) \leq \mathrm{Dim}(X) \leq n$ für jedes $O \in \mathcal{B}$, also insgesamt $\mathrm{Dim}(X) \leq n+1$. □

Für nichtseparable metrische Räume stimmen die beiden Dimensionskonzepte nicht mehr überein. Man kann allerdings das Induktivitätsaxiom verschärfen[24] und erhält dann mit analogen Argumenten die starke Dimension $\mathrm{Dim}(X)$ als eindeutige Dimensionsfunktion. Es gilt der Summensatz für lokal abzählbare abgeschlossene Mengensysteme. Es läßt sich sogar zeigen, daß $\mathrm{Dim}(X) \leq n$ $(n \geq 0)$ genau dann gilt, wenn es eine σ-lokalendliche Basis gibt mit $\mathrm{Dim}(\delta O) \leq n-1$ für jedes Basiselement O. Mit dem Induktivitätsaxiom kann man für jede (monotone) Dimensionsfunktion eine Basis finden, deren Elemente Ränder niedrigerer Dimensionszahl besitzen. Jedoch braucht diese nicht σ-lokalendlich zu sein.[25]

Ein (separabler metrischer) Raum hat die Dimension höchstens n dann und nur dann, wenn es Basen $\mathcal{B}_0, \ldots \mathcal{B}_n$ gibt mit $\Delta_{\mathcal{B}_0} \cdots \Delta_{\mathcal{B}_n} X = \emptyset$. Natürlich sind die Basen im Allgemeinen nicht alle gleich. Dennoch gibt es manchmal Basen, beispielsweise in euklidischen Räumen die offenen Kugeln, die diese Eigenschaft besitzt. Wir definieren

Definition 22 *Eine Menge $\mathcal{U} \subseteq \mathcal{X}$ offener Mengen heißt* $\mathcal{X}$**–induktiv** *genau dann, wenn für jedes nichtleere $O \in \mathcal{U}$ gilt* $\dim(\delta O) < \dim(X)$ *und die Mengen $\mathcal{U} \downarrow \delta O$ im Unterraum δO induktiv ist.*

Korollar 23 *Die Menge der offenen Kugeln des $\Re^n$ ist $\Re^n$-induktiv.*

---

[24] Die Form würde lauten: Jede abgeschlossene Menge wird in jeder seiner Umgebungen von einer Menge niedrigerer Dimensionszahl umfaßt.

[25] Jeder metrisierbare Raum besitzt eine σ-lokalendliche Basis, also abzählbar viele lokalendliche offene Überdeckungen, die zusammen eine Basis formen. Jede lokalendliche offene Überdeckung $\mathcal{U}$ besitzt eine lokalendliche offene Überdeckung $\mathcal{V}$ mit $\mathcal{V}^- \leq \mathcal{U}$, eine sogenannte Schrumpfung. Es gibt also für $\mathrm{Dim}(X) \leq n$ eine offene Überdeckung $\mathcal{W}$ mit $\mathcal{V}^- \leq \mathcal{W} \leq \mathcal{U}$ und $\mathrm{Dim}(\delta O) \leq n-1$ für jedes $O \in \mathcal{W}$. Damit gibt es eine σ-lokalendliche Basis, deren Elemente Ränder niedrigerer Dimensionszahl besitzen. Für schwächere Dimensionsfunktionen, wie die Urysohn-Mengersche, gilt dies nicht.

Umgekehrt reicht diese Bedingung für $n = 0$, um analog zu Lemma 14 die starke Nulldimensionalität zu beweisen. Den Summensatz für $n = 0$ haben wir oben bereits allgemein bewiesen, der Rekursionsbeweis läßt sich dann mit Hilfe der oben konstruierten Basen anstelle der abzählbaren Basen führen, denn das Kompositionsprinzip haben wir in dem letzten Satz ebenfalls allgemein gezeigt.

Damit können wir für die obigen Basen wieder die Zerlegung des Raumes mit $\mathrm{Dim}(X) \leq n$ in eine Menge $\Delta_{\mathcal{B}} X$ mit $\mathrm{Dim}(\Delta_{\mathcal{B}} X) \leq n-1$ und ihr stark nulldimensionales Komplement durchführen. Rekursiv folgt mit ihrer Hilfe aus der Existenz eine σ-lokalendlichen Basis mit Rändern der Dimension höchstens $n-1$ auch $\mathrm{Dim}(X) \leq n$. Ebenso einfach folgt dann ganz analog zum Hauptsatz die Eindeutigkeit für die schärfere Axiomatik.

Bew.: Für $n = 1$ sind die offenen Kugeln die offenen Intervalle, deren Ränder diskrete, randlose (zweielementige) Mengen sind. Randlose Mengen sind aber immer induktiv. Die offenen Kugeln des $\Re^n$, $n > 1$, haben als Rand die $n-1$-dimensionale Sphäre S^{n-1}, was die erste Bedingung erfüllt. Ihre nichtleeren Schnitte mit beliebigen offenen Kugel sind wiederum homöomorph zu offenen Kugeln des $\Re^{n-1}$, was nach Induktionsvoraussetzung die zweite Bedingung erfüllt. □

Über die Existenz nichttrivialer induktiver Mengensysteme ist im allgemein noch nichts bekannt.

II.3.e Weiterführende Resultate

Das folgenden später im selben Zusammenhang mit Hyperräumen benötigte Theorem zitieren wir ohne die sehr aufwendigen Beweise. Dieses Unterkapitel ist sehr technisch und kann von dem nur an den Resultaten Interessierten übersprungen werden, ohne daß es dem Verständnis des Haupttextes abträglich ist.

Für die Arbeit mit Hyperräumen ist es sehr wichtig, die Dimension eines Produktes von Räumen genau angeben zu können. Da die Umkehrung von (II.17) in der Regel nicht gilt, werden hier zunächst einige weiterführende Definitionen angegeben.

Definition 24 *Ein Raum heißt* **σ-euklidisch** *genau dann, wenn er als abzählbare Summe k-dimensionaler Intervalle $\bigotimes_{i=1}^{k} I_i$ mit $I_i = (0,1)$, $(0,1]$, $[0,1)$ oder $[0,1]$, für irgendwelche $k = 1,2,\ldots$ darstellen läßt (k ist also nicht notwendigerweise fest). Ein Raum heißt* **σ-faktorisierend**, *falls er sich als Summe $\bigcup_{i=1}^{\infty} F_i$ abgeschlossener Mengen $F_i \simeq F_{i,1} \times \cdots \times F_{i,k(i)}$ darstellen läßt, wobei jedes $F_{i,j}$ lokalkompakt und eindimensional ist. Schließlich heißt ein Raum* **σ-lokalkompakt** *dann und nur dann, wenn er als abzählbare Summe von in ihm abgeschlossenen lokalkompakten Räumen geschrieben werden kann.*

Man beachte folgende unmittelbar einleuchtende Zusammenhänge:

- Jede Mannigfaltigkeit, also jeder lokaleuklidische Haussdorffraum mit abzählbarer Basis ist auch σ-euklidisch.
- Jeder σ-euklidische Raum ist natürlich erst recht σ-faktorisierend.
- Jeder σ-faktorisierende Raum ist σ-lokalkompakt.
- Das Produkt zweier σ-euklidischer (σ-faktorisierender, σ-lokalkompakter) Räume ist σ-euklidisch (σ-faktorisierend, σ-lokalkompakt).

Das folgende Theorem läßt sich in der Literatur finden.

Theorem 25 *Sei* $\langle X, \mathcal{X} \rangle$ *ein* σ*-lokalkompakter Raum und* $\dim \langle Y, \mathcal{Y} \rangle = 1$. *Dann ist*

$$\dim X \times Y = \dim X + 1$$

Hingegen benötigt man sehr viel algebraische Topologie für das folgende

Beispiel 26 *Es gibt zwei kompakte metrisierbare Räume* X, Y *(die dann erst recht separabel sind) mit* $\dim X \times Y < \dim X + \dim Y$. *(Natürlich muß wegen des vorhergehenden Theorems* $\dim X, \dim Y \geq 2$ *sein.)*

Das oben zitierte Produkttheorem läßt sich ad hoc verallgemeinern.

Theorem 27 *Sei* $\langle X, \mathcal{X} \rangle$ *ein* σ*-lokalkompakter Raum und* $\langle Y, \mathcal{Y} \rangle$ σ*-faktorisierend. Dann ist*

$$\dim X \times Y = \dim X + \dim Y$$

Bew.: Sei $\dim X = n$ und $\dim Y = m$. Wir schreiben ohne Beschränkung $Y = \bigcup_{i=1}^{\infty} F_i$ mit $F_i = F_{i,1} \times \cdots \times F_{i,k(i)}$. Da X σ-lokalkompakt ist, kann das obige Theorem angewendet werden und wir erhalten $\dim X \times F_{i,1} = n + 1$. Nun ist aber $X \times F_{i,1}$ wiederum σ-lokalkompakt, und durch $k(i)$-fache Wiederholung des Prozesses erhalten wir schließlich $\dim X \times F_i = n + k(i)$. Wäre nun $\max_{i=1,2,\ldots} k(i) < m$, so wäre für jedes i $\dim F_i < m$, denn $\dim F_i \leq m$ gilt schon nach dem Monotoniesatz per Voraussetzung. Da die F_i in Y abgeschlossen sind, gilt mittels Summensatz $\dim Y < m$, ein Widerspruch zur Definition von m. Also ist $\max_{i=1,2,\ldots} k(i) \geq m$, und daher $\dim X \times Y \geq \dim X + \dim Y$. Die umgekehrte Ungleichung gilt ohnehin. □

Das folgende Theorem wird im selben Kontext benötigt. Zu dem äußerst aufwendigen Beweis müßte extra ein mit der starken Dimension auf metrischen Räumen äqivalenter Begriff, die Lebesgue'sche Pflasterdimension, eingeführt werden.

Theorem 28 *Sei* f *eine stetige Abbildung von einem Kompaktum*[26] $\mathcal{X}$ *nach* $\mathcal{Y}$, *so daß* $\dim f^{-1}(y) \leq n$ *ist für jedes* $y \in \mathcal{Y}$. *Dann ist*

$$\dim \mathcal{X} \leq \dim \mathcal{Y} + n$$

[26] Will man auf die Bedingung der Kompaktheit verzichten, so muß f zusätzlich abgeschlossen sein. Y und Z sind metrisierbare Räume.

Kapitel III

Einfachheit

III.1 Einführung

III.1.a Motivation

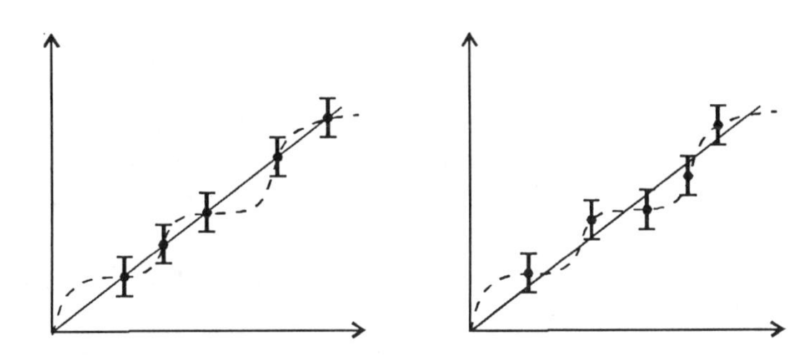

Abbildung III.1: Theoriewahlproblem

Unter dem Problem der Theoriewahl verstehe ich die Aufgabe, zu gegebenen endlichen Daten eine optimale Theorie zu finden und diese Wahl rational zu begründen. Betrachten wir zunächst einen elementaren funktionalen Zusammenhang zweier Meßgrößen, den wir durch eine Grafik repräsentieren. Die vorgegebenen Daten sind von endlicher Genauigkeit, was wir durch Fehlerbalken kennzeichnen. Gesucht wird hier eine geeignete Kurve durch diese Punkte. Doch selbst im Idealfall exakter Daten gibt es noch (überabzählbar) unendlich viele Wahlmöglichkeiten, welche mit den Daten logisch verträglich sind. Für gewöhnlich wird der Wissenschaftler intuitiv eine möglichst einfache Kurve wählen; welches seine Kriterien für Einfachheit sind, wird er zu explizieren sich kaum in der Lage sehen. Eine Gerade wird er in einer Situation wie in Abb. III.1 links meistens jeder anderen Kurve vorziehen. Er wird sogar noch bei seiner Wahl bleiben, wenn einzelne Punkte von der Kurve deutlich abweichen (Abb. III.1 rechts). Eine exakte ad-hoc-Approximation seiner Daten durch geeignete Funktionensysteme wird er in jedem Fall vermeiden wollen.

Auf den ersten Blick scheint es, der Forscher würde sich von ästhetischen Gesichtspunkten leiten lassen und nur mit möglichst elementaren geometrischen Hilfsmitteln eine Approximation konstruieren. Dies ist aus zwei Gründen nicht der Fall. Zum einen besteht eine Theorie in der Regel nicht nur aus einer einzigen Kurve, sondern aus einer ganzen Kurvenschar. Deren Abhängigkeit von internen Parametern, die wechselnde intrinsische Eigenschaften der Objekte repräsentieren, kann nicht so einfach erraten oder approximiert werden. Zum zweiten wählt der Physiker manchmal Kurven, die uns auf den ersten Blick unnatürlich kompliziert erscheinen, wie in einem späteren Beispiel gezeigt werden wird.

Um dieses aus der konkreten Praxis stammende a-posteriori-Problem zu lösen, benötigen wir ein apriorisches Kriterium für die Einfachheit einer Theorie, welches also von den gegebenen Evidenzen nicht mehr abhängt. Ein Maß der Wahrheitsähnlichkeit oder des Bewährungsgrades ist hier nicht intendiert. Die bisher allein für den Fall elementarer probabilistischer Gesetzesaussagen vorliegende induktive Theorie epistemischer Wahrscheinlichkeiten Carnaps ist logisch unabhängig von Einfachheitskonzeptionen, benötigt diese aber zur eindeutigen Anwendbarkeit, wie ich noch ausführen werde.

Von allgemeinem philosophischem Interesse ist der Einfachheitsbegriff, weil er auch in solchen wissenschaftstheoretischen Kontexten auftritt, die Popper (zu Unrecht) leidenschaftlich bekämpft. In Carnaps Theorie der Induktion treten die von Goodman entdeckten Paradoxien auf. Die zur induktiven Methode passenden Prädikate werden dabei durch andere (gleichwohl kodefinierbare aber) zerrüttete Prädikate ersetzt. Diese stimmen für die bisherigen Evidenzen überein, konstituieren also eine gleichgut bestätigte Hypothese. Auf einem anderen Bereich, für den noch keine Evidenzen vorliegen, sind sie diametral entgegengesetzt und verhalten sich antiinduktiv. Die Forderung nach unzerrütteten Prädikaten ist aber nichts anderes als ein Spezialfall des Problems der rationalen Theorienwahl. Das wird besonders deutlich für stetige Zerüttungen von Funktionen, die ohne Verwendung außerlogischer Konstanten formuliert werden können.

III.1.b Historisches

Das erkenntnistheoretische Einfachheitsproblem ist verhältnismäßig jung. Das Wort 'Einfachheit' wurde zwar seit dem Mittelalter in ästhetischen und theologisch-metaphysischen Konnotationen verwendet, ein Problem der Theoriewahl wurde jedoch erst in den zwanziger Jahren unter dem Eindruck der raschen Folge wissenschaftlicher Revolutionen zu Beginn dieses Jahrhunderts und nach der Aufgabe eines strikten Reduktionismus formuliert. Die Änderung des physikalischen Weltbildes erschütterte die Idee einer apriorischen Begründbarkeit der Theorien, insbesondere aus der wachsenden Zahl von Spezialgesetzen entstand die Nachfrage nach Auswahlkriterien.

Schon zu Beginn der zwanziger Jahre wurde der Einfachheitsgrad einer Theorie mit der Zahl ihrer Parameter in Verbindung gebracht, allerdings ohne eine erkenntnistheoretische Begründung. Daher konnte sich dieser Gedanke in der Philosophie nicht durchsetzen. Schlick fordert von dem Konzept der Einfachheit, ein Kriterium für die Gesetzmäßigkeit zu sein, verwirft jedoch verschiedene geometrische Ansätze. Weyl zitiert die Auffassung, daß die einfachere Kurve vorzuziehen sei, da es als ein höchst unwahrscheinlicher Zufall anzusehen sein sollte, wenn eine gewisse Anzahl von Meßpunkten mit der Kurve übereinstimmt. Er verwirft den Gedanken: Dies läßt sich von jeder anderen höchst verschieden Kurve genau so gut sagen. So resigniert Schlick: "Einfachheit ist ... ein halb pragmatischer, halb ästhetischer Begriff".

Erst Popper führte Anfang der dreißiger Jahre den Gedanken, die Einfachheit einer Theorie mit der Stärke ihrer Gesetzmäßigkeiten zu identifizieren, weiter. Eine Theorie ist um so stärker, je weniger Information ihr hinzugefügt werden muß, um eine Voraussage zu ermöglichen. Anders ausgedrückt: Je mehr Kombinationen möglicher Beobachtungen mit der Theorie unverträglich sind, desto strenger ist sie und desto riskanter ist ihre Postulierung, umso eher kann, wenn sie falsch ist, ein experimentum crucis gegen sie durchgeführt werden. Je strenger und bestimmter das Gesetz ist, desto größer ist sein empirischer Gehalt und desto besser ist es prüfbar.

Dennoch konnten sich auch Poppers fruchtbare Überlegungen langfristig nicht durchsetzen, da er kein praktisch anwendbares Kriterium entwickelte. Formale Kritik beherrscht bis heute die größtenteils negative Rezeption. In mehreren unabhängigen Beiträgen wurde festgestellt, daß Poppers Definition nicht einmal auf seine eigenen Beispiele anwendbar ist. Aus dieser Kritik wird der Standpunkt entwickelt, daß auch die erkenntnistheoretische Interpretation des Einfachheitskonzeptes durch Popper hinfällig sei. Diese Schlußfolgerung halte ich für nicht gerechtfertigt und widme den Hauptaspekt meiner Dissertation daher der formalen Explikation des Einfachheitsbegriffes.

III.2 Syntaktisch-semantische Einfachheit

III.2.a Logische Einfachheit

Seit den späten zwanziger Jahren beschäftigten sich Mathematiker intensiv mit der Frage der Einfachheit von Axiomensystemen. Der Metamathematik gelang die Klärung einiger wichtiger modelltheoretischen Charakterisierungen spezieller häufig verwendeter Klassen von Axiomensystemen. Zu ihnen zählen die reinen Allaussagen, die $\bigwedge\bigvee$-Systemen und die Satzsystemen, welche sich unter ausschließlicher Verwendung von Konjunktion und Implikation darstellen lassen (Hornformeln) [Pambuccian(86)]. Die verwendeten Klassifikationen waren selten graduell und dann sehr grob. Ein mit dem logischen Gehalt in Verbindung stehendes Einfachheitskriterium wurde nicht entwickelt.

Im Folgenden repräsentieren wir Axiomensysteme als Satzmengen über einem gegebenen Vokabular:

Definition 29 *Eine* **Prädikatbasis über dem Vokabular V** *ist ein Paar* $\langle A, M\rangle$ *aus einer Menge sprachlicher Individuen- und Relationskonstanten* $M \subseteq V$ *und einem Satz* A*, in dem nur außerlogische Konstanten aus* M *vorkommen. Wir halten im Folgenden den Aufbau der Sprache und das Vokabular* V *konstant und notieren kurz* $\langle A, M\rangle \in \mathrm{Pre}$.

Suppes betrachtet in [Suppes(56)] Einfachheitskriterien analog zur Maßtheorie. Eine Komplexitätsordnung ist eine konnexe (S2) Ordnung (S1), welche nicht von der logischen Form des Satzes abhängt (Extensionalität, (S3)). Eine logisch stärkere Theorie über dem gleichen Begriffssystem soll einfacher sein (S4). Dies ist im Einklang mit Popper's Identifikation von Einfachheit und 'Falsifizierbarkeit', denn die logisch stärkere Theorie hat zumindestens nicht weniger basale Falsifikationsmöglichkeiten[1]. Das Hinzufügen eines Satzes, welcher keine der Konstanten zweier vorgegebener Prädikatbasen enthält, läßt die Komplexitätsrelation unverändert (S5). Wenig problematisch und auch aussagekräftig erscheinen die Forderungen (S6) und (S7), welche die Tautologien als minimale Elemente bestimmen. Dies läßt sich definitorisch immer festlegen.

Definition 30 *Eine* **Komplexitätsordnung** $\preceq$ *ist eine binäre Relation*

[1] Dies ist aber nur plausibel, wenn durch die Verschärfung nicht weitere außerlogische Konstanten hinzukommen. Auf diesem Mißverständnis der Auffassung Poppers beruht ein Einwand [Barker(61), S. 169 letzter Absatz], nach der die Konjunktion einer plausiblen Hypothese mit einem singulären Ad-hoc-Satz eine zwar formallogisch stärkere, jedoch intuitiverweise kompliziertere Theorie ergibt. Der singuläre Satz im Beispiel enthält aber weitere Konstanten. Popper selbst verwendet den Teilklassenvergleich nur für Theorien in Form einer universellen Implikation $\bigwedge x\ \varphi x \rightarrow fx$ und spricht von stärkerer Falsifizierbarkeit nur bei Verschärfung des Satzes, also Abschwächung des Antezedensprädikates φ und Verschärfung des Prädikates f [Popper(59), Kap. 36]. Sein Einfachheitskriterium soll gerade dort einen Vergleich ermöglichen, wo kein Teilklassenverhältnis vorliegt [Popper(59), Kap. 38 Abschnitt 1].

auf Pre *mit*

S1 $\langle\mathcal{A}, L\rangle \preceq \langle\mathcal{B}, M\rangle \wedge \langle\mathcal{B}, M\rangle \preceq \langle\mathcal{C}, N\rangle \Rightarrow \langle\mathcal{A}, L\rangle \preceq \langle\mathcal{C}, N\rangle$
S2 $\langle\mathcal{A}, M\rangle \preceq \langle\mathcal{B}, N\rangle \vee \langle\mathcal{B}, N\rangle \preceq \langle\mathcal{A}, M\rangle$
S3 $\mathcal{A} \dashv\vdash \mathcal{B} \wedge M \subseteq N \Rightarrow \langle\mathcal{A}, M\rangle \preceq \langle\mathcal{B}, N\rangle$
S4 $\mathcal{B} \subseteq \mathcal{A} \Rightarrow \langle\mathcal{A}, M\rangle \preceq \langle\mathcal{B}, M\rangle$
S5 $\langle\mathcal{C}, L\rangle \in \mathrm{Pre} \wedge L \cap M = L \cap N = \emptyset \wedge \langle\mathcal{A}, M\rangle \preceq \langle\mathcal{B}, N\rangle$
$\Rightarrow \langle\mathcal{A} \cup \mathcal{C}, M \cup L\rangle \preceq \langle\mathcal{B} \cup \mathcal{C}, N \cup L\rangle$
S6 $\vdash \mathcal{T} \Rightarrow \langle\mathcal{T}, \emptyset\rangle \preceq \langle\mathcal{A}, M\rangle$
S7 $\vdash \mathcal{T} \wedge \langle\mathcal{A}, M\rangle \preceq \langle\mathcal{T}, \emptyset\rangle \Rightarrow (\vdash \mathcal{A}) \wedge M = \emptyset$

Diese Bedingungen sind aber nicht hinreichend, denn es gibt triviale Komplexitätsordnungen wie $\langle\mathcal{A}, M\rangle \preceq \langle\mathcal{B}, N\rangle \Leftrightarrow f(\mathcal{A}, M) \leq f(\mathcal{B}, N)$, mit $f(\mathcal{A}, M) = 0$, falls $\mathcal{A}$ nur Tautologien enthält und $f(\mathcal{A}, M) = \#M + 1$ ansonsten. Diese Ordnung bestimmt nur die Anzahl der Prädikate in der Prädikatsbasis ohne zu prüfen, ob diese in ihrem Satz überhaupt vorkommen, geschweige denn, welche Rolle sie spielen. In [Kemeny(55)] und in [Kemeny(53b)] finden sich zwei Beispiele nichttrivialer Komplexitätsordnungen. Sie messen grob gesprochen die Anzahl der Modelle über endlichen Universen gegebener Kardinalität modulo Isomorphie respektive die Anzahl der mit den Axiomen verträglichen maximaler Konjunktionen atomarer Sätze und ihrer Negationen. Das erste Konzept ist nur wohldefiniert, falls das Axiomensystem endliche Modelle besitzt[2]. Wir geben daher eine logische Rekonstruktion des zweiten eng verwandten Ansatzes in semantischen Termini.

Definition 31 *Eine* **Interpretation** *I einer Prädikatbasis $\langle\mathcal{A}, M\rangle$ über dem Universum U ist eine Funktion, die jeder Konstante aus M vom Typus τ ein Element aus U^τ zuordnet. Dabei ist U^τ rekursiv erklärt als*

$$U^{(\tau_1,\ldots,\tau_n)} := \wp(U^{\tau_1} \times \cdots \times U^{\tau_n})$$
$$U^0 := U$$

Definition 32 *Zwei Interpretationen I und J über den Universen U und V heißen isomorph ($I \cong J$) genau dann, wenn sie einen gemeinsamen Definitionsbereich M besitzen und es eine Bijektion $h : U \mapsto V$ gibt, so daß für jede Konstante $S^\tau \in M$ gilt $h^\tau(I(S^\tau)) = J(S^\tau)$. Dabei ist h^τ rekursiv*

[2] Kemenys Bemerkung, daß Wissenschaftssprachen lediglich endliche Universen hätten [Kemeny(55), S. 730 2. Abschnitt], teilen wir nicht, da neben den Individuen auch die (im allgemeinen überabzählbaren) Observablenräume zum Wertebereich einer Interpretationsfunktion gehören.

erklärt als

$$h^{(\tau_1,\ldots,\tau_n)}(F^{(\tau_1,\ldots,\tau_n)}) := \{\langle h^{\tau_1}(x_1^{\tau_1}),\ldots,h^{\tau_n}(x_n^{\tau_n})\rangle \,|\langle x_1^{\tau_1},\ldots,x_n^{\tau_n}\rangle \in F\}$$
$$h^0 := h$$

Zwei isomorphe Interpretationen sind also strukturell gleich und unterscheiden sich nur in Bezug auf die Umordnung der Universen. Insbesondere sind die Universen gleichmächtig. Die Wahrheit einer Prädikatbasis unter der Interpretation I sei in üblicher Weise rekursiv über den Aufbau der Formel erklärt. Verträglich nennen wir eine Interpretation einer Prädikatbasis, wenn sie sich zu einer Interpretation ergänzen läßt, unter der die Prädikatbasis wahr ist. Dazu definieren wir eine Ergänzungsrelation für Mengen aller Typen rekursiv:

$$\begin{array}{lll} F \ll^{(\tau_1,\ldots,\tau_n)} G & \leftrightarrow & \bigwedge \langle x_1^{\tau_1},\ldots,x_n^{\tau_n}\rangle \in F \ \bigvee \langle y_1^{\tau_1},\ldots,y_n^{\tau_n}\rangle \in G : \\ & & x_1^{\tau_1} \ll^{\tau_1} y_1^{\tau_1} \wedge \ldots \wedge x_n^{\tau_n} \ll^{\tau_n} y_n^{\tau_n} \\ x \ll^0 y & \leftrightarrow & x = y \end{array}$$

Für Mengen erster Stufe ist dies gerade die Inklusionsrelation ("$\subseteq$"), für Mengen von Mengen die Verfeinerungsrelation ("$\leq$") aus der Überdeckungstheorie.

Definition 33 *Eine Interpretation I über dem Universum U heißt* **verträglich** *mit der Pädikatbasis $\langle \mathcal{A}, M\rangle$ genau dann, wenn es eine Interpretation J über einem Universum $V \supseteq U$ gibt unter der jeder Satz aus $\mathcal{A}$ wahr ist, so daß für jedes $S^\tau \in M$ gilt $I(S^\tau) \ll^\tau J(S^\tau)$. Die Menge der verträglichen Interpretationen bezeichnen wir mit $\Im_U(\langle \mathcal{A}, M\rangle)$.*

Zu jeder Interpretation über einem Universum und jedem anderen Universum derselben Mächtigkeit läßt sich bekanntlich eine isomorphe Interpretation über dem anderen Universum finden. Diese Transformation ist wahrheitserhaltend. Daher gilt auch das folgende

Lemma 34 *Für gleichmächtige Universen sind auch die Mengen der verträglichen Interpretationen gleichmächtig. Es läßt sich unabhängig vom Universum eine Menge verträglicher Interpretationen erklären*

$$\Im^N(\langle \mathcal{A}, M\rangle) := \left\{ I \,\middle|\, \bigvee U \ I : M \mapsto U \wedge \#U = N \wedge I \in \Im_U(\langle \mathcal{A}, M\rangle) \right\}$$

die nur noch von der Kardinalität N abhängt, so daß für jedes Universum U der Mächtigkeit N gilt

$$\text{(III.1)} \qquad \#\left(\Im^N(\langle \mathcal{A}, M\rangle)/\cong\right) = \#\left(\Im_U(\langle \mathcal{A}, M\rangle)/\cong\right)$$

Dies motiviert die folgende

Definition 35 *Der* **logische Komplexitätsgrad** $\mathbf{k}(\langle \mathcal{A}, M\rangle)$ *sei die in III.1 erklärte Zahl, wobei N gleich der Summe der Stelligkeit aller Prädikate aus M gewählt wird.*

Der Komplexitätsgrad ist umso kleiner, je stärker die Prädikate logisch verbunden sind und je höher der Grad der Symmetrie der Prädikate ist. Ein zweistelliges Prädikat ohne axiomatische Einschränkung hat die folgenden Modelle über einem zweistelligen Universum: Das leere, die einelementigen (alle isomorph) und sieben zweielementige: Eine Klassen aus einem nichtsymmetrischen Paar, drei Klassen aus zwei Paaren, von denen keines, eines oder zwei symmetrisch sind. Ferner zwei Klassen aus drei Paaren, also die mit einem respektive zwei symmetrischen Paaren und schließlich die universelle Relation. Der Komplexitätsgrad ist somit neun. Ist das Prädikat symmetrisch, reduziert sich der Komplexitätsgrad auf drei. Die stärkere Theorie besitzt weniger Modelle; der Komplexitätsgrad ist also bei festgehaltener Konstantenmenge ein Maß für die Schwäche des Axiomensystems, allerdings ein sehr grobes: Ein antisymmetrisches zweistelliges Prädikat hat nur die verträglichen Interpretationen $\emptyset$ und $\{\langle a, b\rangle\}$ über einem zweielementigem Universum, also Komplexitätsgrad zwei, gleichgültig, ob das zugehörige Axiomensystem kategorisch ist wie die Peano-Axiome der Nachfolgerrelation oder nur die Forderung nach Antisymmetrie als einziges Axiom enthält, also Modelle beliebiger Kardinalität besitzt.

Lemma 36 *Der Komplexitätsgrad induziert durch*

$$\langle \mathcal{A}, M\rangle \preceq \langle \mathcal{B}, N\rangle \leftrightarrow \mathbf{k}(\langle \mathcal{A}, M\rangle) \leq \mathbf{k}(\langle \mathcal{B}, N\rangle)$$

eine Komplexitätsordnung

Bew.: Es genügt zu zeigen, daß für $M \cap L = \emptyset$

$$\mathbf{k}(\langle \mathcal{A} \cup \mathcal{C}, M \cup L\rangle) = \mathbf{k}(\langle \mathcal{A}, M\rangle)\mathbf{k}(\langle \mathcal{C}, L\rangle)$$

Dies ist leicht einzusehen: Jede Interpretation I über $M \cup L$ ist Vereinigung einer Interpretation I_M von M und I_L von L. I ist verträglich mit $\langle \mathcal{A} \cup \mathcal{C}, M \cup L\rangle$ genau dann, wenn I_M verträglich mit $\langle \mathcal{A}, M\rangle$ und I_L verträglich mit $\langle \mathcal{B}, N\rangle$ ist. Ferner ist $I \cong J \leftrightarrow I_M \cong J_M \wedge I_L \cong J_L$. Damit folgt die Gleichung und aus ihr sofort (S5). Die anderen Bedingungen sind trivial. □

Einen völlig anderen Ansatz verfolgen Watkins und Redhead (a.a.O.) in ihrer Forderung nach möglichst geringer Anzahl von Axiomen in sogenannter "natürlicher" Axiomatisierung. Die einfachere Theorie ist die mit der geringsten Zahl von Axiomen, also diejenige, welche am stärksten vereinheitlicht ist. Die gegebenen Bedingungen für eine "natürliche" Axiomatisierung [Watkins(84), S. 208 f.] sind jedoch so wenig präzise, daß sie nicht für eine Formalisierung genügen, zu der sich ein Existenzbeweis für die behauptete Zahl finden läßt. Anders liegt dies mit der begrifflichen Unabhängigkeit zweier oder mehrerer Satzsysteme, welche keine gemeinsamen außerlogischen Konstanten besitzen [Essler(73), S. 45]. Allerdings bezeichnet Essler die begrifflich unabhängige Zerlegung eines Regelsystems in mehrere Teile als einfacher als ein System, welches nicht zerlegbar ist, da er notwendige Bedingungen für die Nichtzerrüttung von Prädikaten im Rahmen der induktiven Logik zu formulieren sucht. Es wird sich zeigen, daß Esslers Gebrauch des Einfachheitsbegriffes in Bezug auf Theorieunifikation dem in dieser Arbeit entwickelten Einfachheitskonzept entspricht. Zunächst werden wir jedoch dieses Konzept zu rekonstruieren versuchen.

Definition 37 *Eine* **Zerlegung** *einer Prädikatbasis* $\langle\mathcal{A}, M\rangle$ *ist eine Klasse* $\langle\mathcal{A}_i, M_i\rangle$, $i \in I$, $M_i \neq \emptyset$ *von Prädikatbasen mit* $\mathcal{A} \dashv\vdash \bigcup_{i\in I} \mathcal{A}_i$, $M = \bigcup_{i\in I} M_i$ *und* $M_i \cap M_j = \emptyset$ *für* $i \neq j$. *Der* **Zerlegungsgrad** $\mathbf{z}(\langle\mathcal{A}, M\rangle)$ *einer Prädikatbasis ist die maximale Kardinalität aller ihrer Zerlegungen.*

Der Zerlegungsgrad erzeugt keine Komplexitätsordnung im Sinne von Suppes, denn (S4) ist verletzt. Repräsentiert $A \dashv\vdash A_1 \wedge \ldots \wedge A_n$ eine maximale, nicht weiter verfeinerbare Zerlegung des Zerlegungsgrad n von A, so ist $A_1 \vee \ldots \vee A_n$ eine unzerlegbare logische Folgerung[3], hat also den Zerlegungsgrad 1 und ist damit einfacher im Sinne des obigen Konzepts.[4] Wir benötigen damit ein anderes Konzept, um wenigstens die begriffliche Abschwächung eines Satzsystems adäquat erfassen zu können. Eine solche liegt vor, wenn der stärkere Satz bezüglich der allein in ihm vorkommenden Konstanten nichtkreativ ist.

Definition 38 *Wir sagen, daß eine Prädikatbasis* $\langle\mathcal{B}, N\rangle$ *genau dann* **konservativ** *über einer Prädikatbasis* $\langle\mathcal{A}, M\rangle$ *ist, wenn alle Konstanten aus* M *auch in* N *auftreten und jede logische Folgerung aus* $\mathcal{B}$, *in welcher Konstanten aus* $N\backslash M$ *nicht vorkommen, auch logische Folgerung von* $\mathcal{A}$ *ist.*

[3] Auch im Sinne Watkins "natürlicher" Axiomatisierung.

[4] Um (S5) zu beweisen, müsste man zeigen, daß zwei Zerlegungen eine gemeinsame Verfeinerung besitzen. Alle anderen Eigenschaften sind leicht zu beweisen.

Symbolisch[5]

$$\langle \mathcal{A}, M\rangle \trianglelefteq \langle \mathcal{B}, N\rangle \quad \Leftrightarrow \quad M \subseteq N \wedge \bigwedge D \; (\langle D, V\backslash(N\backslash M)\rangle \in \text{Pre} \wedge \mathcal{B} \models D) \Rightarrow \mathcal{A} \models D$$

Lemma 39 *Die Konservativitätsrelation erfüllt die Bedingungen (S1), (S3) und (S5) einer Komplexitätsordnung.*

Bew.: Die Transitivität (S1) ergibt sich sofort aus der Transitivität von "$\subseteq$" und "$\Rightarrow$" mit der Definition. Die Extensionalität (S3) folgt trivialerweise. Um (S5) zu zeigen, nehmen wir an, $\langle \mathcal{A}, M\rangle \trianglelefteq \langle \mathcal{B}, N\rangle$, $\langle \mathcal{C}, L\rangle \in$ Pre, $L \cap M = L \cap N = \emptyset$ sowie $\mathcal{B} \cup \mathcal{C} \models D$, wobei D keine Konstanten aus $N\backslash M = (N \cup L)\backslash(M \cup L)$ enthält. Es folgt $\mathcal{B} \models (C \to D)$ für jedes $C \in \mathcal{C}$, wobei $C \to D$ keine Konstanten aus $N\backslash M$ enthält. Nach der ersten Voraussetzung gilt also $\mathcal{A} \models (C \to D)$, also auch $\mathcal{A} \cup \mathcal{C} \models D$, was den letzten Teil des Definiens von "$\trianglelefteq$" beweist. Mit $M \cup L \subseteq N \cup L$ folgt die Behauptung. □

Das Maß von Kemeny enthält die Konservativitätsrelation.

Lemma 40

$$\langle \mathcal{A}, M\rangle \trianglelefteq \langle \mathcal{B}, N\rangle \Rightarrow \langle \mathcal{A}, M\rangle \preceq \langle \mathcal{B}, N\rangle$$

III.2.b Syntaktische Einfachheit

Bisher hat keines der Konzepte logischer Einfachheit es erlaubt, zwischen den Funktionen f und g

$$f(t) = A \sin \omega t \qquad g(t) = A \sin h(\omega t)$$

zu unterscheiden, wenn das Regelsystem ansonsten gleich ist. Daher muß die Komplexität der auftretenden Terme mitberücksichtigt werden. Es stellt sich jedoch die Frage, wie sich ein solches Vorgehen methodologisch begründen läßt.

Betrachten wir den Quantenhalleffekt, dessen Entdecker vor wenigen Jahren mit dem Nobelpreis ausgezeichnet wurde (Abb. III.2). Grob gesprochen wird ein elektrischer Strom in einem Festkörper durch ein Magnetfeld abgelenkt und erzeugt eine Spannung, die Hallspannung. Es ist das Verhältnis von Hallspannung zu Strom über der Stärke des Magnetfeldes aufgetragen.

[5] Hierbei steht "$\Rightarrow$" für die metasprachliche Implikation und "$\vdash$" für den syntaktischen Ableitbarkeitsbegriff. $A \models B$ bedeutet, daß jede Interpretation, die A wahr macht, auch B wahr macht.

Der klassische Halleffekt bei hohen Temperaturen wird dabei durch eine gerade Linie durch den Nullpunkt repräsentiert, nach allgemeinem Konsens die einfachste Funktion. Sie hängt nur von einem materialabhängigen Parameter ab, der ihre Steigung festlegt. Dies gilt auch für die kompliziertere Kurve des Quanteneffekts bei niedrigen Temperaturen, diese besitzt aber zusätzlich Plateaus, deren Höhe von der Stärke des Magnetfeldes unabhängig, also Naturkonstanten sind. Damit hat sie sogar methodologische Vorzüge gegenüber dem klassischen Gesetz, was sicherlich für die Verleihung des Nobelpreises ausschlaggebend war. Eine Beurteilung der Termkomplexität würde zu einer unverhältnismäßig schlechten Einschätzung der Kurve führen.

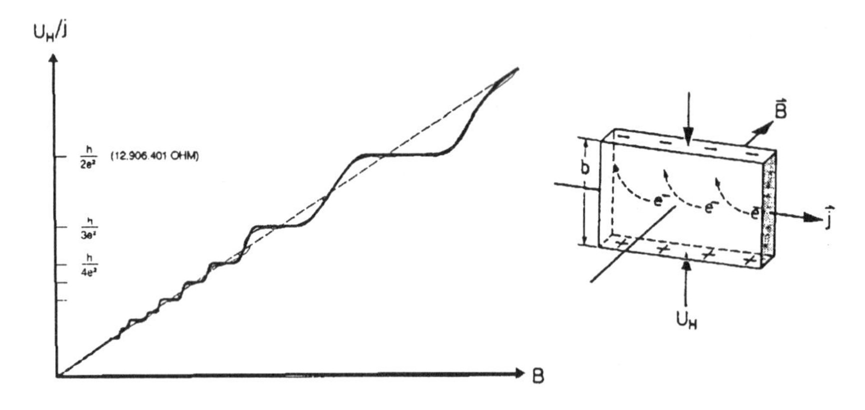

Abbildung III.2: Quantenhalleffekt

Auch ein syntaktisches Einfachheitskriterium muß die Forderung nach Extensionalität erfüllen. Durch Wahl geeigneter (oder besser: ungeeigneter) Koordinatensysteme können auch algebraisch einfache geometrische Formen beliebig kompliziert werden, ohne daß sich der empirische Gehalt ändert. Berüchtigt wurde die Hohlwelttheorie Teeds[6], nach der die Erde eine Hohlkugel ist, in deren Mitte sich das Weltall befindet. Man erreicht sie in geozentrischen sphärischen Koordinaten, indem man die Radialkoordinate an der Erdoberfäche spiegelt ($r \rightarrow \frac{R_0}{r}$ mit dem Erdradius R_0). Metrik und Geschwindigkeit transformieren sich quadratisch, Lichtstrahlen werden zu Ellipsenstücken.

[6] Der Homöopath C.R. Teed hatte 1870 im Staate New York eine Vision, in deren Folge er eine Pseudoreligion gründete und zeitweise bis zu 4000 Anhänger mit einer eigenen Stadt hatte. Nach Teed ensteht alles Leben in Hohlkugeln (Ei, Zelle), der Mittelpunkt der Erdschale ist der Sitz Gottes.

Syntaktische Komplexitätsordnungen für Terme spielen in der Informatik eine große Rolle für automatische Beweisverfahren. Möchte man garantieren, daß eine Folge von Umformungen eines Termes nach gegebenen Regeln nach endlich vielen Schritten auf einen minimalen Term gelangt, so führt man eine wohlfundierte Ordnung ein, in Bezug auf welche alle Regeln vereinfachen. Eine solche Termordnung hat unter anderem die Eigenschaft der Instanzierungsstabilität: Ist $r[x]$ einfacher als $s[x]$, dann ist für jeden Term t auch $r[t]$ einfacher als $s[t]$, wobei $r[t]$ aus $r[x]$ durch Substitution aller freien Vorkommnisse von x in r durch t hervorgeht. Weiterhin ist nach der Teilbaumregel jeder Term t einfacher als $r[t]$, wenn t in $r[t]$ mindestens einmal vorkommt. Transzendente Funktionen werden in einem Termkalkül als Funktionen zweier Variablen dargestellt, da unendliche Summen keine berechenbaren Funktionen sind. Beispielsweise ist der Sinus repräsentiert durch

$$\sin_n(x) = \sum_{j=0}^{n} (-1)^j \frac{x^{2j+1}}{(2j+1)!}$$

Funktionen zweier Variablen sind niemals einfacher als einstellige Funktionen. Sei $g_n(x)$ einfacher als $f(x)$, dann wäre wegen der Instanzierungsstabilität auch $g_{f(x)}(x)$ einfacher als $f(x)$, ein Widerspruch zur Teilbaumregel. Somit sind trigonometrische Funktionen wie Sinus und Cosinus komplexer als jedes Polynom, was sehr unplausibel erscheint.

Zusammenfassend kann gesagt werden, daß weder logische noch syntaktische Einfachheitskriterien einen nennenswerten Beitrag zum Problem der Theoriewahl leisten können. Wir müssen daher einen neuen Rekonstruktionsansatz wagen.

III.3 Mengentheoretische Einfachheit

III.3.a Endlich bestimmbare Theorien

Wir betrachten zunächst einen elementaren Spezialfall, nämlich klassifikatorische Theorien über einen endlichen Bereich von Grundprädikaten. Solche Gesetze spielen beispielsweise in der Geologie und Archäologie eine Rolle, wenn es darum geht, Schichten anhand von Fundstücken zu identifizieren. Der schwierigste Fall liegt vor, wenn es keine unabhängige Meßmethode zur Bestimmung des absoluten Alters einer Schicht gibt. Dann müssen bestimmte Kombinationen von Fundstücken die Schicht eindeutig bestimmen. Damit das Gesetz noch Voraussagen erlaubt, muß man mehr Sorten von Fundstücken in einer Schicht erwarten, als zu ihrer Bestimmung notwendig sind. Repräsentieren wir, nach obiger Methode, die Schichten durch Mengen von Grundprädikaten, welche Arten von Fundstücken entsprechen, so erhält man eine Menge von Mengen, deren Durchschnitte den Grad der Prüfbarkeit bestimmen. Genügt die Festlegung von n Fundstücken um jede Schicht eindeutig zu bestimmen, so kann man dies als Grad der Prüfbarkeit betrachten. Das folgende Komplexitätsmaß sucht nach der jeweils günstigsten Wahl für eine eindeutige Festlegung.

$$\text{(III.2)} \quad \begin{aligned} \mathrm{kom}(\mathcal{M}) := \max_{F \in \mathcal{M}} \min\{\#G | G \subseteq F \\ \wedge \bigwedge H \in \mathcal{M} : G \subseteq H \rightarrow H = F\} \end{aligned}$$

Dieses Maß hat den Vorteil, auf unendliche Systeme anwendbar zu sein, wenn die Durchschnitte zweier Mengen nicht endlich sind. Beispielsweise schneiden sich die Ebenen, welche verschiedenen Massenzuordnungen in der archimedischen Statik entsprechen, in einer Geraden, also in unendlich vielen Punkten. Dennoch ist jede Hyperebene durch den Nullpunkt im n-dimensionalen Raum durch $n-1$ Punkte festgelegt. Der naheliegende Ausdruck

$$\max_{G,F \in \mathcal{M}, G \neq F} \#(F \cap G) + 1$$

ist konservativer, da die schlechtestmögliche Wahl gesucht wird. Er ist jedoch unendlich für dieses Beispiel.

Dieses Konzept läßt sich nun auf bestimmte Theorien mit kontinuierlichem Observablenraum übertragen, nämlich auf die sogenannten Tschebyscheff-Systeme. Dies sind n-dimensionale lineare Funktionen- oder Kurvenräume, für die zu je n verschiedenen vorgegebenen Punkten (x_i, y_i) genau eine Lösung existiert, die durch alle diese Punkte geht. Zeichnet man eine bestimmte Basis $f_1(x), \ldots, f_n(x)$ aus, so gilt es, eindeutige Koeffizienten c_j zu finden mit $\sum_{j=1}^{n} c_j f_j(x_i) = y_i$. In Matrixform

$$\text{(III.3)} \quad \begin{pmatrix} f_1(x_1) & f_2(x_1) & \cdots & f_n(x_1) \\ f_1(x_2) & f_2(x_2) & \cdots & f_n(x_2) \\ \vdots & \vdots & & \vdots \\ f_1(x_n) & f_2(x_n) & \cdots & f_n(x_n) \end{pmatrix} \begin{pmatrix} c_1 \\ c_2 \\ \vdots \\ c_n \end{pmatrix} = \begin{pmatrix} y_1 \\ y_2 \\ \vdots \\ y_n \end{pmatrix}$$

Dies ist erfüllbar genau dann, wenn die Determinante der Matrix nicht verschwindet. Diese Eigenschaft ist natürlich unabhängig von der Wahl der Basis, denn eine Basistransformation entspricht der Multiplikation der Matrix mit einer nichtsingulären anderen Matrix; dies ändert nichts an ihrer Regularität oder Singularität. Die Lösung für die Koeffizienten, wenn sie existiert, ist immer eindeutig. Für die Polynome vom Grad höchstens n errechnet man beispielsweise die Vandermondesche Determinante

$$\begin{vmatrix} 1 & x_0 & x_0^2 & \cdots & x_0^n \\ \vdots & \vdots & \vdots & & \vdots \\ 1 & x_n & x_n^2 & \cdots & x_n^n \end{vmatrix} = \prod_{0 \leq i < j \leq n} (x_i - x_j),$$

die für verschiedene x_i nicht verschwindet. Eine streng monotone Transformation der x-Achse überführt ein Tschebyscheff-System wieder in ein solches.

Die (nach schwarzen Raben und Balkenwaagen) in der wissenschaftstheoretischen Literatur meistzitierte Miniaturtheorie bezieht sich auf die Formen geschlossener Planetenbahnen, die zunächst als Kreise und später mittels genauerer Meßinstrumente als Ellipsen identifiziert wurden.[7] Die Kegelschnitte in der Ebene haben die Komplexität 3 (Kreise) sowie 4 (Ellipsen). Abbildung III.3 zeigt, wie die Festlegung von drei Punkten nacheinander einen Kreis eindeutig auszeichnet.

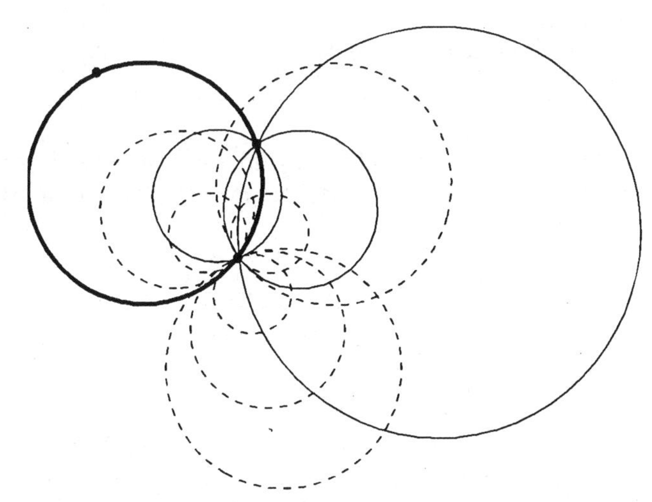

Abbildung III.3: Bestimmung eines Kreises durch drei Punkte

Das Komplexitätsmaß stimmt für Tschebyscheff-Systeme mit deren algebraischer Dimension überein. Man darf aber nicht, wie Popper dies tut, in der Definition des Einfachheitsbegriffs auch verlangen, daß durch n Punkte

[7] Für eine genaue Untersuchung der Komplexität der Kepler'schen Theorie im Vergleich zur Epizyklentheorie siehe [Kamlah(71)].

auch mindestens eine Kurve geht. Dies gilt zwar für die mathematische Kurvenklasse; diese enthält jedoch degenerierte Fälle, die in der empirischen Theorie keine Zustände des Systems repräsentieren. So geht durch drei kollineare Punkte eben eine Gerade und kein Kreis. Dieser Kritikpunkt wird von Turney [Turney(91)] (und 25 Jahre zuvor von Martin [Martin(65)]) gesehen, er reicht jedoch nicht aus, um die generelle Inkompatibilität von geometrischer Dimension und Prüfbarkeitsmaßen aufzuzeigen. Nicht nur, daß sich dieser logische Fehler durch die schwächere Definition (III.2) leicht vermeiden läßt, wir werden später die geometrische Dimension auch mit topologischen Mitteln definieren können.

Schwerer wiegt, daß die Tschebyscheff-Systeme die seltene Ausnahme unter den Theorien repräsentierenden Kurvenklassen sind. Selbst dort, wo häufig vorkommende Funktionen Teil eines solchen Systems sind, gilt die Tschebyscheff-Eigenschaft in der Regel nur auf bestimmten Intervallen und nicht auf der ganzen Achse. Die folgende Tabelle gibt einige Beispiele.

System	**Komplexität**	**Intervall**
$\{1, x, x^2, \ldots, x^n\}$	$n+1$	$[-\infty, +\infty]$
$\{e^{\lambda_1 x}, e^{\lambda_2 x}, \ldots, e^{\lambda_n x}\}$	n	$[-\infty, +\infty]$
$\{1, \cosh x, \sinh x, \ldots, \cosh nx, \sinh nx\}$	$2n+1$	$[-\infty, +\infty]$
$\{1, \cos x, \sin x, \ldots, \cos nx, \sin nx\}$	$2n+1$	$[a, a+2\pi)$

Für lineare Funktionenräume endlicher Dimension lassen sich wenigstens Abszissenpunkte finden, so daß für jede Vorgabe von Ordinatenwerte genau eine Lösung existiert.

Lemma 41 *Es gibt $x_1, \ldots, x_n$ so daß III.3 für jedes $(y_1, \ldots, y_n)$ eindeutig lösbar ist genau dann, wenn $f_1, \ldots f_n$ linear unabhängig sind.*

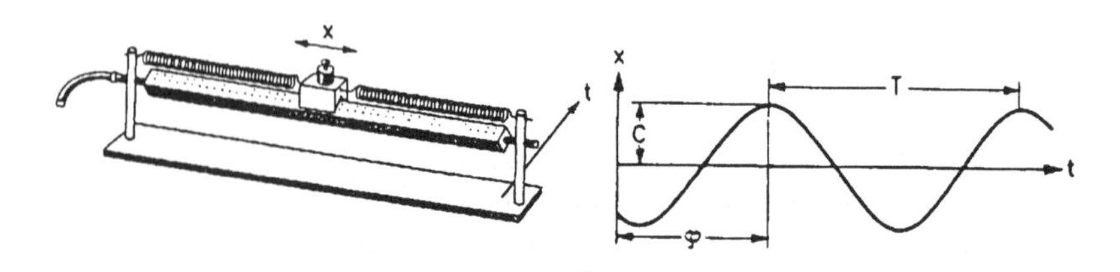

Abbildung III.4: Harmonischer Oszillator $x(t) = C \sin(\omega t - \varphi)$

Häufig sind die Funktionenklassen keine linear abgeschlossenen Räume und die von ihnen aufgespannten Räume sind nicht einmal endlichdimensional, selbst dann nicht, wenn die Funktionen aus den Lösungen linearer Differentialgleichungen stammen und durch wenige Parameter eindeutig bestimmt werden können. Denn die Differentialgleichungen enthalten Konstanten, die als theoretische Größen anzusehen sind und nicht in allen Anwendungen durch theorieexterne Messungen bestimmt werden. Über sie muß daher die Kurvenklasse variiert werden. Als Beispiel zeigt Abbildung III.4 die Lösung $x(t) = C \sin(\omega t - \varphi)$ mit $\omega = \sqrt{k/m}$ für den harmonischen Oszillator $m \cdot \partial^2 x / \partial t^2 + k \cdot x = 0$ mit den drei Parametern Amplitude C, Frequenz ω und Phase φ. Zwei Lösungen schneiden sich in unendlich vielen Punkten und keine Vorgabe endlich vieler (rationaler) Wertepaare zeichnet eine Lösung eindeutig aus. Es gibt keine Möglichkeit, das Komplexitätskriterium auch nur lokal aufrechtzuerhalten.

Jedes Einfachheitsmaß, das Kurvenklassen rein geometrisch ohne zugrundeliegende topologische oder metrische Struktur bewertet, ist insensitiv gegenüber der Dimension des Grundraumes. Aber es sind im dreidimensionalen euklidischen Raum ganz offensichtlich mehr Parameter zur Festlegung einer Geraden oder eines Kreises erforderlich als in der Ebene. Wenn das Einfachheitsmaß die Zahl der Parameter einer Theorie messen soll, kann es von der geometrischen Dimension, falls die Kurvenklasse eine besitzt, abhängen, aber nicht mit dieser identisch sein. Wir werden zeigen, daß tatsächlich eine Proportionalität besteht.

III.3.b Verallgemeinerte Kurvenklassen

Nachdem wir eingesehen haben, daß rein geometrische Verfahren zur Bestimmung des Einfachheitskonzeptes nicht ausreichen, unterlegen wir dem Raum der Observablen eine minimale Struktur, dies wäre eine Topologie. Wir halten an der Rekonstruktion der Theorie als Klasse geometrischer Objekte fest und definieren auf ihr eine Topologie. In ihr werden wir alle wichtigen methodologischen Konzepte entwickeln.

Topologie kann man anschaulich als eine mathematische Beschreibung verstehen, die zwei Objekte identifiziert, die auseinander durch beliebige Verformungen, Dehnung oder Stauchung hervorgegangen sind. Von den metrischen und insbesondere geometrischen Eigenschaften wird abstrahiert. Die Topologie wird verändert durch Operationen wie Durchschneiden, Kleben oder das Stanzen von Löchern.

Mit der Wahl einer topologischen Rekonstruktion erfüllen wir gleichzeitig unsere Forderung nach Unabhängigkeit von der Darstellung. Dies sei an einem extremen Beispiel, der Hohlwelttheorie, verdeutlicht. Nach dieser amerikanischen Pseudoreligion ist die Erde eine Hohlkugel, in deren Inneren sich das Weltall befindet. Sämtliche mechanische Gesetze und alle Partikeltrajektorien lassen sich in dieses Bild überführen. Aus Geraden werden Stücke von Kegelschnitten. Das Modell ist empirisch völlig gleichwertig und immanent nicht kritisierbar. Die Hohlwelttheorie ist nichts als eine ungewöhnliche Koordinatenwahl durch eine (abgesehen vom Mittelpunkt) topologische Transformation. Ich identifiziere sie darum mit dem Standardmodell.

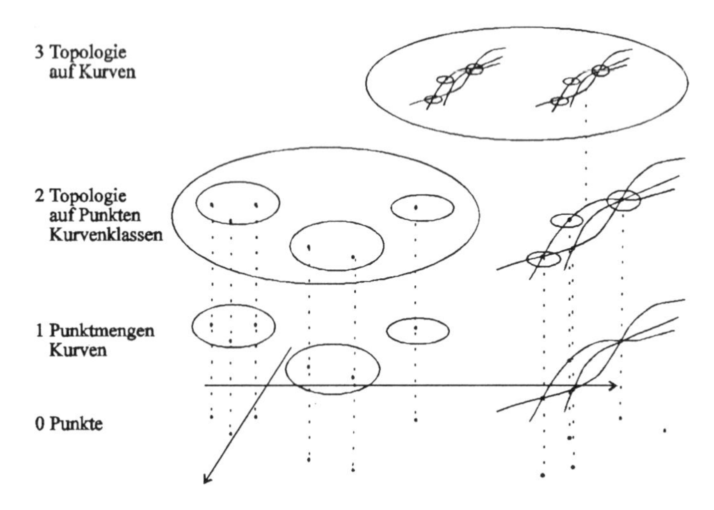

Abbildung III.5: Typenhierarchie

Eine minimale Forderung dafür, daß zwei Mengen empirisch wechselseitig unterscheidbare Zustände repräsentieren, ist, daß jede der beiden Mengen einen Punkt enthält, der von der anderen Menge separiert ist. Es heißt x von F **separiert** ($\langle x, F\rangle \in \mathrm{Sep}_{\mathcal{X}}$) genau dann, wenn es eine Umgebung von x gibt, die F nicht schneidet, wenn also F von x in endlicher Meßgenauigkeit abgrenzbar ist. In diesem Sinne definieren wir

Definition 42 *Ein Paar* $< \mathcal{X}, \mathcal{K} >$ *von Mengen von Mengen heißt* **(epistemischer) Hyperraum** *mit dem* **Grundraum** $X := \bigcup \mathcal{X}$ *und der* **Hypermenge** *(oder Kurvenklasse)* $\mathcal{K}$ *genau dann, wenn die folgenden Bedingungen erfüllt sind:*

HYP_1 $\mathcal{X}$ ist ein lokalkompakter Hausdorffraum mit abzählbarer Basis.

HYP_2 Die obige Topologie muß für alle Punkte der Hyperraumelemente erklärt sein, jeder Punkt eines Hyperraumelements muß ein Punkt des Grundraumes sein.

$$\text{(III.4)} \qquad \bigwedge F \in \mathcal{K} \; F \subseteq X$$

HYP_3 Für je zwei verschiedene Mengen F und G gibt es einen Punkt aus F, der von G separiert ist.[8]

Das dritte Axiom impliziert, daß die Hyperraumelemente eindeutig durch ihren Abschluß bestimmt sind (Lemma 46). Wir können also ohne Verlust von Allgemeinheit zur Klasse aller Abschlüsse der Hyperraumelemente übergehen, also annehmen, jede Kurve ist abgeschlossen. Dies ist auch eine natürliche Forderung, denn Graphen stetiger Funktionen sind stets abgeschlossen, gleiches gilt für die gewöhnlicherweise betrachteten geometrischen Objekte (Kugeln, Kegel, Würfel, Polyeder). Die mathematische Hyperraumtheorie beschränkt sich also zu Recht auf abgeschlossene Mengen. Diese haben den Vorteil, daß jeder auf einer Menge F, aber nicht auf G liegende Punkt auch von G separiert ist. Es gilt sogar die Umkehrung, falls jeder Häufungspunkt einer Kurve auf einer anderen Kurve liegt. Lemma 47 drückt diesen Sachverhalt aus.

Aus HYP_3 folgt weiterhin, daß kein Hyperraumelement in einem anderen enthalten sein kann.

$$\text{(III.5)} \qquad \bigwedge FG \in \mathcal{K} \; F \subseteq G \rightarrow F = G$$

III.3.c Hyperraumtopologie

Wir können nun die Hyperraumtopologie axiomatisieren. Sei $\ell()$ ein partiell definierter Operator, der Folgen aus $\mathcal{K}$ nach $\mathcal{K}$ abbildet, den wir als Limesoperator ansehen. Die folgenden Bedingungen scheinen auf den ersten Blick nur hinreichend zu sein, da nur eine der vier bekannten Bedingungen, die zusammen notwendig und hinreichend die Erzeugung eines topologischen Raumes über einen Abschlußoperator sichern, nämlich LIM_3. Aber die fehlenden Bedingungen folgen aus diesen. LIM_3 ist ein topologisches Standardaxiom, LIM_1 und LIM_2 stellen die Kompatibilität der Hyperraumtopologie mit den Observablen sicher. LIM_4 bedeutet, die gröbste

[8] Für gewöhnliche (nicht-epistemische) Hyperräume in der Mathematik wird nur verlangt:

$HYP_{3'}$ Für je zwei verschiedene Mengen F und G gibt es einen Punkt aus einer der beiden Mengen, der von der anderen separiert ist.

mögliche Topologie mit der kleinsten Anzahl der offenen und abgeschlossenen Mengen zu wählen.

LIM_1 Wenn ein Punkt vom Limes einer konvergenten Folge separiert ist, so auch (gleichmäßig) von einer Teilfolge.

$$x \notin \overline{\ell(F_{()})} \rightarrow \bigvee O \in \mathrm{U}^{\circ}(x) \bigwedge i \bigvee j \geq i \; F_j \cap O = \emptyset$$

LIM_2 Ist ein Punkt von allen Folgengliedern separiert, so kann er kein Element des Limes sein.

$$\left(\bigvee O \in \mathrm{U}^{\circ}(x) \wedge \bigwedge i \; F_i \cap O = \emptyset\right) \rightarrow x \notin \ell(F_{()})$$

LIM_3 Jede Teilfolge einer konvergenten Folge konvergiert gegen denselben Limes

$$\ell(F_{()}) \text{ existiert} \rightarrow \ell(F_{i()}) = \ell(F_{()})$$

LIM_4 Jede Erweiterung von $\ell()$ bei festgehaltenem $\mathcal{K}$ ist mit den letzten drei Axiomen unverträglich.

Durch diese vier Axiome wird eine Topologie der punktweisen Konvergenz erzeugt. Jede Umgebung eines Limespunktes schneidet fast alle Kurven der Folge (Abb. III.6 A.). Aber umgekehrt muß auch jeder Punkt x, dessen sämtliche Umgebungen von unendlich vielen Hyperraumelementen geschnitten werden, ein solcher Limespunkt sein; seine Umgebungen müssen sogar fast alle Objekte schneiden. Abbildung III.6 B.) zeigt einen solchen Häufungspunkt, der kein echter Limespunkt ist. Wenn die Menge der Häufungspunkte, der Limes Superior, mit den Konvergenzpunkten, dem Limes Inferior, übereinstimmt, konvergiert die Hyperfolge.

Wir können die Hyperraumtopologie durch Mengen charakterisieren, die als Konjunktionen elementarer (quasi-atomarer) Sätze aufzufassen sind. Seien $U_1, \ldots, U_n; V_1, \ldots, V_m$ (relativ-kompakte) Umgebungen, die Bereichen von Messungen endlicher Präzision entsprechen. Wenn die Beobachtung $U_1, \ldots, U_n$ bestätigt und $V_1, \ldots, V_n$ widerlegt, dann ist die Kurvenklasse, die mit dieser Information verträglich ist, gleich der Klasse jener Kurven, die alle U_i schneiden und alle V_j nicht. Wir bezeichnen diese Menge mit

$$[U_1, \ldots, U_n; V_1, \ldots, V_m] := \{F \in \mathcal{K} | \bigwedge i \leq n \; U_i \cap F \neq \emptyset \wedge \bigwedge i \leq m \; V_i \cap F = \emptyset\} \quad \text{(III.6)}$$

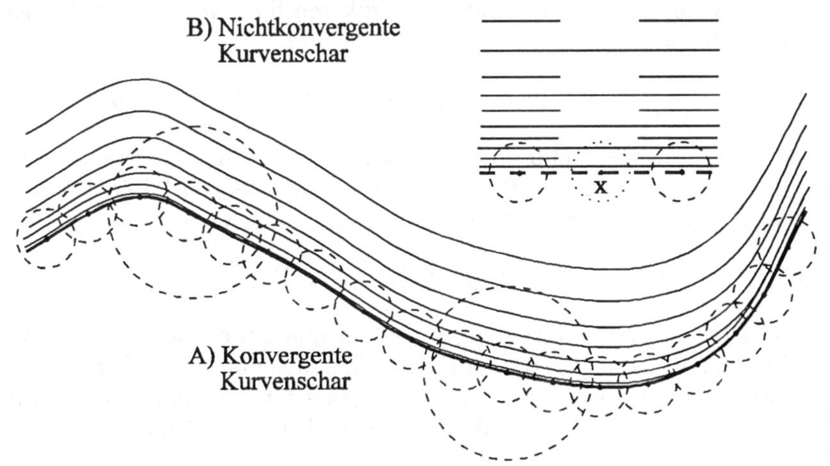

Abbildung III.6: Limes einer Kurvenfolge

Man zeigt leicht

$$
\text{(III.7)}\quad
\begin{array}{l}
[U_1, \ldots, U_n; V_1, \ldots, V_m] = [U_1, \ldots, U_n; V_1 \cup \ldots \cup V_m] \\
[U_1, \ldots, U_n; V] \subseteq [U_1', \ldots, U_n'; V'], \text{ falls } U_i \subseteq U_i' \wedge V \supseteq V' \\
[U_1, \ldots, U_n; V] \cap [U_1', \ldots, U_m'; V'] \\
= [U_1, \ldots, U_n, U_1', \ldots, U_m'; V \cup V']
\end{array}
$$

Eine ähnliche Regel für die Vereinigung zweier solcher Mengen gilt nicht.

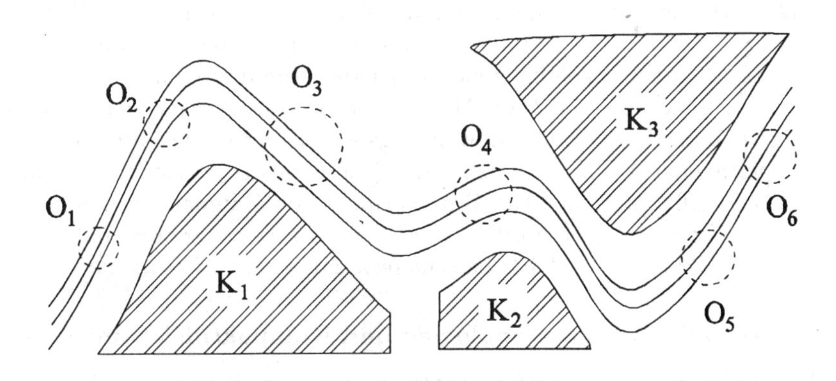

Abbildung III.7: Kurvenklasse $[O_1, \ldots, O_6; K_1, K_2, K_3]$

Wir zeigen (im Beweisteil): Für offene U_i und kompakte V_i bilden diese Mengen eine Basis der Hyperraumtopologie. Sie stehen in direkter Korrespondenz zu den Carnap'schen Q-Prädikaten für einen einzigen Gegenstandsausdruck α

$$\text{(III.8)} \quad \alpha \in \Pi_1 \wedge \alpha \in \Pi_2 \wedge \ldots \wedge \alpha \in \Pi_n \wedge \alpha \notin \Pi'_1 \wedge \alpha \notin \Pi'_2 \wedge \ldots \wedge \alpha \notin \Pi'_m$$

Interpretieren wir hierbei α durch seinen Zustand F_α im Hyperraum, sowie die Beobachtungsprädikate Π_i und Π'_j durch die Mengen $\{G|G \cap U_i \neq \emptyset\}$ und $\{G|G \cap V_j \neq \emptyset\}$, so ist (III.8) wahr genau dann, wenn

$$\text{(III.9)} \qquad F_\alpha \in [U_1, \ldots, U_n; V_1, \ldots, V_m]$$

Ein Beispiel dafür, wie diese Mengen Kurven approximieren können, wird in Abbildung III.7 gezeigt. Es ist nicht möglich, beliebig kleine Umgebungen nur durch Mengen der Form $[U_1, \ldots, U_n;]$ zu erreichen, da im allgemeinen für jede endliche Anzahl von Punkten unendlich viele Kurven existieren, die diese schneiden.

Die Kompaktheitsforderung für die V_i repräsentiert gerade die Verifizierbarkeitsbedingung für atomare Beobachtungssätze. Die Beziehung

$$\text{(III.10)} \qquad \alpha \in \Pi_U \leftrightarrow F_\alpha \cap U \neq \emptyset \leftrightarrow \bigvee x \in U : x \in F_\alpha$$

ist natürlich äquivalent zu

$$\text{(III.11)} \qquad \neg\alpha \in \Pi_U \leftrightarrow F_\alpha \cap U = \emptyset \leftrightarrow \bigwedge x \in U : x \notin F_\alpha.$$

Die (relative) Kompaktheit von U sichert, daß die in den negierten Sätzen (III.11) vorkommenden Allquantoren nur über einen beschränkten Bereich endlicher Größe laufen. Dennoch behalten die negierten Sätze einen anderen Status. Sie drücken für nicht-kompakte Grundräume nur die schwächere Information aus, daß ein Meßwert in einem vorgegebenen Bereich nicht gefunden wurde. Einen Bewährungsbegriff, der die bekannten Paradoxien vermeidet, konnte ich bisher (s.u.) nur für die positiv observablen Mengen (III.10) angeben. Die Untersuchung von Räumen, in denen die negierten Sätze durch die positiven Beobachtungssätze (approximativ) ersetzt werden können, ist daher besonders wichtig.

III.3.d Andere Topologien und Kompaktifizierung

Wichtig ist, daß die V_i im Gegensatz zu dem wesentlich älteren Konzept der Vietoris-Topologie kompakt und nicht nur abgeschlossen gewählt werden. Dies mag das folgende Beispiel veranschaulichen (Abb. III.8). Wir betrachten in der reellen Ebene die Menge aller horizontalen Geraden. Sie wird durch die Ordinate parametrisiert, wir erwarten also eine zur

Zahlengeraden homöomorphe Hyperraumtopologie. Insbesondere sollte die Menge $\mathcal{A}$ der Geraden zwischen und einschließlich der gestrichelten Linie einem abgeschlossenen Intervall entsprechen. Bezeichnen wir mit V die Punktmenge oberhalb der oberen und unterhalb der unteren Asymptote einschließlich dieser, so ist $[;V] = \mathcal{A}$, da jede Gerade außerhalb von $\mathcal{A}$ irgendwann V schneidet. In der Vietoris-Topologie ist $[;V]$ offen, da V abgeschlossen, ein Widerspruch zu unserer Forderung, daß $\mathcal{A}$ zu einem abgeschlossenen Intervall der Zahlengeraden homöomorph sein soll.

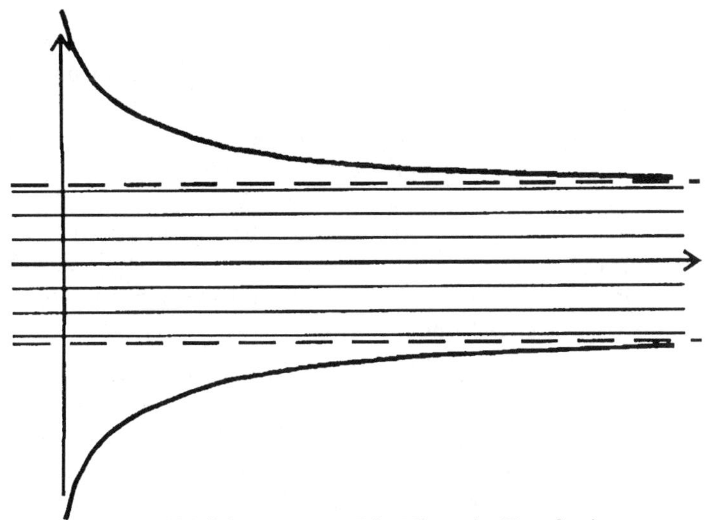

Abbildung III.8: Die Vietoris-Topologie

Der Mathematiker wird sich sicherlich zunächst fragen, in welchen Beziehungen der Hyperraum zu den ihm bekannten Topologien steht. Offensichtlich bilden Klassen stetiger Funktionen zwischen lokalkompakten Räumen Hyperräume, denn ihre Graphen sind abgeschlossene Teilmengen eines lokalkompakten Produktraumes. Die Hyperraumtopologie entspricht in der Regel nicht der Topologie einer punktweisen Konvergenz; sie kann aber durch eine schärfere Variante derselben ausgedrückt werden, die ich strenge Konvergenz nenne. Sie ist meistens auch nicht mit Metriken verträglich, die sich aus Supremumsnormen oder uniformen Abstandsbegriffen (Haussdorffmetrik) herleiten. Eine Ausnahme bilden die kompakten Grundräume, auf denen jede stetige Funktion auch gleichmäßig stetig ist. Für kompakte Bildräume stimmt die Hyperraumtopologie mit der sogenannten kompakt-offenen Topologie überein: Die Klasse der Mengen aller (stetigen) Funktionen f, für die das Bild eines vorgegebenen Kompaktums

K in einer vorgegebenen offen Bildraummenge O liegt ($f[K] \subseteq O$), enthalten immer eine Subbasis der Hyperraumtopologie. Es ist aber nicht jede solche Menge im Hyperraum offen, außer im erwähnten Spezialfall. Die kompakt-offene Topologie ist, wie auch die Vietoris-Topologie, feiner als die Hyperraumtopologie.

Man kann immer eine uniforme Struktur des Grundraums finden, so daß die induzierte uniforme Struktur, nach der zwei Mengen benachbart sind, wenn jeder Punkt einer Menge mit mindestens einem der anderen benachbart ist und umgekehrt, die Hyperraumtopologie wiedergibt. Jede uniforme Struktur der Einpunkt-Kompaktifizierung tut genau dieses. Dies sagt der Kompaktifizierungssatz 56, der es erlaubt, ohne Einschränkung zu einem kompakten Grundraum überzugehen, indem dem Grundraum und jedem Hyperraumelement derselbe Punkt ω hinzugefügt wird, ohne daß sich die Hyperraumtopologie ändert. Allerdings gilt dieses Resultat ausdrücklich nur für die Einpunktkompaktifizierung des gesamten Grundraumes, und nicht etwa für die getrennte Kompaktifizierung $\widehat{X}$ und $\widehat{Y}$ von Urbildraum X und Bildraum Y von Funktionenräumen. Repräsentiert man stetige Funktionen $\mathcal{F} \subseteq \mathcal{C}(X, Y)$ auf dem Grundraum $\widehat{X} \times \widehat{Y}$ anstelle $X \times Y$, so erhält man etwa im Beispiel zur Abbildung III.8 die Vietoris-Topologie, also nicht die zu erwartende Topologie.

Die uniforme Struktur der Einpunkt-Kompaktifizierung unterscheidet sich erkenntnistheoretisch deutlich von der gewöhnlichen Metrik. Nur in der Nähe bestimmter Meßwerte können diese präzise bestimmt werden. Für die reelle Ebene kann man sich die Kompaktifizierung so veranschaulichen: Über dem Nullpunkt wird eine Einheitssphäre errichtet. Der Abstand zweier Punkte der Ebene entspricht nun der Entfernung ihrer Projektionen auf die Sphäre durch die Verbindungsgerade zum Nordpol der Sphäre. Diese Situation entspricht einem Astronom auf der Erde, der zwar die Winkel ferner Sterne von seinem Standpunkt aus genau messen kann, aber die Distanz mit wachsender Entfernung des Objektes immer schlechter bestimmen kann.

Dieses Argument findet sich bei Ludwig [Ludwig(78), S. 112], der mit ihm sogar für (prä-) kompakte Datenräume plädiert. Eine Klasse unscharfer Abbildungsrelationen - das sind Relationsprodukte $(\bar{f}_\lambda \sim_i)$ stetiger Funktionen $f_\lambda : X \rightarrow \Re$ mit Nachbarschaften $\sim_i \subseteq \Re \times \Re$ - sei ausgezeichnet aufgrund ihrer physikalischen Bedeutung. Jedem möglichen Ausgang eines Experimentes entspricht ein f_λ. Die Bildmengen $f_\lambda[X]$ seien alle beschränkt ("nur Meßwerte aus beschränkten Meßbereichen sind physikalisch möglich") und damit präkompakt. Die einzelnen Punkte von X lassen sich durch endlich viele f_λ trennen (aufgrund der zugeordneten

Meßwerte unterscheiden). Dann existiert eine initiale uniforme Struktur auf X zu den f_λ, und diese ist präkompakt.

III.3.e Parameter

Man könnte vermuten, daß man den Begriff des Parameters einfach durch diejenigen Funktionen erklärt, welche die Hyperraumelemente erzeugt. Anstatt eine Kurvenklasse als Funktionenmenge zu betrachten, kann man auch jede Einzelfunktion mit einem Index versehen, der ebenfalls gewissen topologischen Bedingungen zu genügen hat. In Anlehnung an die Bezeichnung der Kurventheorie kann man von einer Parametrisierung sprechen. Man könnte meinen, daß dieser Index den Begriff des Parameters viel anschaulicher wiedergeben sollte, als die Hyperraumkonstruktion, schließt man nur bestimmte pathologische Fälle aus. Doch dieser Gedanke erweist sich als Illusion. Was man auch für Bedingungen an die Parametrisierungsfunktion stellen mag, der Parameterraum bleibt mehrdeutig und der Hyperraum wird in der Regel nicht reproduziert.

Eine Parametrisierung eines Hyperraumes ist eine zweistellige Funktion. Das erste Argument ist der eigentliche Parameter, der das geometrische Objekt auswählt. Diesem werden über die zweite Argumentstelle seine Punkte im Hyperraum zugeordnet. Beide Zuordnungen sollen bijektiv sein. Es genügt aber nicht, daß die Funktion in beiden Argumenten stetig ist; sie soll insgesamt stetig und dazu noch offen sein.

Definition 43 *Ein Hyperraum* $< \mathcal{X}, \mathcal{K} >$ *heißt* **parametrisierbar** *genau dann, wenn es topologische Räume* $\langle P, \mathcal{P} \rangle$ *und* $\langle Y, \mathcal{Y} \rangle$ *sowie eine stetige offene Funktion* $f : P \times Y \to X$ *gibt mit*

$$f_{p_0} : Y \to X \text{ bijektiv für } p_0 \in P,\ f_p(y) := f(p, y)$$
$$g : P \to \mathcal{K} \text{ bijektiv, } g(p) := f_p[Y] \in \mathcal{K}$$

Die Funktion f *heißt* **Parametrisierung** *des Hyperraumes* **auf dem Parameterraum** $\langle P, \mathcal{P} \rangle$. *Ein Raum* $\langle P, \mathcal{P} \rangle$ *heißt* **Parameterraum** *des Hyperraumes schlechthin, wenn man eine zugehörige Parametrisierung finden kann. Die Parametrisierung heißt* **eigentlich**, *falls das Urbild* $f^{-1}[K]$ *jedes Kompaktums* K *kompakt ist.*

Es gibt nun Beispiele selbst elementarer Systeme reellwertiger einstelliger Funktionen mit eigentlicher, selbst surjektiver Parametrisierung über lokalkompakten Räumen P und Y so, daß der ebenfalls lokalkompakte eindimensionale Hyperraum (genau in einem Punkt) nicht homöomorph zu P ist. Für eigentliche Parametrisierungen ist die obige natürliche Bijektion g zwar stetig, jedoch weder offen, noch abgeschlossen oder eigentlich, was alles drei äquivalent und hinreichend für die Homöomorphie wäre. Der Parameterraum P und der Raum Y sind für eigentliche Parametrisierungen lokalkompakt.

Nur für den Fall kompakter Parameterräume, oder bei surjektiver Parametrisierung auf einen kompakten Grundraum, ist der Parameterraum einer eigentlichen Parametrisierung homöomorph zur Hyperraumtopologie. Der Parameterraum ist dann also eindeutig bis auf Homöomorphie bestimmt. Nicht jeder Hyperraum ist im übrigen parametrisierbar, meist erhält man aber aus der Theorie selbst eine geeignete Parametrisierung und definiert den Hyperraum über sie.

Welche Gründe gibt es nun, die Hyperraumtopologie als Repräsentation des Parameterbegriffes zu bevorzugen? Zunächst einmal die Eindeutigkeit. Es gibt zu dem oben erwähnten Beispiel nämlich noch eine andere eigentliche Parametrisierung auf einem zum Hyperraum homöomorphen Parameterraum. Der Begriff der Parametrisierung ist also topologisch mehrdeutig, während die Hyperraumtopologie von uns eindeutig festgelegt und auch gegenüber anderen Topologien abgegrenzt wurde. Zum anderen spricht auch die erkenntnistheoretische Begründung, die wir gaben, als wir die endlichen Beobachtungsaussagen mit den Basiselementen identifizierten, für den Hyperraum. Die Parametrisierung wird von außen eingeführt und der meßtheoretische Status des Parameterraumes bleibt im Unklaren. Die Parameter einer Parametrisierung stehen nicht in Verbindung mit dem Grundraum der Beobachtungsgrößen.

III.4 Einfachheit und homogene Prüfbarkeit

Wir können nun den **Einfachheitsgrad** eines Hyperraums über dessen Dimension erklären: Ein Hyperraum $< \mathcal{X}, \mathcal{K} >$ hat den **Komplexitätsgrad n im Punkte** $F \in \mathcal{K}$ genau dann, wenn die Hyperraumtopologie im Punkte F die Dimension n hat. Diese Festsetzung muß sich bewähren, indem man Zusammenhänge zwischen Prüfbarkeit und Dimension ermittelt. Wir verzichten hier auf eine spezielle Axiomatisierung, da wir bewußt zulassen, daß zwischen dimensionsgleichen Hyperräumen noch in Fragen der Einfachheit differenziert werden kann, wie wir es für die (nulldimensionalen) endlich bestimmbaren Theorien angedeutet haben. Metatheoretisch behaupten wir nur: *Die Einfachheit einer Theorie wird in erster Linie nach der Dimension beurteilt werden* und erst bei Dimensionsgleichheit nach anderen Gesichtspunkten.

III.4.a Homogene Prüfbarkeit und geometrische Dimension

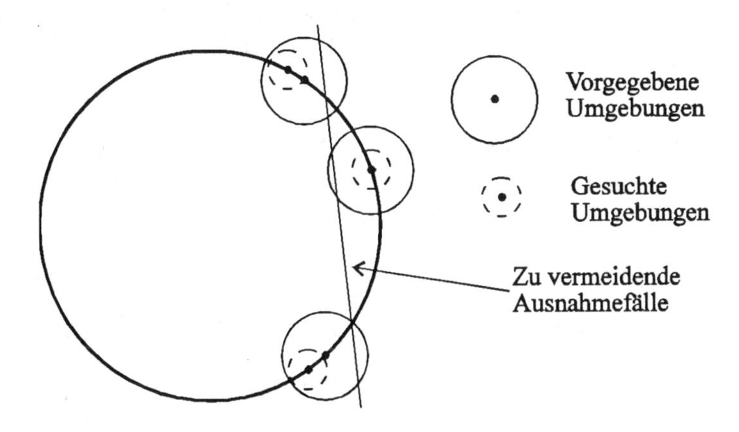

Abbildung III.9: Starke (geometrische) Dimension

Ein wichtiger Härtetest für das Einfachheitskriterium ist der am Anfang erwähnte Fall, in dem eine bestimmte Zahl von Beobachtungen den Zustand des Systems eindeutig bestimmen, wie bei der Keplerschen Theorie und ihren Vorläufern. Poppers Kriterium kann die Ausnahmefälle nicht korrekt behandeln, mit topologischen Mitteln ist dies jetzt möglich. Dies sei am Beispiel der Kreishypothese nur exemplarisch erläutert (Abb. III.9). Wir wählen auf einem beliebigen Kreis drei Punkte nebst Umgebungen. Dann lassen sich innerhalb der Umgebungen andere Umgebungen eventuell anderer Punkte finden, so daß keine gerade Linie durch alle drei Umgebungen geht. Damit ist der Ausnahmefall ausgeschlossen und durch je drei Punkte der kleinen Umgebungen geht genau ein Kreis. Die Kreise der Ebene bilden ein dreidimensionales Kontinuum, während die Geraden - durch zwei Parameter beschrieben - eine zweidimensionale abgeschlossene Klasse bilden, die im Euklidischen Raum nirgends dicht ist. Wir sagen, die Theorie besitzt starke oder geometrische Dimension drei. Die geometrische Dimension ist ein Maß für homogene Prüfbarkeit. Dieser Gedanke läßt sich entsprechend verallgemeinern.

Die folgende Definition ist die bestmögliche Generalisierung der Idee der geometrischen Dimension. Sie wird der Forderung gerecht, degenerierte Fälle nicht in die Kurvenklasse aufnehmen zu müssen, berücksichtigt aber gleichzeitig, daß diese Fälle die Ausnahme sind und nirgendwo dicht in einer offenen Menge im Hyperraum liegen können. Man kann n offene Mengen $V_1 \dots V_n$ vorgeben, durch die eine gegebene Kurve geht und erhält nach der Definition n kleinere offene Mengen $O_1 \dots O_n$, welche die Kurven immer noch schneiden, so daß in der von ihnen im Hyperraum aufgespannten Umgebung keine degenerierten Fälle mehr liegen. Wählt man aus jeder Menge O_i einen Punkt x_i, so geht durch alle n Punkte eine und nur eine Kurve.

Definition 44 *Ein Hyperraum* $\langle \mathcal{X}, \mathcal{K} \rangle$ *heißt genau dann* **homogen prüfbar**, *wenn es eine endliche Zahl d gibt mit* $\mathrm{gdim}(\mathcal{X}, \mathcal{K}) = d$, *wobei die* **geometrische Dimension** *erklärt ist durch*

$$
\begin{aligned}
\mathrm{gdim}(\mathcal{X}, \mathcal{K}) = d \quad & \leftrightarrow \quad \bigwedge F \in \mathcal{K} \bigwedge V_1 \ldots V_d \in \mathcal{X} \ : F \in [V_1, \ldots, V_d] \\
& \rightarrow \quad \bigvee O_1 \ldots O_d \in \mathcal{X} \ : F \in [O_1, \ldots, O_d] \\
& \qquad \wedge \bigwedge i \leq d \ O_i \subseteq V_i \wedge \bigwedge x_1 \in O_1 \ldots x_d \in O_d \\
& \qquad \dot{\bigvee} G \in \mathcal{K} \ x_1, \ldots, x_d \in G
\end{aligned}
\tag{III.12}
$$

Endlichdimensionale Hyperräume besitzen eine endliche geometrische Dimension aber in der Regel nicht einmal lokal in einer Umgebung eines Hyperraumelementes. Man betrachte als Beispiel die Menge der reellwertigen Funktionen $A \sin(\omega x + \varphi)$ für $A, \omega \in \Re$, $0 \leq \varphi \leq 2\pi$; eine dreidimensionale Kurvenklasse. Die konstante Nullfunktion ($A = 0$) besitzt keine Umgebung endlicher geometrischer Dimension: Sei $\mathcal{O} = [O_1, \ldots, O_k; K]$ eine solche offene Menge um die Abszisse. Dann hat die kompakte Menge K mindestens einen Abstand $\varepsilon > 0$ von der Geraden und ε kann so klein gewählt werden, daß jedes O_i mindestens eine ε-Umgebung um einen Punkt auf der x-Achse enthält, ohne Einschränkung mit rationaler Koordinate x_i. Ihrer Differenzen sind ebenfalls rationale Werte, deren Hauptnenner m sei. Dann schneiden für geeignetes φ die Funktionen $f_j(x) = \varepsilon \sin(\frac{j}{m} x + \varphi)$ sämtliche Punkte mit Abszisse x_i, nicht jedoch K, sind also in $\mathcal{O}$. Insbesondere kann kein $[O_1, \ldots, O_n]$ im Teilraum $\mathcal{O}$ die obige Definition erfüllen. Dies war auch zu erwarten, da die Ausgangsfunktionen einen unendlichdimensionalen Vektorraum aufspannen. Die Nullfunktion besitzt hier keine kompakte Umgebung, da die Folge der f_j keine konvergente Teilfolge enthält; dies ist jedoch nicht entscheidend, da für die Klasse $A \sin(\frac{x}{A} + \varphi)$ ein analoges Argument gilt.

Für parametrisierbare homogen prüfbare Hyperräume können wir den Komplexitätsgrad exakt angeben. Dies ist ein überraschendes Ergebnis, denn in der Dimensionstheorie lassen sich ohne Zuhilfenahme algebraischer Topologie oder außerhalb topologischer Mannigfaltigkeiten kaum Gleichungen beweisen. Wir benötigen nur einige plausible Voraussetzungen an den Grundraum und die Hyperraumelemente, von denen wir hier nur bemerken, daß sie für Mannigfaltigkeiten und deren abzählbare Summen erfüllt sind. Diese Voraussetzungen sind im Beweisteil dieses Kapitels aufgeführt und sollen nur sicherstellen, daß der Produktsatz der Dimensionstheorie in der scharfen Formulierung gilt. Für parametrisierbare Hyperräume sind immer per Definition die Hyperraumelemente topologisch gleichwertig, da die Parametrisierung selbst als Homöomorphismus fungiert. Wir können also $m := \dim F$ für alle $F \in \mathcal{K}$ setzen. Weiterhin sei $n := \dim \mathcal{X}$. Dann sagt der **Hauptsatz für parametrisierbare homogen prüfbare Hyperräume**, daß der Komplexitätsgrad der geometrischen Dimension proportional ist. Es gilt nämlich

(III.13) $$\dim \mathbf{T}(\mathcal{X}, \mathcal{K}) = \mathrm{gdim}(\mathcal{X}, \mathcal{K}) \cdot (n - m)$$

Es ist weiterhin der Parameterraum eindeutig bis auf Homöomorphie bestimmt.

Im Spezialfall eindimensionaler Hyperraumelemente ($m = 1$) ist der tatsächlich bewiesene Satz so allgemein, daß gar keine Zusatzbedingungen an die Hyperraumelemente gestellt werden müssen. Lediglich für den Grundraum sind die erwähnten Einschränkungen zu berücksichtigen. Wir können also für alle parametrisierbaren Kurvensysteme (auf Mannigfaltigkeiten u.a.) schreiben

(III.14) $$\dim \mathbf{T}(\mathcal{X}, \mathcal{K}) = \mathrm{gdim}(\mathcal{X}, \mathcal{K}) \cdot (n - 1)$$

In der reellen Ebene ($n = 2$) ergibt sich somit die von Popper vermutete Identifikation von Komplexitätsgrad und homogener Prüfbarkeit

(III.15) $$\dim \mathbf{T}(\mathcal{X}, \mathcal{K}) = \mathrm{gdim}(\mathcal{X}, \mathcal{K}),$$

welches ich hiermit den **Satz von Popper** taufen möchte. Er hat ihn zwar in dieser exakten Form nie behauptet, jedoch lassen seine (unten behandelten) Beispiele darauf schließen, daß er ihn in [Popper(59), Abschnitt 38 und Anhang I.] gemeint hat und nur mangels topologischer Kenntnisse nicht formulieren konnte. Ungewiß ist allerdings, wie Popper reagiert hätte, wenn er mit der Verallgemeinerung (III.13) konfrontiert worden wäre. Es ist nicht klar, ob er mit Prüfbarkeit die geometrische oder die topologische Dimension meint.[9] Sehr wahrscheinlich ist nur, daß er parametrisierbare Kurvensysteme intendiert hatte.

---

[9] In [Popper(59)] Kapitel 38 wird diejenige Konstruktion Poppers, die wir aus logischen Gründen durch die Definition der geometrischen Dimension ersetzt haben, zunächst als "charakteristische Zahl", wenig später jedoch auch als "Dimension" bezeichnet. Am Kapitelende verweist Popper jedoch auf das Buch zur topologischen Dimensionstheorie Mengers [Menger(28)], seines mathematischen Kollegen im Wiener Kreis. Er zitiert den Monotoniesatz, um zu zeigen, daß der Teilklassenvergleich und der Dimensionsvergleich dort, wo ersterer durchführbar ist, immer gleichsinnig ausfallen. Tatsächlich gilt aber auch für seine "charakteristische Zahl" ein Monotoniesatz. Dies ist jedoch nicht für die geometrische Dimension der Fall, denn die Teilklasse einer homogen

Eine Verallgemeinerung des Hauptsatzes auf nichtparametrisierbare Hyperräume ist nur unter äußerst technischen Zusatzvoraussetzungen möglich. Gegenbeispiele, sowie Ansätze zu möglichen Verallgemeinerungen, werden im Beweisteil am Schluß dieses Kapitels diskutiert. Unter erkenntnistheoretisch plausibleren Zusatzvoraussetzungen kann jedoch gezeigt werden, daß die topologische Dimension eine Schranke für die geometrische Dimension bildet. Aus niedriger Dimension, also hoher Einfachheit folgt also gute homogene Prüfbarkeit, falls die Theorie überhaupt homogen prüfbar ist und die folgende Reichhaltigkeitsforderung erfüllt.

Um die Fälle unmöglicher Konstellationen, wie die kollinearen Punktetripel für die Klasse der Kreisbahnen auszuschließen, haben wir die Existenz offener Teilmengen O_i zu vorgegebenen Umgebungen V_i gefordert, so daß zu jeder Wahl eines Punktetupels *genau* ein Hyperraumelement gehört. Die O_i mußten jedoch nicht Umgebungen der Punkte seien, zu denen wir die Umgebungen V_i gewählt hatten. Dies taten wir aus Rücksicht auf spätere Anwendungen in der Relativitätstheorie, bei der sich verschiedene Kegel entlang von Geraden, und nicht nur von endlich vielen Punkten, schneiden können. Es spricht jedoch nichts dagegen, zu vorgegebenen Punktetupeln auf einem Hyperraumelement die Existenz von Umgebungen V_i zu fordern, daß zu jeder Wahl eines Punktetupels *mindestens* ein Hyperraumelement gehört. Dies ist auch in dem später zu behandelnden Beispiel der Lichtkegel in der Relativitätstheorie erfüllt. Wir nennen diese Bedingung aus Gründen, die erst im Beweisteil verständlich werden, Stetigkeit. Es läßt sich dann nämlich zeigen, daß die Funktion, welche zu gegebenen Punktetupeln das eindeutig bestimmte Hyperraumelement auswählt, in Bezug auf bestimmte (Teil-)Räume stetig ist.

Definition 45 *Ein homogen prüfbarer Hyperraum heißt genau dann* **stetig**, *wenn es eine Subbasis* **S** *des Hyperraumes gibt, daß mit* $d = \mathrm{gdim}(\mathcal{X}, \mathcal{K})$

$$\begin{gathered}\bigwedge \mathcal{O} \in \mathbf{S} \bigwedge F \in \mathcal{O} \bigwedge x_1 \ldots x_d \in F \\ \bigvee V_1 \in \mathrm{U}^\circ(x_1) \ldots V_d \in \mathrm{U}^\circ(x_d) \\ \bigwedge y_1 \in V_1 \ldots y_d \in V_d \bigvee G \in \mathcal{O}\ y_1, \ldots, y_d \in G\end{gathered}$$

---

prüfbaren Menge muß nicht homogen prüfbar sein (Man füge der Menge der abszissenparallelen Geraden der Ebene eine beliebige Gerade hinzu; diese Menge besitzt keine geometrische Dimension, wohl aber die Klasse aller Geraden). Es kann jedoch niemals eine Teilklasse eine höhere geometrische Dimension besitzen.

Es ist leider nicht nachvollziehbar, wie Popper auf dieses Dilemma reagiert hätte. Leider wirkt sich Poppers Einstellung, in logischer Präzision keine philosophische Tugend zu sehen, verhängnisvoll auf die Glaubwürdigkeit seiner Wissenschaftstheorie unter Fachleuten aus. In der Poppernachfolge wurde der Zusammenhang zwischen Einfachheit und Prüfbarkeit jedenfalls stark vernachlässigt, weil man dies nicht für eine philosophisch fruchtbare Fragestellung hielt.

Die folgende wertvolle Ungleichung zeigt uns, daß die topologische Dimension tatsächlich eine Abschätzung der Zahl der Punkte ist, welche notwendig sind, um ein Hyperraumelement eindeutig zu bestimmen. Falls $\dim F \geq m$ für alle $F \in \mathcal{K}$ und $n = \dim \mathcal{X}$, so folgt mit den üblichen Voraussetzungen an den Grundraum für stetige homogen prüfbare Hyperräume

$$\dim \mathbf{T}(\mathcal{X}, \mathcal{K}) \geq \operatorname{gdim}(\mathcal{X}, \mathcal{K}) \cdot (n - m)$$

III.4.b Beispiel

Für ebene Kurven in höherdimensionalen Räumen gibt es nicht durch alle Punktetupel eine Kurve. Beispielsweise liegen nur koplanare Quadrupel von Punkten im $\Re^3$ auf einer Ellipse. Aber für diese Fälle kann eine andere Überlegung weiterhelfen. Die Parametrisierung gewöhnlicher Kurven in der Ebene, wie Kegelschnitte, ist bekannt; die Parametrisierung der Ebenen selbst in einem höherdimensionalen reellen Raum ebenfalls. Die Parametrisierung ist eindeutig bis auf Homöomorphie. Keine zwei verschiedenen Ebenen haben Kurven gemeinsam, außer im Fall von Geraden, die in der Schnittmenge zweier Ebenen liegen können. Die Parameter sind somit unabhängig, der Parameterraum faktorisiert und die Dimension einer Menge ebener Kurven kann (nach dem starken Produktsatz) als die Summe der Dimension der Kurven in einer Ebene und der Dimension der Ebenen selbst berechnet werden. Mehrfache Anwendung dieses Gedankens und (III.14) auf einen n-dimensionalen Raum mit $d \geq 3$ führt zu

$$\left(\sum_{i=3}^{n} i\right) + d = \frac{n(n+1)}{2} + (d-3)$$

Da für Geraden ($d = 2$) die Dimension durch (III.14), gegeben ist, erhält man die folgenden Werte für Kegelschnitte

Kurve	$n = 2$	$n = 3$	$n = 4$
Gerade	2	4	6
Kreis	3	6	10
Ellipse, Parabel	4	7	11
Hyperbel	5	8	12

III.5 Beweis der Sätze

III.5.a Charakterisierung der Hyperraumtopologie

Lemma 46 *Falls* HYP_2 *für* $< \mathcal{X}, \mathcal{K} >$ *gilt, so läßt sich* $\mathrm{HYP}_{3'}$ *schreiben als*

$$\bigwedge FG \in \mathcal{K}\ \overline{F} = \overline{G} \rightarrow F = G$$

Bew.:

$\rightarrow$: Wären $F \subseteq \overline{G} \wedge G \subseteq \overline{F}$, so auch $\overline{F} \subseteq \overline{G} \wedge \overline{G} \subseteq \overline{F}$, also nach Voraussetzung $F = G$. Für verschiedene F und G ist mithin $F \backslash \overline{G} \neq \emptyset \vee G \backslash \overline{F} \neq \emptyset$. Sei o.B.d.A. $x \in F \backslash \overline{G}$, dann ist mit HYP_2 $X \backslash \overline{G}$ Umgebung von x und disjunkt zu G, was zu zeigen war.

$\leftarrow$: Sei $F \neq G$, dann gibt es nach Voraussetzung o.B.d.A. ein $x \in F$ separiert von G. Sei O eine offene zu G disjunkte Umgebung von x, dann ist $G \subseteq X \backslash O$ und weiter $\overline{G} \subseteq \overline{X \backslash O}$, also $x \in \overline{F} \backslash \overline{G}$, daher $\overline{F} \neq \overline{G}$. □

Lemma 47

$$\begin{array}{llll} & \mathrm{HYP}_2 & \rightarrow & (\bigwedge G \in \mathcal{K}\ \overline{G} = G \\ (\mathrm{III.16}) & & \leftrightarrow & \bigwedge F \in \mathcal{K}\ \overline{F} \subseteq K := \bigcup \mathcal{K} \\ & & & \wedge \bigwedge FG \in \mathcal{K} \bigwedge x \in F \backslash G\ \langle x, G \rangle \in \mathrm{Sep}_{\mathcal{X}} \end{array}$$

Bew.: Die zweite Zeile folgt sofort aus der ersten. Die dritte Zeile lautet ausgeschrieben

$$\bigwedge FG \in \mathcal{K} \bigwedge x \in F \backslash G \bigvee O \in \mathcal{X}\ x \in O \wedge O \cap G = \emptyset$$

und ist äquivalent mit $\bigwedge FG \in \mathcal{K} \bigwedge x \in F \backslash G\ x \notin \overline{G}$ und weiter zu

$$\bigwedge FG \in \mathcal{K}\ F \cap \overline{G} \subseteq G \tag{III.17}$$

Dies folgt aber trivialerweise aus der ersten Zeile von (III.16). Wir haben also die Richtung "$\rightarrow$" der Äquivalenz bereits bewiesen und müssen noch die erste Zeile aus der zweiten, aus HYP_2 und aus (*III*.17) herleiten. Sei $G \in \mathcal{K}$. Mit der zweiten Zeile ist $\overline{G} = K \cap \overline{G}$, was wir mit (*III*.17) abschätzen zu $\overline{G} = \bigcup_{F \in \mathcal{K}} (F \cap \overline{G}) \subseteq \bigcup_{F \in \mathcal{K}} F \cap G = K \cap G = G \subseteq \overline{G}$. Es ist also $G = \overline{G}$. □

Definition 48 *Für eine Folge $F_{()}$ von Hyperraumelementen ist jeder Punkt, dessen Umgebungen alle bis auf endlich viele Folgenelemente schneiden, als Konvergenzpunkt (zum* **Limes inferior** *gehörig) definiert. Wird jede Umgebung eines Punktes von unendlich vielen Folgenelementen geschnitten, spricht man von einem Häufungspunkt (Element des* **Limes superior***) der Folge. Jeder Konvergenzpunkt ist ein Häufungspunkt.*

$$\begin{aligned} \underline{\lim} F_{()} &:= \{x \mid \bigwedge O \in \mathcal{X}\ x \in O \rightarrow \bigvee k \bigwedge j \geq k\ O \cap F_j \neq \emptyset \\ \overline{\lim} F_{()} &:= \{x \mid \bigwedge O \in \mathcal{X}\ x \in O \rightarrow \bigvee i() \bigwedge j\ O \cap F_{i(j)} \neq \emptyset \end{aligned}$$

Lemma 49 *Für eine Folge $F_{()}$ und jede Teilfolge $F_{i()}$ sind der Limes inferior und der Limes superior abgeschlossene Mengen mit*

(III.18) $$\underline{\lim} F_{()} \subseteq \underline{\lim} F_{i()} \subseteq \overline{\lim} F_{i()} \subseteq \overline{\lim} F_{()}$$

Bew.:

$\underline{\lim} F_{()}$ abgeschlossen: Sei x ein Häufungspunkt von $\underline{\lim} F_{()}$, O eine offene Umgebung von x. In O liegt ein Punkt $y \in \underline{\lim} f_{()}$ mitsamt einer offenen Umgebung von ihm, diese wird nach Voraussetzung von fast allen Folgengliedern geschnitten. Dies gilt erst recht für O; mithin ist $x \in \underline{\lim} f_{()}$.

$\overline{\lim} F_{()}$ abgeschlossen: Wie oben, nur mit einer Teilfolge von $F_{()}$ für jeden Häufungspunkt.

$\underline{\lim} F_{()} \subseteq \underline{\lim} F_{i()}$: Sei $F := \underline{\lim} F_{()}$, $x \in F$, $x \in O \in \mathcal{X}$. Wird O ab dem k-ten von allen Folgenelement geschnitten, so auch von allen Teilfolgenelementen ab k.

$\underline{\lim} F_{i()} \subseteq \overline{\lim} F_{i()}$: Folgt sofort aus der Definition.

$\overline{\lim} F_{i()} \subseteq \overline{\lim} F_{()}$: Sei $x \in \overline{\lim} F_{i()}$ und $x \in O \in X$, dann gibt es eine Teilfolge $F_{i(j())}$, die ab dem k-ten Element O schneidet. $i(j())$ selektiert gerade die gesuchte Teilfolge aus $F_{()}$. □

Definition 50 *Ein Folge $F_{()}$ heißt* **konvergent** *(gegen F) genau dann, wenn die Menge der Häufungspunkte und der Konvergenzpunkte (mit F) übereinstimmen*

(III.19) $$F_{()} \longrightarrow F \leftrightarrow F = \underline{\lim} F_{()} = \overline{\lim} F_{()}$$

In diesem Fall heißt F der **Limes** *der Folge. Diese Festsetzung garantiert mit obigem Lemma, daß zu einer konvergenten Folge auch jede Teilfolge konvergiert.*

Wir können nun die durch LIM_1 bis LIM_4 axiomatisierte Limesfunktion $\ell()$ des Hyperraumes bis auf ihren Abschluß charakterisieren.

Theorem 51 *Die von $\ell()$ erzeugte Topologie ist homöomorph zur Topologie, die durch (III.19) auf der Menge $\mathcal{K}^-$ der Abschlüsse von $\overline{F}$ aller Elemente von $F \in \mathcal{K}$ erzeugt wird.*

Bew.: Sei $x \notin \overline{\ell(F_{()})}$, dann gibt es nach LIM_1 eine Umgebung O von x, die zu einer Teilfolge $F_{i()}$ disjunkt ist. Also gibt es kein k, ab dem alle Folgenglieder O schneiden; $x \notin \underline{\lim}F_{()}$.

$$\underline{\lim}F_{()} \subseteq \overline{\ell(F_{()})}.$$

Dies gilt nach LIM_3 auch für jede Teilfolge $F_{i()}$ und daher können wir verschärfen

$$\overline{\lim}F_{()} \subseteq \overline{\ell(F_{()})}.$$

Für $x \notin \underline{\lim}F_{()}$ gibt es per Definitionem eine Umgebung, die zu einer Teilfolge $F_{i()}$ disjunkt ist. Nach LIM_2 ist dann $x \notin \ell(F_{i()}) = \ell(F_{()})$ (wegen LIM_3). Die Kontraposition

$$\ell(F_{()}) \subseteq \underline{\lim}F_{()}$$

ergibt mit den beiden vorangegangenen Inklusionen

$$\underline{\lim}F_{()} \subseteq \overline{\ell(F_{()})} \subseteq \overline{\underline{\lim}F_{()}} = \underline{\lim}F_{()} \subseteq \underline{\lim}F_{()}$$

Also ist $\overline{\lim}F_{()} = \underline{\lim}F_{()}$ eine notwendige Konvergenzbedingung. Umgekehrt erfüllt der Operator (III.19) basierend auf dieser Identität LIM_1 und LIM_2 (beide mit Lemma (49)) sowie LIM_3 . Dann ist mit dem Maximalitätsaxiom LIM_4 $\overline{\lim}F_{()} = \underline{\lim}F_{()}$ auch eine hinreichende Konvergenzbedingung, falls es ein $F \in \mathcal{K}$ gibt mit $\overline{F} = \underline{\lim}F_{()}$.

Mit anderen Worten konvergiert eine Folge bezüglich $\ell()$ in $\mathcal{K}$ genau dann, wenn die Folge ihrer Abschlüsse bezüglich (III.19) in $\mathcal{K}^-$ konvergiert, da sowohl Limes Inferior als auch Limes Superior invariant unter dem Abschluß der Folgenelemente sind. Wir haben schon sichergestellt, daß die Hyperpunkte eineindeutig auf ihre Abschlüsse abgebildet werden (Lemma 46). Daher ist der Abschluß ein Homöomorphismus, was zu zeigen war. □

Es muß gezeigt werden, daß der obige 'Konvergenz'-Begriff eine Topologie induziert. Diese erweist sich als gut charakterisierbar. Wir erklären den **Abschluß** $\overline{\mathcal{A}}$ einer Menge $\mathcal{A} \subseteq \mathcal{K}$.

$$\overline{\mathcal{A}} := \{F \in \mathcal{K} | \bigvee F_{()} \subseteq^* \mathcal{A} : F_{()} \longrightarrow F\}$$

Der Abschluß enthält nur Limites aus $\mathcal{K}$.

Theorem 52 *Sei* $< \mathcal{X}, \mathcal{K} >$ *ein Hyperraum, dann wird durch*

(III.20) $$\mathcal{O} \subseteq \mathcal{K} \text{ ist offen} \leftrightarrow \overline{\mathcal{K}\backslash\mathcal{O}} = \mathcal{K}\backslash\mathcal{O}$$

eine Topologie $\mathbf{T}(\mathcal{X}, \mathcal{K})$ *mit der Basis*[10]

(III.21) $$\mathbf{O^B} := \{[O_1, \ldots, O_n; K] \,| O_1, \ldots, O_n \in \mathcal{X} \wedge K \in \mathcal{C}(\mathcal{X})\}$$

auf $\mathcal{K}$ *definiert.*

Bew.: Zunächst wird die Definition b.) des Häufungspunktes F einer Teilmenge $\mathcal{A} \subseteq \mathcal{K}$ als Konvergenzpunkt einer Folge aus $\mathcal{A}$ als topologischer Häufungspunkt mittels des durch $\mathbf{O^B}$ induzierten Umgebungsfilters a.) charakterisiert. Wir zeigen dann, daß die Funktion $\mathcal{A} \mapsto \overline{\mathcal{A}}$ ein Abschlußoperator ist und (III.21) eine Basis der von ihm durch (III.20) definierten Topologie.

a.) $\bigwedge O_1 \ldots O_n \in \mathcal{X} \bigwedge K \in \mathcal{C}(\mathcal{X})$
$F \in [O_1, \ldots, O_n; K] \rightarrow \mathcal{A} \cap [O_1, \ldots, O_n; K] \neq \emptyset$
b.) $\bigvee F_{()} \subseteq^* \mathcal{A} : F = \underline{\lim} F_{()} \wedge F = \overline{\lim} F_{()}$

Bew.:

b.) → a.) : Seien $O_1, \ldots, O_n, K, F$ wie oben, dann gibt es $k_1, \ldots, k_n$, so daß für alle $j_1 \geq k_1, \ldots, j_n \geq k_n$ $O_i \cap F_{j_i} \neq \emptyset$. Ist weiterhin K wie oben zu F disjunkt, so auch zu $\overline{\lim} F_{()}$, es gibt also ein k_{n+1}, so daß für alle $j_{n+1} \geq k_{n+1}$ $K_j \cap F = \emptyset$. Setze $G := F_{\max_i k_i}$, dann ist $G \cap O_i \neq \emptyset$ für $i = 1, \ldots, n$ sowie $G \cap K = \emptyset$.

a.) → b.) : Sei $F_{()} \longrightarrow F$, $x_1, x_2, \ldots$ eine Abzählung einer in F dicht liegenden Punktmenge (die nach HYP_1 existiert); $O^1_{()}, O^2_{()}, \ldots$ eine monoton kleiner werdende ($\bigwedge ij\ x_j \in O^j_{i+1} \subseteq O^j_i$) Abzählung einer zugehörigen offenen Umgebungsfilterbasis. Ebenfalls existiert nach HYP_1 eine Abzählung $y_1, y_2 \ldots$ einer in $X\backslash F$ dicht liegenden Teilmenge. Da lokalkompakte Räume immer regulär sind, existieren dazu

[10] $\mathcal{C}(\mathcal{X})$ ist die Menge der kompakten Mengen aus $\mathcal{X}$.

mit F disjunkte Umgebungen $K_1, K_2, \ldots$, die wegen der Lokalkompaktheit von $\mathcal{X}$ kompakt gewählt werden können. Man konstruiere eine Folge endlicher Doppelfolgen

$$\begin{array}{ccccccccc} O_1^1 & & & & K_1 & & & \\ O_1^2 & O_2^2 & & & K_1 & K_2 & & \\ O_1^3 & O_2^3 & O_3^3 & & K_1 & K_2 & K_3 & \\ \vdots & \vdots & \vdots & \ddots & \vdots & \vdots & \vdots & \ddots \end{array}$$

Nach Voraussetzung existiert zum j-ten Folgenglied ein G_j mit $G_j \cap O_i^j \neq \emptyset$ und $G_j \cap K_i = \emptyset$ für $1 \leq i \leq j$, also erst recht $G_j \cap O_i^k \neq \emptyset$ für $j \geq k$, $1 \leq i \leq j$. In jeder Umgebung O von $x \in F$ liegt ein $O_l^k \ni x, x_l$, also ist für $j \geq k$ $\emptyset \neq G_j \cap O_l^k \subseteq G_j \cap O$, was $F \subseteq \underline{\lim} G_{()}$ beweist. Ebenso liegt jedes $y \in X \backslash F$ in einer Umgebung K_l von y, welche die G_j für $j \geq l$ nicht berührt. Es gibt also keine unendliche Teilfolge der $G_{()}$, die jede Umgebung berührt. Damit kann y nicht im Limes Superior der Folge liegen, also $\overline{\lim} G_{()} \subseteq F$. Mit Lemma 49 folgt dann $F = \underline{\lim} G_{()} = \overline{\lim} G_{()}$.

$\overline{\mathcal{A} \cup \mathcal{B}} = \overline{\mathcal{A}} \cup \overline{\mathcal{B}}$**:** Es ist nur die Richtung "$\subseteq$" zu zeigen. Sei $F_{()} \subseteq^* \mathcal{A} \cup \mathcal{B}$ mit $F_{()} \longrightarrow F \in \mathcal{K}$. (i) Ab einem $k > 0$ liegen alle Folgenglieder F_j, $j \geq k$ in $\mathcal{B}$. Dann liegt auch F in $\overline{\mathcal{B}}$. (ii) Es gibt eine Teilfolge $F_{i()}$ aus $\mathcal{A}$. Sie konvergiert ebenfalls gegen F, also ist $F \in \overline{\mathcal{A}}$.

$\mathbf{O^B} \subseteq$ **offen:** Wir zeigen zunächst, daß $\mathcal{O} := [O;]_{\mathcal{K}}$ offen ist. Sei $F_{()}$ ganz in $X \backslash O$. Gäbe es ein $x \in O$ mit $x \in \underline{\lim} F_{()}$, dann würden nach der Definition des Limes inferior ab einem k alle Folgenglieder F_j, $j \geq k$, O schneiden, ein Widerspruch. Damit ist $\mathcal{K} \backslash \mathcal{O}$ abgeschlossen, also $\mathcal{O}$ offen.
Wir zeigen nun, daß $\mathcal{A} := [K;]_{\mathcal{K}}$ abgeschlossen ist für $K \in \mathcal{C}(\mathcal{X})$. Sei $F_{()} \subseteq^* \mathcal{A}$, dann gibt es eine Folge $x_{()}$ mit $x_i \in F_i \cap K$. Da K kompakt ist, enthält es einen Häufungspunkt y. $x_{j()}$ konvergiere gegen y, jede Umgebung U von y wird von allen $F_{j(i)}$ für $i \geq k(U)$ geschnitten. Also liegt y im Limes superior der Folge. Wenn $F_{()}$ gegen F konvergiert, ist $y \in F$ und damit $F \in \mathcal{A}$.
Wegen $\mathcal{K} \backslash \overline{\mathcal{A} \cup \mathcal{B}} = \mathcal{K} \backslash \overline{\mathcal{A}} \cap \mathcal{K} \backslash \overline{\mathcal{B}}$ ist der endliche Durchschnitt von Mengen dieser beiden Typen offen, mithin auch $\mathbf{O^B}$.

$\mathbf{O^B}$ **ist Basis:** Sei $\mathcal{A} := \mathcal{K} \backslash \mathcal{O}$ abgeschlossen, $F \in \mathcal{O}$. Angenommen $\mathcal{A}$ und $\mathcal{F}$ erfüllen a.), dann wäre wegen b.) $F \in \mathcal{A}$, ein Widerspruch. Also gibt es eine Menge aus $\mathbf{O^B}$, die ganz in $\mathcal{O}$ liegt. Die Vereinigung solcher Mengen für jedes $F \in \mathcal{O}$ ist gleich $\mathcal{O}$, also ist $\mathbf{O^B}$ eine Basis der Topologie.

$\overline{\overline{\mathcal{A}}} = \overline{\mathcal{A}}$: Sei $\mathbf{O}_F^{\mathbf{B}}$ die Menge aller Basiselemente, die F enthalten. Dann können wir jetzt schreiben

$$\begin{aligned}\overline{\overline{\mathcal{A}}} &= \{F \in \mathcal{K} | \bigwedge \mathcal{V} \in \mathbf{O}_F^{\mathbf{B}} \bigvee G \in \mathcal{V} \bigwedge \mathcal{W} \in \mathbf{O}_G^{\mathbf{B}} : \mathcal{A} \cap \mathcal{W} \neq \emptyset\} \\ \overline{\mathcal{A}} &= \{F \in \mathcal{K} | \bigwedge \mathcal{V} \in \mathbf{O}_F^{\mathbf{B}} : \mathcal{A} \cap \mathcal{V} \neq \emptyset\}\end{aligned}$$

Die Wahl von $\mathcal{W} = \mathcal{V}$ führt zu $\overline{\overline{\mathcal{A}}} \subseteq \overline{\mathcal{A}}$, während $G = F$ die Umkehrung beweist. □

Theorem 53 *Jeder Hyperraum ist metrisierbar.*

Bew.: Da der Hyperraum offensichtlich eine abzählbare Basis besitzt, genügt es, die Regularität zu zeigen. Gegeben sei ein $F \in \mathcal{K}$ und eine Umgebung $[O_1, \ldots, O_n; K]$ von F, dann gibt es kompakte Umgebungen $K_1 \subseteq O_1 \wedge \ldots \wedge K_n \subseteq O_n$, deren offener Kerne F schneiden. Weiterhin gibt es eine offene Menge $O \supseteq K$ mit $\overline{O}$ kompakt (man überdecke K mit endlich vielen offenen relativ kompakten Mengen und bilde die Vereinigung). Dann ist $[K_1, \ldots, K_n; O]$ eine abgeschlossene Menge mit

$$F \in [K_1^\circ, \ldots, K_n^\circ; \overline{O}] \subseteq [K_1, \ldots, K_n; O] \subseteq [O_1, \ldots, O_n; K]$$

Also bilden die abgeschlossenen Umgebungen eine Umgebungsbasis. □

III.5.b Uniforme Strukturen und Kompaktifizierung

Lemma 54 *Sei $\approx_i$ eine uniforme Basis auf dem Grundraum X, dann ist mit*

$$\text{(III.22)} \qquad \begin{aligned} F \mathrel{\tilde{\approx}_i} G \leftrightarrow & (\bigwedge x \in F \bigvee y \in G \; x \approx_i y) \\ & \wedge (\bigwedge y \in G \bigvee x \in F \; x \approx_i y) \end{aligned}$$

eine uniforme Basis auf dem Hyperraum erklärt. Die induzierte Topologie ist feiner als die Hyperraumtopologie. Ist der Grundraum kompakt, so ist die von dieser Basis erzeugte Topologie die Hyperraumtopologie und die uniforme Struktur ist präkompakt.

Bew.: Die Relation $\tilde{\approx}_i$ ist offensichtlich reflexiv und symmetrisch, ihr Vor- wie Nachbereich ist also der gesamte Hyperraum. Offensichtlich ist auch die Monotonie $i \leq j \rightarrow \tilde{\approx}_i \dot{\subseteq} \tilde{\approx}_j$ erfüllt, da sie schon für $\approx$ gilt. Somit liegt eine Abschlußsequenz vor.

UB$_1$: Sei weiterhin $F \widetilde{\approx}_j G$ und $G \widetilde{\approx}_j H$, dann gibt es zu jedem $x \in F$ ein $y \in G$ mit $x \approx_j y$ und weiter ein $z \in H$ mit $y \approx_j z$, also gibt es zu jedem $x \in F$ ein $z \in H$ mit $x \approx_j^2 z$ und umgekehrt. Mit anderen Worten gilt $F \widetilde{\approx_j^2} H$. Per Definition (UB$_1$) gibt es zu jedem i ein $j < i$ mit $\approx_j^2 \dot{\subseteq} \approx_i$, also gilt auch $\widetilde{\approx}_j^2 \dot{\subseteq} \widetilde{\approx_j^2} \dot{\subseteq} \widetilde{\approx}_i$. Dies ist das Uniformitätsaxiom.

UB$_2$: Seien $F \neq G$ beliebige Hyperraumelemente und ohne Beschränkung $x \in F \backslash G$. Da G abgeschlossen ist, existiert eine zu G disjunkte Umgebung U_x^i für ein i. Damit ist aber $\neg x \approx_i y$ für jedes $y \in G$, also $\neg F \widetilde{\approx}_i G$.

"feiner": Für jedes j gelte für fast alle i $F \widetilde{\approx}_j F_i$. Zu zeigen ist: $F = \lim F_i$. Für $x \in F$ schneiden fast alle F_i die Umgebung U_x^j, also ist $F \subseteq \underline{\lim} F_i$. Sei umgekehrt $x \in \overline{\lim} F_i$, dann ist für jedes j $x \approx_j y$ für ein $y \in F_k$ (für unendlich viele k). Nach Voraussetzung ist dann $x \approx_j^2 z$ für ein $z \in F$. Mit UB$_1$ ist also für jedes i $\mathrm{U}_x^i \cap F \neq \emptyset$, also $x \in \overline{F} = F$. Mit Lemma (49) folgt die Behauptung.

"gröber": Wir setzen $\mathcal{U}_F^i := \{G \in \mathcal{K} | F \widetilde{\approx}_i G\}$ und zeigen für kompaktes X die Existenz einer Hyperraumumgebung $\mathcal{U} \subseteq \mathcal{U}_F^i$. Wir wählen $j \leq i$ so, daß $\approx_j^2 \dot{\subseteq} \approx_i$. Da F kompakt ist, gibt es endlich viele $x_1, \ldots x_n$ mit $F \subseteq O := \bigcup_{k=1}^n \mathrm{O}_{x_k}^j$, da die $\mathrm{O}_{x_k}^j$ offen sind. Weiterhin ist $X \backslash O$ wiederum kompakt und damit $\mathcal{U} := [\mathrm{O}_{x_1}^j, \ldots, \mathrm{O}_{x_n}^j; X \backslash O]$ eine offene Hyperraumumgebung von F. Sei nun $G \in \mathcal{U}$ und $x \in G$, dann ist $x \in \mathrm{O}_{x_k}^j$ für ein k, also erst recht $x \approx_i x_k$. Umgekehrt ist für $x \in F$ auch $x \in \mathrm{O}_{x_k}^j$ für ein k und es gibt ein $y \in G \cap \mathrm{O}_{x_k}^j \neq \emptyset$ mit $x \approx_j^2 y$, also $x \approx_i y$. Somit gilt $F \widetilde{\approx}_i G$, was zu zeigen war.

"präkompakt": Wir konstruieren eine endliche Überdeckung der Ordnung i. Sei $O_1, \ldots, O_n$ eine endliche Überdeckung des kompakten Grundraums klein von der Ordnung j mit $\approx_j^2 \dot{\subseteq} \approx_i$. Dann bilden die Mengen der Form

$$\mathcal{O}_{k()} := [O_{k_1}, \ldots, O_{k_m}; X \backslash \bigcup_{l=1}^m O_{k_l}]$$

eine endliche Überdeckung des Hyperraumes, denn jedes $F \in \mathcal{K}$ wird ebenfalls durch eine Teilmenge der $O_1, \ldots, O_n$ überdeckt, so daß F jede dieser Mengen schneidet. Jedes $\mathcal{O}_{k()}$ ist aber offensichtlich von der Ordnung i, denn zu $F, G \in \mathcal{O}_{k()}$ und $x \in F$ gibt es ein $O_{k_l} \ni x$. Da auch $G \cap O_{k_l} \neq \emptyset$ sein muß, gibt es ein $y \in G \cap O_{k_l}$ mit $x \approx_j^2 y$, also $x \approx_i y$, was zu zeigen war. □

Korollar 55 *Für kompakte Räume stimmt die durch die Hausdorff-Metrik*

$$\mathrm{d}(F,G) := \max\left(\sup_{x\in F}\rho(x,G), \sup_{x\in G}\rho(x,F)\right) \tag{III.23}$$

erzeugte Topologie mit der Hyperraumtopologie überein.

Lemma 56 *Durch Hinzunahme eines Punktes ω entsteht durch Einpunkt-Kompaktifizierung des Grundraumes $X^* := X \cup \{\omega\}$ und der Hyperraumelemente $\mathcal{K}^* := \{F \cup \{\omega\} | F \in \mathcal{K}\}$ entsteht ein Hyperraum mit gleicher Topologie.*

Bew.: Die neuen Hyperraumelemente aus $\mathcal{K}^*$ sind abgeschlossen in X^*. Für $O \in \mathcal{X}^*$ ist $[O;] = X$, falls $\omega \in O$. Für $K \in \mathcal{C}(\mathcal{X}^*)$ ist $[;K] = \emptyset$, falls $\omega \in K$. Also bilden die Mengen der Form $[O;K]$ für $O \in \mathcal{X}$, $K \in \mathcal{C}(\mathcal{X})$ eine Subbasis der Hyperraumtopologie des kompaktifizierten Raumes; die Topologie bleibt also gleich. □

Korollar 57 *Es gibt eine uniforme Struktur des Grundraumes, die durch (III.22) eine präkompakte Uniformität auf dem Hyperraum induziert, welche die Hyperraumtopologie erzeugt.*

III.5.c Funktionenräume

Definition 58 *Eine Folge stetiger Funktionen $f_n \in \mathcal{C}(X,Y)$* **konvergiert punktweise** *gegen $f \in \mathcal{C}(X,Y)$, wenn*

$$\bigwedge x \lim_{n\longrightarrow\infty} f_n(x) = f(x).$$

f_n **konvergiert streng** *gegen f, wenn*

$$\begin{array}{l}\bigwedge x \bigvee(x_n)\ \lim_{n\longrightarrow\infty} x_n = x \wedge f_n(x_n) \text{ besitzt Häufungspunkt}\\ \bigwedge x \bigwedge(x_n)\ \lim_{n\longrightarrow\infty} x_n = x \wedge f_n(x_n) \text{ besitzt Häufungspunkt}\\ \quad \rightarrow \lim_{n\longrightarrow\infty} f_n(x_n) = f(x).\end{array} \tag{III.24}$$

Beispiel 59 *Punktweise Konvergenz stetiger Funktionen impliziert nicht die Konvergenz ihrer Graphen im Sinne der Hyperraumtopologie.*

Bew.: Wir definieren stetige Funktionen $f_n, f \in \mathcal{C}(\Re, \Re)$

$$\begin{aligned} f_n(x) &= \frac{1}{n} \cdot \frac{2x}{x^2+(1/n^2)} \\ f(x) &= 0 \end{aligned}$$

Es konvergiert $f_n \longrightarrow f$ punktweise, aber wegen

$$\lim_{n \longrightarrow \infty} f_n(\frac{1}{n}) = 1 \neq 0 = f(\lim_{n \longrightarrow \infty} \frac{1}{n})$$

ist $\langle 0,1 \rangle \in \underline{\lim} \bar{f}_n$ und $\langle 0,1 \rangle \notin \bar{f}$ für die Graphen $\bar{f}_n, \bar{f}$, im Widerspruch zur Konvergenzbedingung (III.19). □

Lemma 60 *Seien $\langle X, \mathcal{X} \rangle$ und $\langle Y, \mathcal{Y} \rangle$ lokalkompakte Räume mit abzählbarer Basis und $\mathcal{F} \subseteq \mathcal{C}(X, Y)$ eine Klasse von stetigen Funktionen. Dann bilden die Graphen $\bar{f}$ der Funktionen einen Hyperraum über dem Grundraum $\langle X \times Y, \mathcal{X} \otimes \mathcal{Y} \rangle$ und die Hyperraumtopologie entspricht der strengen Konvergenz.*

Bew.: Jede stetige Funktion besitzt einen abgeschlossenen Graphen, somit bilden die Graphen der Funktionen einen Hyperraum auf $X \times Y$. Offensichtlich wird jeder Funktionen $f \in F$ genau ein Graph $\bar{f}$ zugeordnet. Wir nehmen zunächst an, daß $\lim \bar{f}_n = \bar{f}$ im Hyperraum. Wegen $\bar{f} \subseteq \underline{\lim} \bar{f}_n$ gibt es zu jedem $x \in X$ eine Folge $\langle x_n, f_n(x_n) \rangle \longrightarrow \langle x, f(x) \rangle \in \bar{f}$. Damit ist der erste Teil von (III.24) gezeigt. Desweiteren ist für $x_n \longrightarrow x$, falls y Häufungspunkt von $f_n(x_n)$ ist, auch sicher $\langle x, y \rangle \in \overline{\lim} \bar{f}_n \subseteq \bar{f}$, und daher $y = f(x)$.

Wir nehmen nun an, f_n konvergiert streng gegen f. Für die Konvergenz der Graphen (III.19) genügt nach Lemma 49 $\overline{\lim} \bar{f}_n \subseteq \bar{f} \subseteq \underline{\lim} \bar{f}_n$ zu zeigen. Sei $\langle x, y \rangle \in \overline{\lim} \bar{f}_n$, dann ist nach selbigem Lemma für eine Teilfolge $\langle x, y \rangle \in \underline{\lim} \bar{f}_{j(i)}$, es gibt also eine Folge $\langle x_i, f_{j(i)}(x_i) \rangle$, die gegen $\langle x, y \rangle$ konvergiert. Man sieht leicht ein, daß die Teilfolge $f_{j()}$ von $f_{()}$ ebenfalls streng konvergiert. Nach Voraussetzung ist dann $y = \lim f_{j(i)}(x_i) = f(x)$, also ist $\langle x, y \rangle \in \bar{f}$. Weiter schließen wir für beliebiges $\langle x, f(x) \rangle \in \bar{f}$ aus der Voraussetzung auf die Existenz einer Folge $x_n \longrightarrow x$ mit $f_n(x_n) \longrightarrow f(x)$. Sei ferner $U \times V \subseteq X \times Y$ eine beliebige Umgebung von $\langle x, f(x) \rangle$. Es liegen fast alle $f_n(x)$ in V, also ist für fast alle n $\langle x_n, f_n(x_n) \rangle \in U \times V$ oder $\bar{f}_n \cap U \times V \neq \emptyset$. Mit anderen Worten, $\langle x, f(x) \rangle \in \underline{\lim} \bar{f}_n$. □

Definition 61 *Für eine Klasse $\mathcal{F} \subseteq \mathcal{C}(X, Y)$ stetiger Funktionen wird die* **kompakt-offene Topologie** *von den Mengen der Form*

(III.25) $$\Omega(K, O) := \{f | f[K] \subseteq O\}$$

für offene $O \in \mathcal{Y}$ und kompakte $K \in \mathcal{C}(\mathcal{X})$ erzeugt.

Lemma 62 *Seien $\langle X, \mathcal{X}\rangle$ und $\langle Y, \mathcal{Y}\rangle$ lokalkompakte Räume mit abzählbarer Basis und $\mathcal{F} \subseteq \mathcal{C}(X,Y)$ eine Klasse von stetigen Funktionen. Dann ist die Hyperraumtopologie der Funktionsgraphen gröber als die kompakt-offene Topologie. Ist Y kompakt, stimmen beide Topologien überein.*

Bew.: Für offenes $U \times V$ entspricht der Hyperraummenge $[U \times V;] = \bigcup_{x\in U}[\{x\}\times V;]$ der offenen Funktionenmenge $\bigcup_{x\in U}\Omega(\{x\}, V)$ und für kompaktes $K \times L$ entspricht der Menge $[; K \times L]$ die offenen Funktionenmenge $\Omega(K, Y\backslash L)$. Die Mengen der Form $[U \times V; K \times L]$ mit U, V offen und K, L kompakt bilden eine Subbasis des Hyperraumes, deren zugehörige Funktionenmengen offen sind. Damit ist jede im Hyperraum offene Menge auch offen in der kompakt-offenen Topologie.

Für kompaktes Y ist für jedes offen O auch $Y\backslash O$ kompakt und $\Omega(K, O) = [; K\times(Y\backslash O)]$ auch im Hyperraum offen. Damit stimmen die beiden Topologien überein. □

Korollar 63 *Seien $\langle X, \mathcal{X}\rangle$ und $\langle Y, \mathcal{Y}\rangle$ lokalkompakte Räume und $\langle Z, \mathcal{Z}\rangle$ kompakt, jeweils mit abzählbarer Basis. Eine Funktion $f : X \times Y \to Z$ ist genau dann stetig, wenn jede Funktion $f_x : Y \to Z$, $y \mapsto f(x,y)$ stetig und die Abbildung $x \mapsto \bar{f}_x$ auf die Funktionsgraphen im Hyperraum stetig sind.*

Bew.: Dies folgt aus allgemeinen Eigenschaften der kompakt-offenen Topologie [Schubert(75), I 7.9 Satz 2 und 3].

III.5.d Parameter

Beispiel 64 *Es gibt einen eigentlich und surjektiv parametrisierbaren Hyperraum mit einem Parameterraum, der nicht zu ihm homöomorph ist.*

Bew.: Der Hyperraum $\mathcal{K}$ bestehe aus den Graphen der folgenden stetigen Funktionen $h'_c, h_c : \Re\backslash\{0\} \to \Re$ als abgeschlossene Teilmengen des Grundraumes $X := (\Re\backslash\{0\}) \times \Re$

$$\begin{aligned} h'_c(x) &= c & &\text{, für } c \in P_1 := \Re \\ h_c(x) &= \begin{cases} +c & , x > 0 \\ -c & , x < 0 \end{cases} & &\text{, für } c \in P_2 := \Re\backslash\{0\} \end{aligned}$$

Der (Parameter-)Raum P bestehe aus der disjunkten topologischen Summe von P_1 und P_2. Er ist homöomorph zu drei disjunkten Geraden. Man zeigt leicht (unter Verwendung von Lemma 83), daß der von den Funktionen h'_c

gebildete Hyperraum homöomorph zu P_1 ist, und der von den Funktionen h_c gebildete homöomorph zu P_2. Es gilt allerdings $\lim_{p \longrightarrow 0} h_p = 0 = h'_0$. Somit ist der Gesamthyperraum homömorph zu zwei Geraden, die sich in einem Punkt schneiden. Dies ist eine andere Topologie, als P sie trägt.

Die Abbildung

$$f(c,x) := \begin{cases} \langle x, c\rangle & \text{, für } c \in P_1 \\ \langle x, h_c(x)\rangle & \text{, für } c \in P_2 \end{cases}$$

ist stetig, da sie auf den beiden offenen Unterräumen P_1 und P_2 stetig ist. Sie erfüllt beide Bijektivitätsbedingungen und ist surjektiv. Das Bild jedes offenen Würfels aus $\mathcal{P} \otimes \mathcal{X}$, eines Basiselements, ist offen, denn

$$\begin{aligned} h'[(c_1,c_2) \times (x_1,x_2)] &= (x_1,x_2) \times (c_1,c_2) \\ h[(c_1,c_2) \times (x_1,x_2)] &= \begin{cases} (x_1,x_2) \times (c_1,c_2) & , 0 < x_1 < x_2 \\ (x_1,x_2) \times (-c_2,-c_1) & , x_1 < x_2 < 0 \\ (0,x_2) \times (c_1,c_2) \cup \\ (x_1,0) \times (-c_2,-c_1) & , x_1 < 0 < x_2 \end{cases} \end{aligned}$$

Somit ist f offen. Die Abbildung ist weiterhin eigentlich. Sie bildet zwei lokalkompakte Räume aufeinander ab. Sei $K \subseteq X$ kompakt, also beschränkt und abgeschlossen. Damit ist $f^{-1}[K]$ abgeschlossen, denn f ist stetig. Nach den obigen Gleichungen ist die Menge aber auch beschränkt, denn K läßt sich in einen Würfel einbetten. Damit ist das Urbild jeder kompakten Menge kompakt und f eigentlich. □

Lemma 65 *Jede Parametrisierung $f : P \times Y \longrightarrow X$ eines Hyperraumes $\langle \mathcal{X}, \mathcal{K}\rangle$ induziert eine bijektive stetige Funktion*

$$\text{(III.26)} \qquad g : \begin{cases} P \rightarrow \mathcal{K} \\ p \mapsto f_p[Y] \end{cases}$$

vom Parameterraum in den Hyperraum, falls (i) die Parameterfunktion eigentlich ist oder (ii) die Mengen der Form $[O_1, \ldots, O_n;]$ eine Basis des Hyperraumes bilden.

Bew.: Wir zeigen, daß die Bijektion g zwischen dem Parameterraum P und dem Hyperraum stetig ist. Offensichtlich ist wegen der Stetigkeit von f für jedes offene $O \in \mathcal{X}$

$$g^{-1}[[O;]] = \{p \in P | \bigvee y \in Y : f(p,y) \in O\} = \mathrm{p}_P[f^{-1}[O]]$$

offen, wobei p_P die Projektion auf den Raum P bedeutet. Falls die Bedingung (ii) erfüllt ist, bilden die Mengen der Form $[O;]$ eine Subbasis des Hyperraumes; ihre Urbilder sind offen. Dies ist hinreichend für die Stetigkeit. Im Fall (i) ist für kompaktes $K \in \mathcal{C}(\mathcal{X})$ die Menge

$$g^{-1}[[;K]] = \{p \in P | \bigwedge y \in Y : f(p,y) \notin K\} = P \backslash p_P[f^{-1}[K]]$$

offen, denn $f^{-1}[K]$ ist nach Voraussetzung kompakt und somit sein stetiges Bild $p_P[f^{-1}[K]]$ ebenfalls. Die Mengen vom Typ $[O;]$ und $[;K]$ bilden nun zusammen eine Subbasis mit offenen Urbildern. □

Korollar 66 *Jeder kompakte Parameterraum einer eigentlichen Parametrisierung eines Hyperraums ist zu diesem homöomorph.*

Korollar 67 *Ein eigentlich surjektiv parametrisierbarer Hyperraum mit kompaktem Grundraum ist homöomorph zum Parameterraum.*

Bew.: Falls f surjektiv und der Grundraum kompakt ist, so ist sein Urbild $P \times Y$ ebenfalls kompakt, also ist der Parameterraum kompakt. In diesem Fall ist g nach dem letzten Lemma topologisch. □

Lemma 68 *Für eine eigentliche Parametrisierung $f : P \times Y \to X$ des Hyperraumes $\langle \mathcal{X}, \mathcal{K} \rangle$ sind der Parameterraum $\langle P, \mathcal{P} \rangle$ und der Raum $\langle Y, \mathcal{Y} \rangle$ lokalkompakt.*

Bew.: Sei $p \in P$ und $y \in Y$, dann besitzt $f(p,y)$ eine relativ kompakte offene Umgebung $O \in \mathcal{X}$. Das Urbild von O enthält als offene Menge einen offenen Würfel $\langle p, y \rangle \in U \times V \subseteq f^{-1}[O]$. Es ist $f^{-1}[\overline{O}]$ kompakt, und daher erst recht dessen abgeschlossene Teilmenge $\overline{U \times V} = \overline{U} \times \overline{V}$. Somit besitzen p und y relativ kompakte Umgebungen U und V. $\mathcal{P}$ und $\mathcal{Y}$ sind also lokalkompakt. □

III.5.e Verknüpfung von Hyperräumen

Will man zwei Hyperräume $< \mathcal{X}, \mathcal{K} >$ und $< \mathcal{Y}, \mathcal{L} >$ zu einer einheitlichen Struktur verschmelzen, die inhaltlich dasselbe ausdrückt, wie die beiden unabhängigen Strukturen, so verwendet man die Produktraumkonstruktion oder die Summenraumkonstruktion

Definition 69 *Das* **Hyperraumprodukt** *zweier Hyperräume ist erklärt durch*

(III.27) $< \mathcal{X}, \mathcal{K} > \odot < \mathcal{Y}, \mathcal{L} > := < \mathcal{X} \otimes \mathcal{Y}, \{F \times G | F \in \mathcal{K} \wedge G \in \mathcal{L}\} >$

Die **Hyperraumsumme** *ist (für $\bigcup \mathcal{X} \cap \bigcup \mathcal{Y} = \emptyset$) definiert als*

$$\text{(III.28)} < \mathcal{X}, \mathcal{K} > \oplus < \mathcal{Y}, \mathcal{L} > := < \mathcal{X} \oplus \mathcal{Y}, \{F \cup G | F \in \mathcal{K} \wedge G \in \mathcal{L}\} >$$

Bei der Produktraumkonstruktion tritt jedes Hyperraumelement des einen Raumes in jeder möglichen Kombination mit denen der anderen auf. Die Summenraumkonstruktion ist anschaulicher, da sich die Dimension nicht erhöht und man sich beide Räume nebeneinander vorstellen kann. Beide Konstruktionen erzeugen dieselbe Topologie, nämlich die Produkttopologie der einzelnen Hyperräume. Jeder Hyperraum läßt sich in ein beliebiges Vielfaches seiner selbst einbetten. Sind beide Hyperräume parametrisierbar, so ist es auch das Hyperraumprodukt.

Lemma 70 *Für zwei Hyperräume $\mathcal{G}$, $\mathcal{H}$ ist*

$$\mathbf{T}(\mathcal{G} \odot \mathcal{H}) \simeq \mathbf{T}(\mathcal{G} \oplus \mathcal{H}) \simeq \mathbf{T}(\mathcal{G}) \otimes \mathbf{T}(\mathcal{H})$$

Bew.: Wir bezeichnen die beiden Grundräume mit $\langle X, \mathcal{X} \rangle$ und $\langle Y, \mathcal{Y} \rangle$. Die in Hyperraumprodukt, Hyperraumsumme und Produkt der Hyperräume verwendeten Elemente $F \times G$, $F \cup G$ und $\langle F, G \rangle$ lassen sich auf natürliche Weise bijektiv aufeinander abbilden:

$$\begin{array}{rl} & F = F' \wedge G = G' \\ \leftrightarrow & F \times G = F' \times G' \\ \leftrightarrow & F \cup G = F' \cup G' \\ \leftrightarrow & \langle F, G \rangle = \langle F', G' \rangle \end{array}$$

Dabei wird in der ersten Beziehung von der Hyperraumeigenschaft F, F', G, $G' \neq \emptyset$ Gebrauch gemacht, für die dritte Zeile benötigt man die Konstruktionsvoraussetzung im Summenraum $(F \cup F') \cap (G \cup G') = \emptyset$, während die letzte Äquivalenz definitionsgemäß gilt. Wir bilden nun Subbasen bijektiv aufeinander ab, womit die Homöomorphie gezeigt wäre. Aus den Umformungen

$$\begin{array}{rl} & [U \times V; K \times L]_{\odot} \\ = & \{F \times G | F \times G \cap U \times V \neq \emptyset \wedge F \times G \cap K \times L = \emptyset\} \\ = & \{F \times G | F \cap U \neq \emptyset \wedge G \cap V \neq \emptyset \wedge (F \cap K = \emptyset \vee G \cap L = \emptyset)\} \\ \hat{=} & [U, V; K]_{\oplus} \cup [U, V; L]_{\oplus} \\ = & \{F \times G | (F \in [U; K] \wedge G \in [V;]) \vee (F \in [U;] \wedge G \in [V; L])\} \\ \hat{=} & [U; K] \otimes [V;] \cup [U;] \otimes [V; L] \end{array}$$

bilden wir die Zuordnungen zwischen Hyperraumprodukt und Hyperraumsumme

$$\begin{array}{lcl} [U\times V;K\times L]_\odot & \mapsto & [U,V;K]_\oplus \cup [U,V;L]_\oplus \\ [U;K]_\oplus & \mapsto & [U\times Y;K\times Y]_\odot \\ [V;L]_\oplus & \mapsto & [X\times V;X\times L]_\odot \end{array}$$

aus der Identität von erster und vierter Zeile, wobei $U,K\subseteq X$ und $V,L\subseteq Y$, U,V offen, K,L kompakt gewählt sind und $[U,Y;Y]_\oplus=[X,V;X]_\oplus=\emptyset$ beachtet wurde. Ebenso folgen aus der Entsprechung von oberster und unterster Zeile die Transformation der Subbasen zwischen Hyperraumprodukt und Produkt der Hyperräume

$$\begin{array}{lcl} [U\times V;K\times L]_\odot & \mapsto & [U;K]\otimes[V;]\cup[U;]\otimes[V;L] \\ [U;K]\otimes[Y;] & \mapsto & [U\times Y;K\times Y]_\odot \\ [X;]\otimes[V;L] & \mapsto & [X\times V;X\times L]_\odot \end{array}$$

unter Beachtung von $[U;]\otimes[Y;Y]=[X;X]\otimes[V;]=\emptyset$.

Es bleibt in beiden Fällen noch zu zeigen, daß die Mengen $[U\times Y;K\times Y]_\odot$ und $[X\times V;X\times L]_\odot$ offen sind (Y und X sind in der Regel nicht kompakt). Dies folgt für die erste Menge aber sofort aus

$$[;K\times Y]_\odot=\bigcup_{L\in\mathcal{C}(\mathcal{X})}[(X\backslash K)\times L^\circ;K\times L]_\odot,$$

denn die rechte Menge ist als Summe offener Mengen offen. "$\subseteq$": Falls $F\times G\cap K\times Y=\emptyset$, dann ist $F\times G\subseteq(X\times Y)\backslash(K\times Y)=(X\backslash K)\times Y$. Also gibt es eine relativ kompakte offene Menge O mit $F\times G\cap(X\backslash K)\times O\neq\emptyset$. Nach Voraussetzung ist auch $F\times G\cap K\times\overline{O}=\emptyset$, also ist $L=\overline{O}$ eine mögliche Wahl. "$\supseteq$": Sei umgekehrt $F\times G\cap K\times L=\emptyset$ und $\langle u,v\rangle\in F\times G\cap(X\backslash K)\times L^\circ$ für ein kompaktes $L\in\mathcal{C}(\mathcal{X})$. Nehmen wir an, $\langle x,y\rangle\in F\times G\cap K\times Y$, dann wäre auch $\langle x,v\rangle\in F\times G\cap K\times L$, im Widerspruch zur Annahme. Also ist $F\times G\cap K\times Y=\emptyset$. Die Offenheit von $[X\times V;X\times L]_\odot$ folgt aus Symmetriegründen. □

Lemma 71 *Es sind homöomorph*

$$\mathbf{T}(\mathcal{X},\mathcal{K})\simeq\mathbf{T}(\mathcal{X}^n,\{F^n|F\in\mathcal{K}\})$$

mit den Abkürzungen

$$\mathcal{X}^n:=\underbrace{\mathcal{X}\otimes\cdots\otimes\mathcal{X}}_{n-\text{mal}},\qquad F^n:=\underbrace{F\times\cdots\times F}_{n-\text{mal}}$$

Bew.: Die Abbildung f, welche jedem $F \in \mathcal{K}$ das F^n zuordnet, ist gewiß bijektiv. Um ihre Stetigkeit in beiden Richtungen zu zeigen, bilden wir zwei Subbasen der beiden Räume eineindeutig aufeinander ab. Es ist mit $\mathbf{T} := \mathbf{T}(\mathcal{X}, \mathcal{K})$ und $\mathbf{T}_n := \mathbf{T}(\mathcal{X}^n, \{F^n | F \in \mathcal{K}\})$ sowie den Projektionen $\mathrm{p}_i : X^n \to X$ auf den i-ten Faktorraum

$$\begin{aligned} & [O_1 \times \cdots \times O_n; K]_{\mathbf{T}_n} \\ = \; & \{F^n | F^n \cap O_1 \times \cdots \times O_n \neq \emptyset \wedge F^n \cap K = \emptyset\} \\ \text{(III.29)} \quad = \; & \{F^n | F \cap O_1 \neq \emptyset \wedge \ldots \wedge F \cap O_n \neq \emptyset \\ & \wedge (F \cap \mathrm{p}_1[K] = \emptyset \vee \ldots \vee F \cap \mathrm{p}_n[K] = \emptyset)\} \\ = \; & \{F^n \,|\, F \in \textstyle\bigcup_{i=1}^n [O_1, \ldots, O_n; \mathrm{p}_i[K]]_{\mathbf{T}}\} \end{aligned}$$

Es wurde von

$$F^n \cap K = \emptyset \leftrightarrow F \cap \mathrm{p}_1[K] = \emptyset \vee \ldots \vee F \cap \mathrm{p}_n[K] = \emptyset$$

Gebrauch gemacht: Denn hätte F mit jedem $\mathrm{p}_i[K]$ ein x_i gemeinsam, so wäre $\langle x_1, \ldots, x_n \rangle \in F^n \cap K$. Ist umgekehrt $\langle x_1, \ldots, x_n \rangle \in F^n \cap K$, so auch $x_i \in F \cap \mathrm{p}_i[K] \neq \emptyset$ für $1 \leq i \leq n$.

Hiermit wird jedes Subbasiselement $[O_1 \times \cdots \times O_n; K]_{\mathbf{T}_n}$ von $\mathbf{T}_n$ auf ein Basiselement $\bigcup_{i=1}^n [O_1, \ldots, O_n; \mathrm{p}_i[K]]_{\mathbf{T}}$ von $\mathbf{T}$ abgebildet und umgekehrt (durch Wahl von $K = L^n$ als kompakten Würfel), denn die Projektionen kompakter Mengen auf die Faktorräume sind kompakt. Damit ist f ein Homöomorphismus. □

Lemma 72 *Das Produkt $\langle \mathcal{X}, \mathcal{K} \rangle \odot \langle \mathcal{Y}, \mathcal{L} \rangle$ zweier (eigentlich) parametrisierbarer Hyperräume ist (eigentlich) parametrisierbar.*

Bew.: Seien $f : V := P_1 \times Z_1 \to X$ und $g : W := P_2 \times Z_2 \to Y$ die beiden Parametrisierungen der Teilräume. Wir zeigen, daß die durch $h : V \times W \to X \times Y$, $h(v, w) := \langle f(v), g(w) \rangle$ erklärte Funktion eine Parametrisierung des obigen Produktraumes ist. Zunächst ist h stetig, denn die beiden Komponenten $h_X(v, w) := f(v)$ und $h_Y(v, w) := g(w)$ sind wegen $h_X^{-1}[O] = f^{-1}[O] \times W$ und $h_Y^{-1}[O] = V \times g^{-1}[O]$ stetig. Die Funktion ist aber auch offen, denn $h[O] = f[\mathrm{p}_V[O]] \times g[\mathrm{p}_W[O]]$. Seien weiterhin $f_p(z) := f(p, z)$ und $g_p(z) := g(p, z)$, dann folgen die erste Bijektivitätsbedingung aus

$$\langle f_p(x), g_q(y) \rangle = \langle f_p(w), g_q(z) \rangle \leftrightarrow \langle x, y \rangle = \langle w, z \rangle$$

und die zweite folgt aus

$$\begin{aligned} f_p[Z_1] \times g_r[Z_2] = f_q[Z_1] \times g_s[Z_2] & \leftrightarrow f_p[Z_1] = f_q[Z_1] \wedge g_r[Z_2] = g_s[Z_2] \\ & \leftrightarrow p = q \wedge r = s \leftrightarrow \langle p, r \rangle = \langle q, s \rangle \end{aligned}$$

Wenn darüber hinaus die Komponenten f und g eigentlich sind und K in $X \times Y$ kompakt, dann ist auch der K umfassende Würfel $K' := \mathrm{p}_X[K] \times \mathrm{p}_Y[K]$ als Produkt stetiger Bilder eines Kompaktums kompakt und sein Urbild $h^{-1}[K'] = f^{-1}[\mathrm{p}_X[K]] \times g^{-1}[\mathrm{p}_Y[K]]$ ebenfalls. Wegen der Stetigkeit von h ist aber $h^{-1}[K] \subseteq h^{-1}[K']$ als abgeschlossene Teilmenge eines Kompaktums kompakt. Somit ist h eigentlich. □

III.5.f Der Geometriesatz

In unserem Bemühen, die Einfachheit geometrischer Objekte wie Geraden, Kegelschnitte oder Ebenen zu charakterisieren, beginnen wir zunächst mit dem elementarsten Fall von Objekten, die sich nirgends schneiden, in dem also $\mathcal{K}$ eine Disjunktion ist. Man könnte meinen, daß für diesen besonders eingeschränkten Fall schon die offenen Mengen der Form $[O;]$ eine Basis bilden. Dies ist jedoch nicht der Fall.

Man betrachte den begrenzten (und als abgeschlossene Teilmenge auch lokalkompakten) Doppelkegel $D := \{(x,y) | x, y \in \Re \wedge |x| \leq |y|\}$ um die Ordinate der Ebene, den wir in die y-Achse und in die zu ihr parallelen Paare von Halbgeraden zerlegen. Nun gibt es offene Umgebungen O_1 und O_2 der Punkte $(0,1)$ sowie $(0,-1)$, so daß $[O_1;]$ nur die oberen, $[O_2;]$ nur die unteren Halbgeraden enthält und beide gleichzeitig nur die Ordinate. Diese ist ein isolierter Punkt, gegen den keine Folge von Kurven konvergiert, da jede Folge nur entweder gegen ihre positive oder ihre negative Hälfte strebt. Es gibt aber keine offene Menge der Form $[O;]$, die nur die y-Achse enthält.

Es fällt auf, daß weder $\bigcup[O_1;]$ noch $\bigcup[O_2;]$ offen sind, da aus beiden Mengen die Ordinate herausragt. Die Abbildung, die jedem Punkt die eindeutig bestimmte Kurve zuordnet, ist nicht stetig, da $[O_1;]$ eine offene Hypermenge und $\bigcup[O_1;]$ ihr Urbild ist. Dies motiviert die folgende

Definition 73 *Eine Hyperraum $\langle \mathcal{X}, \mathcal{K} \rangle$ mit einer Disjunktion $\mathcal{K}$ heißt* **stetig** *genau dann, wenn für jede offene Hypermenge $\mathcal{O}$ auch $\bigcup \mathcal{O}$ im Grundraum offen ist.*

Wir sprechen auch kurz von einer stetigen Disjunktion. Die Definition ist verträglich mit der für homogen prüfbare Räume. Denn Disjunktionen haben geometrische Dimension 1 und erfüllen die Stetigkeitsbedingung nach Definition (45) genau dann, wenn sie im obigen Sinne stetig sind. Dies sagt das folgende

Lemma 74 *Sei $\mathcal{K}$ eine Disjunktion und* **S** *eine Subbasis des Hyperraums $\langle \mathcal{X}, \mathcal{K} \rangle$, so daß $\bigcup \mathcal{O}$ offen ist für $\mathcal{O} \in$* **S**. *Dann ist $\langle \mathcal{X}, \mathcal{K} \rangle$ stetig.*

Bew.: Dies folgt aus den Beziehungen

$$\mathcal{A},\mathcal{B} \subseteq \mathcal{K} \rightarrow \bigcup(\mathcal{A} \cap \mathcal{B}) = (\bigcup \mathcal{A}) \cap (\bigcup \mathcal{B})$$
$$\bigwedge \mathcal{O} \in \mathbf{S} : \mathcal{O} \subseteq \mathcal{K} \rightarrow \bigcup_{\mathcal{O} \in \mathbf{S}} \bigcup \mathcal{O} = \bigcup \bigcup \mathbf{S}$$

Für die erste Gleichung ist "$\subseteq$" trivial. Zu $x \in (\bigcup \mathcal{A}) \cap (\bigcup \mathcal{B})$ gibt es $F \in \mathcal{A}$ und $G \in \mathcal{B}$ mit $x \in F, G$. Dann ist wegen der Disjunktivität $F = G \in \mathcal{A} \cap \mathcal{B}$. Die zweite Gleichung ist selbstverständlich. □

Lemma 75 *Sei $\langle \mathcal{X}, \mathcal{K} \rangle$ stetig und $\mathcal{K}$ eine Disjunktion. Dann hat jede offene Hypermenge die Form $[O;]$ mit offenem O und ihr Rand läßt sich schreiben als*

(III.30) $$\delta\,[O;] = \left[\delta \bigcup [O;]\,;\right]$$

und seine Vereinigung

(III.31) $$\bigcup \delta\,[O;] = \delta \bigcup [O;] \cap \bigcup \mathcal{K}$$

Bew.: Zunächst zeigen wir für $M \subseteq \bigcup \mathcal{K}$:

(III.32) $$\begin{array}{rcl} [M;] & = & [\bigcup [M;]\,;] \\ [;M] & = & [\bigcup [;M]\,;] \end{array}$$

a.)$\subseteq$ Wegen $M \subseteq \bigcup [M;]$ für $M \subseteq \bigcup \mathcal{K}$ folgt diese Richtung.

a.)$\supseteq$ Sei $F \in [\bigcup [M;]\,;]$, also $F \cap \bigcup [M;] \neq \emptyset$. Es gibt also ein $G \in [M;]$ mit $F \cap G \neq \emptyset$. Da $\mathcal{K}$ disjunkt ist, muß $F = G$ sein, mithin $F \in [M;]$.

b.) analog

Zunächst bemerken wir, daß mit X auch $\bigcup \mathcal{K} = [X;]$ offen ist. Wir reduzieren nun alle offenen Hypermengen auf die obige Form.

(i): Sei K kompakt, dann ist $[;K]$ offen, also nach Voraussetzung auch $\bigcup [;K]$, mithin ist $[\bigcup [;K]\,;]$ durch Gleichung (III.32) eine gültige Darstellung von $[;K]$.

(ii): Ebenfalls mit (III.32) zeigt man

$$[O_1, O_2;] = [O_1;] \cap [O_2;] = \left[\bigcup [O_1;]\,;\right] \cap \left[\bigcup [O_2;]\,;\right].$$

Da $O = \bigcup [O_1;] \cap \bigcup [O_2;]$ nach Voraussetzung offen und aus $F \cap O \neq \emptyset$ sofort $F \subseteq O$ folgt, ist $[O;]$ eine gültige Darstellung von $[O_1, O_2;]$.

(iii): (i) und (ii) beweisen, daß die Mengen $[O;]$ eine Basis formen. Also läßt sich jede offene Hypermenge $\mathcal{O}$ darstellen als $\mathcal{O} = \bigcup_{O \in \mathcal{M}} [O;] = [\bigcup \mathcal{M};]$ für ein $\mathcal{M} \subseteq \mathcal{X}$, was zu zeigen war.

Nun charakterisieren wir den Rand der Menge.

$\subseteq$: Sei $F \cap \delta \bigcup [O;] \neq \emptyset$.

$F \notin [O;]$: Wäre $F \cap \bigcup [O;] \neq \emptyset$, so auch $F \in [O;]$ nach Gleichung (III.32), daher $F \subseteq \bigcup [O;]$, im Widerspruch zur Voraussetzung.

$F \in \overline{[O;]}$: Sei $x \in F$ Randpunkt von $\bigcup [O;]$, dann ist zu jeder Hyperumgebung $\mathcal{O}$ von F auch $\bigcup \mathcal{O}$ Umgebung von x und schneidet daher $\bigcup [O;]$. Es folgt $\mathcal{O} \cap [O;] = \mathcal{O} \cap [\bigcup [O;];] \neq \emptyset$ für jedes $\mathcal{O}$, was zu zeigen war.

$\supseteq$: Sei $F \in \delta [O;]$, dann ist $F \cap \bigcup [O;] = \emptyset$ und für jedes O', das F schneidet, ist auch $[O';] \cap [O;] \neq \emptyset$. Gäbe es ein $x \in F \backslash \overline{\bigcup [O;]}$, so gäbe es auch eine zu $\bigcup [O;]$ disjunkte offene Umgebung O' von x. Dann wäre aber $[O';] \cap [O;] = \emptyset$, ein Widerspruch. Also ist $F \subseteq \overline{\bigcup [O;]} \backslash \bigcup [O;] = \delta \bigcup [O;]$.

Mit der letzten Inklusion ist auch schon $\bigcup \delta [O;] \subseteq \delta \bigcup [O;]$ gezeigt, zusammen mit $\delta [O;] \subseteq \mathcal{K}$ ist dies eine Richtung von Gleichung (III.31). Die Umkehrung folgt sofort aus der oben bewiesenen Richtung "$\subseteq$" von Gleichung (III.30). □

Ein interessantes Charakteristikum stetiger Disjunktionen ist, daß man zur Untersuchung lokaler Eigenschaften, wie der Dimension, beliebige offene Teilmengen herausschneiden kann, auf welche man die Hyperraumelemente "abschneidet".

Lemma 76 *Sei $\langle \mathcal{X}, \mathcal{K} \rangle$ eine stetige Disjunktion. Für jedes offene O ist $[O;]$ homöomorph zu der stetigen Disjunktion $\langle \mathcal{X} \downarrow O, [O;] \downarrow O \rangle$ auf dem Unterraum O.*

Bew.: Ohne Beschränkung sei $X = \bigcup \mathcal{K}$, denn $\bigcup \mathcal{K}$ ist als offener Unterraum des Grundraumes ebenfalls lokalkompakt und die Disjunktion bleibt stetig. Natürlich ist für jedes offene U wegen $F \cap U \neq \emptyset \leftrightarrow F \subseteq \bigcup [U;]$

$$[U;] \cap [O;] = [\bigcup [U;];] \cap [O;] = [\bigcup [U;] \cap O;]$$

also kann jede in $[O;]$ offene Menge in der Form $[V;]$ mit einer in O offenen Menge V dargestellt werden. Umgekehrt ist jedes in O offene V auch in X offen und es ist $[V;] \downarrow O$ eine in $[O;] \downarrow O$ offene Menge. Damit ist ein Homöomorphismus zwischen $[O;] \downarrow O$ und $[O;]$ etabliert. Weiter ist für offenes V $\bigcup([V;] \downarrow O) = (\bigcup [V;]) \cap O$ eine in O offene Menge, $[O;] \downarrow O$ ist also stetig. □

Es folgt ein weiteres Lemma dieser Art, jedoch für allgemeine Disjunktionen. Man kann den Grundraum eines Hyperraumes auf eine geeignete dichte Teilmenge reduzieren. Definition (92) vorgreifend nennen wir einen Hyperraum lokal observabel, wenn die Mengen der Form $[O_1, \ldots, O_n;]$ eine Basis bilden.

Lemma 77 *Sei* $\langle \mathcal{X}, \mathcal{K} \rangle$ *eine lokal observable Disjunktion,* A *eine lokalkompakte Teilmenge des Grundraumes, so daß für jedes* $F \in \mathcal{K}$ *gilt* $F \subseteq \overline{F \cap A}$. *Dann ist der auf* A *reduzierte Hyperraum* $\mathbf{T}(\mathcal{X} \downarrow A, \mathcal{K} \downarrow A)$ *homöomorph zu dem ursprünglichen Raum* $\mathbf{T}(\mathcal{X}, \mathcal{K})$ *mit der lokal observablen Disjunktion* $\mathcal{K} \downarrow A$.

Bew.: A ist lokalkompakt und damit ist $\langle \mathcal{X} \downarrow A, \mathcal{K} \downarrow A \rangle$ ein Hyperraum. Zunächst gilt folgende Kettenäquivalenz

$$\begin{gathered} \bigwedge F \in \mathcal{K} : F \subseteq \overline{F \cap A} \leftrightarrow \\ \bigwedge F \in \mathcal{K} \bigwedge x \in F \bigwedge O \in \mathcal{U}^\circ(x) : F \cap A \cap O \neq \emptyset \leftrightarrow \\ \bigwedge F \in \mathcal{K} \bigwedge O \in \mathcal{X} : (F \cap O \neq \emptyset \leftrightarrow F \cap A \cap O \neq \emptyset) \leftrightarrow \\ \bigwedge O \in \mathcal{X} : [O;] = [O \cap A;] \end{gathered}$$

Die Abbildung $f : \mathcal{K} \to \mathcal{K} \downarrow A$, erklärt durch $f(F) = F \cap A$, ist sicherlich bijektiv. Die Mengen $[O;]$ werden wechselseitig auf die Mengen $[O;] \downarrow A = [O \cap A;] \downarrow A$ abgebildet. Nach Voraussetzung der lokalen Observabilität bilden die Mengen der Form $[O;]$ aber eine Subbasis von $\mathbf{T}(\mathcal{X}, \mathcal{K})$. Damit ist also $\mathbf{T}(\mathcal{X} \downarrow A, \mathcal{K} \downarrow A)$ feiner als $\mathbf{T}(\mathcal{X}, \mathcal{K})$.

Um die Umkehrung zu zeigen genügt es, Mengen der Form $[; K \cap A]$ mit $K \cap A$ kompakt in $\langle \mathcal{X} \downarrow A, \mathcal{K} \downarrow A \rangle$ zu betrachten und zu zeigen, daß sie in $\langle \mathcal{X}, \mathcal{K} \rangle$ offen sind. Man beachte $(K \cap A) \cap (F \cap A) = \emptyset \leftrightarrow (K \cap A) \cap F = \emptyset$, also haben die Mengen in beiden Räumen die gleiche Form und es ist $[; K \cap A]_{\mathcal{X} \downarrow A} = [; K \cap A]_{\mathcal{X}} \downarrow A$. Sei also $F \in [; K \cap A]_{\mathcal{X}}$. Wegen der lokalen Observabilität gibt es ein O mit $F \in [O;]_{\mathcal{X}} \subseteq [; K \cap A]_{\mathcal{X}}$. Wir hatten aber bereits gezeigt, daß $[O;]_{\mathcal{X}} \downarrow A = [O \cap A;]_{\mathcal{X} \downarrow A}$. Somit ist $[; K \cap A]_{\mathcal{X} \downarrow A}$ Umgebung aller seiner Punkte, mithin offen. Es ist weiterhin durch Vereinigung von Mengen der Form $[O \cap A;]_{\mathcal{X} \downarrow A}$ mit $O \cap A$ offen in A darstellbar, also ist $\langle \mathcal{X} \downarrow A, \mathcal{K} \downarrow A \rangle$ lokal observabel. □

Lemma 78 *Sei $\langle \mathcal{X}, \mathcal{K} \rangle$ eine stetige Disjunktion und A eine Teilmenge des Grundraumes, so daß für jedes $F \in \mathcal{K}$ gilt $F \subseteq \overline{F \cap A}$. Dann ist der auf A reduzierte Hyperraum* $\mathbf{T}(\mathcal{X} \downarrow A, \mathcal{K} \downarrow A)$ *homöomorph zu dem ursprünglichen Raum* $\mathbf{T}(\mathcal{X}, \mathcal{K})$ *mit der stetigen Disjunktion $\mathcal{K} \downarrow A$.*

Bew.: Zunächst gilt folgende Kettenäquivalenz

$$\begin{gathered} \bigwedge F \in \mathcal{K} : F \subseteq \overline{F \cap A} \leftrightarrow \\ \bigwedge F \in \mathcal{K} \bigwedge x \in F \bigwedge O \in \mathcal{U}^\circ(x) : F \cap A \cap O \neq \emptyset \leftrightarrow \\ \bigwedge F \in \mathcal{K} \bigwedge O \in \mathcal{X} : (F \cap O \neq \emptyset \leftrightarrow F \cap A \cap O \neq \emptyset) \leftrightarrow \\ \bigwedge O \in \mathcal{X} : [O;] = [O \cap A;] \end{gathered}$$

und somit $A \cap \bigcup[O;] = A \cap \bigcup[O \cap A;]$ für jedes offene O. Also ist $\bigcup[O \cap A;]$ im Unterraum A offen, falls O offen. Mit der letzten der oberen Gleichungen unter Ausnutzung von Lemma 75 zur Stetigkeit gibt es zu gegebenen O_i ein O so, daß

$$\begin{gathered} [O_1 \cap A;] \cap [O_2 \cap A] = [O_1;] \cap [O_2;] = [O;] = [O \cap A;] \\ \text{bzw. } \bigcup_{i \in I} [O_i \cap A;] = \bigcup_{i \in I} [O_i;] = [O;] = [O \cap A;] \end{gathered}$$

Somit bilden die Mengen der Form $[O \cap A;]$ eine Topologie auf dem reduzierten Hyperraum. Die Abbildung $f : \mathcal{K} \longmapsto \mathcal{K} \downarrow A$, erklärt durch $f(F) = F \cap A$, ist sicherlich bijektiv. Die Mengen $[O;]$ werden wechselseitig auf die Mengen $[O;] \downarrow A = [O \cap A;] \downarrow A$ abgebildet. □

Das nächste Lemma reduziert Hyperräume endlicher geometrischer Dimension auf Disjunktionen in höherdimensionalen Grundräumen.

Lemma 79 *Sei* $\operatorname{gdim}(\mathcal{X}, \mathcal{K}) = d$ *endlich für den Raum $\langle \mathcal{X}, \mathcal{K} \rangle$. Dann ist der Hyperraum homöomorph zu einer Disjunktion über einem offenen Teilraum von $\mathcal{X}^d$.*

Bew.: Nach Lemma 71 ist $\langle \mathcal{X}, \mathcal{K} \rangle$ homöomorph zu $\langle \mathcal{X}^d, \mathcal{K}_d \rangle$ mit $\mathcal{K}_d := \{F^d | F \in \mathcal{K}\}$. Nun ist $\operatorname{gdim}(\mathcal{X}, \mathcal{K}) = d$ äquivalent zu der Aussage: Zu jedem offenen Basiselement $V := V_1 \times \cdots \times V_d \in \mathcal{X}^d$ mit $F^d \cap V \neq \emptyset$ gibt es eine offene Teilmenge $O(V) := O_1 \times \cdots \times O_d \in \mathcal{X}^d$, $O(V) \subseteq V$ mit $F^d \cap O(V) \neq \emptyset$, so daß es zu jedem $x := \langle x_1, \dots x_d \rangle \in O(V)$ genau ein $G \in \mathcal{K}$ gibt mit $x \in G^d$. Die Vereinigung aller $O(V)$ mit $F^d \cap V \neq \emptyset$ für wenigstens ein $F \in \mathcal{K}$ nennen wir U. Sie ist ein offener Teilraum von $\mathcal{X}^d$. Offensichtlich ist $\mathcal{K}_d \downarrow U$ eine Disjunktion, denn jedes $\mathcal{K}_d \downarrow O(V)$ ist nach obiger Aussage disjunkt.

Wir zeigen nun $F^d \subseteq \overline{F^d \cap U}$, dann ist mit Lemma 77 der Hyperraum $\langle \mathcal{X}^d \downarrow U, \mathcal{K}_d \downarrow U \rangle$ homöomorph zu $\langle \mathcal{X}^d, \mathcal{K}_d \rangle$ und weiter zu $\langle \mathcal{X}, \mathcal{K} \rangle$, was wir zeigen wollten. Nehmen wir an, es gäbe ein $x \in F^d$ mit $x \notin \overline{F^d \cap U}$. Dann gibt es aber eine faktorisierende offene Umgebung V von x, so daß $V \cap (F^d \cap U) = \emptyset$. Nach obiger Aussage über die geometrische Dimension ist dann unter Berücksichtigung von $O(V) \subseteq V \cap U$ aber $\emptyset \neq O(V) \cap F^d \subseteq V \cap (F^d \cap U)$, ein Widerspruch. □

III.5.g Eine Schranke der geometrischen Dimension

Lemma 80 *Sei $\langle \mathcal{X}, \mathcal{K} \rangle$ ein stetiger homogen prüfbarer Hyperraum mit*

$$\operatorname{gdim}(\mathcal{X}, \mathcal{K}) = d.$$

Dann ist der Hyperraum homöomorph zu einer stetigen Disjunktion über einem offenen Teilraum von $\mathcal{X}^d$.

Bew.: Nach Lemma 79 ist $\langle \mathcal{X}, \mathcal{K} \rangle$ homöomorph zu einer Disjunktion $\mathcal{K}_d \downarrow U$ mit $\mathcal{K}_d = \{F^d | F \in \mathcal{K}\}$ auf einem offenen Teilraum U von X^d. Sei $\mathbf{S}$ per Definition der Stetigkeit eine Subbasis des Hyperraumes $\langle \mathcal{X}, \mathcal{K} \rangle$, so daß für alle $\mathcal{O} \in \mathbf{S}$ und für alle $F \in \mathcal{O}$ gilt: Zu jedem $x := \langle x_1, \dots x_d \rangle \in F$ gibt es eine offene Umgebung $O_x := O_1 \times \dots \times O_d \in \mathcal{X}^d$ von x, so daß es zu jedem $y \in O_x$ mindestens ein $G \in \mathcal{O}$ gibt mit $y \in G^d$. Nach Lemma 71 ist dann $\mathbf{S}_d := \{\mathcal{O}_d | \mathcal{O} \in \mathbf{S}\}$, $\mathcal{O}_d := \{F^d | F \in \mathcal{O}\}$ eine Subbasis von $\langle \mathcal{X}^d, \mathcal{K}_d \rangle$. Wir zeigen, daß $\bigcup \mathcal{O}_d$ in X^d offen ist: Sei $x \in \bigcup \mathcal{O}_d$, dann gibt es eine offene Umgebung O_x von x, so daß jedes $y \in O_x$ auch in $\bigcup \mathcal{O}_d$ ist, also $O_x \subseteq \bigcup \mathcal{O}_d$. Damit besitzt also $\langle \mathcal{X}^d, \mathcal{K}_d \rangle$ eine Subbasis, deren Elemente eine offene Vereinigung besitzen. Dies gilt aber erst recht für $\langle \mathcal{X}^d \downarrow U, \mathcal{K}_d \downarrow U \rangle$, da U offen ist. Nach Lemma 74 ist dann dieser Hyperraum eine stetige Disjunktion. Bereits am Anfang stellten wir fest, daß er homöomorph zu $\langle \mathcal{X}, \mathcal{K} \rangle$ ist. □

Lemma 81 *Für eine stetige Disjunktion $\langle \mathcal{X}, \mathcal{K} \rangle$ ist*

$$\dim \mathcal{X} \leq \dim \mathbf{T}(\mathcal{X}, \mathcal{K}) + \max_{F \in \mathcal{K}} \dim F \tag{III.33}$$

Bew.: Ohne Einschränkung sei $X = \bigcup \mathcal{K}$, denn $\bigcup \mathcal{K}$ ist nach Voraussetzung offen und somit lokalkompakt; alle offenen Teilmengen der Form $\bigcup \mathcal{O}$ für $\mathcal{O}$ offen in der Hyperraumtopologie sind auch in $\bigcup \mathcal{K}$ offen und die Disjunktion somit weiterhin stetig. Die Funktion $f : X \mapsto \mathcal{K}$, welche jedem Punkt des Grundraums das eindeutig bestimmte Hyperraumelement zuweist, ist stetig und offen. Damit ist für jede relativ kompakte $O \in \mathcal{X}$ und $x \in O$ das Bild $f[\overline{O}] \supseteq f[O]$ eine (kompakte) Umgebung von $f(x) \in \mathcal{K}$. Da die eingeschränkte Funktion $f_{\overline{O}} : \overline{O} \mapsto f[\overline{O}] = [\overline{O};]$ eine stetige Funktion auf einem kompakten Urbildraum ist, wird der Satz 28 über dimensionserniedrigende Abbildungen anwendbar. Wir erhalten die Ungleichung

$$\dim \overline{O} \leq \dim \mathbf{T}(\mathcal{X}, [\overline{O};]) + \max_{F \in [\overline{O};]} \dim F$$

Mit der Beziehung $\dim \mathcal{X} = \max_{O \in \mathcal{X}} \dim \overline{O}$ und dem Monotonieprinzip liefert dies die obige Ungleichung. □

Theorem 82 (Abschätzungssatz) *Sei $\langle \mathcal{X}, \mathcal{K} \rangle$ ein stetiger homogen prüfbarer Hyperraum mit $\dim_x \mathcal{X}^l = l \cdot \dim \mathcal{X}$ für jedes l, $x \in X$. Dann ist*

$$\dim \mathbf{T}(\mathcal{X}, \mathcal{K}) \geq \operatorname{gdim}(\mathcal{X}, \mathcal{K}) \cdot \left(\dim \mathcal{X} - \max_{F \in \mathcal{K}} \dim F \right)$$

Bew.: Wir setzen $d := \operatorname{gdim}(\mathcal{X}, \mathcal{K})$. Nach Lemma 80 und (III.33) ist

$$\dim \left(\mathcal{X}^d \downarrow U \right) \leq \dim \mathbf{T}(\mathcal{X}, \mathcal{K}) + \max_{F \in \mathcal{K}} \dim \left(F^d \downarrow U \right)$$

für $U \in \mathcal{X}^d$. Mit $\dim \left(\mathcal{X}^d \downarrow U \right) = d \cdot \dim \mathcal{X}$ und dem einfachen Produktsatz $\dim \left(F^d \downarrow U \right) \leq \dim F^d \leq d \cdot \dim F$ folgt die Behauptung. □

III.5.h Der Geometriesatz für parametrisierbare Räume

Lemma 83 *Jede parametrisierbare Disjunktion ist stetig und ihr Parameterraum ist homöomorph zum Hyperraum. Es ist weiterhin die Parametrisierung topologisch.*

Bew.: Sei $f : P \times Y \to X$ Parametrisierung des Hyperraumes $\langle \mathcal{X}, \mathcal{K} \rangle$. Wir zeigen, daß die in (III.26) erklärte Funktion g ein Homöomorphismus ist. g ist nach Voraussetzung bijektiv, also genügt die beidseitige Stetigkeit. Im Beweis dafür wird verwendet, daß die Disjunktion stetig ist.

f topologisch: Die Parametrisierung f ist eine stetige offene Funktion. Weil die Hyperraumelemente disjunkt sind, ist sie nach den beiden Bijektivitätsforderungen der Definition injektiv, denn jedes $x \in X$ liegt höchstens in einem $F \in \mathcal{K}$ und dieses gehört zu genau einem $g^{-1}[F] \in P$. Bei festem $p \in P$ ist ferner $f_p^{-1}[\{x\}]$ eindeutig. Die

Funktion f ist offen, und daher ist ihr Bildbereich $f[P \times Y]$ offen in X. Wir können also ohne die Stetigkeit oder Offenheit zu verletzen annehmen, die Funktion sei surjektiv, also ein Homöomorphismus. Damit ist $\mathcal{X} \simeq \mathcal{P} \otimes \mathcal{Y}$.

Disjunktion stetig: Als topologische Abbildung ist f natürlich auch eigentlich und die Mengen

$$\bigcup[O;] = f[\mathrm{p}_P[f^{-1}[O]] \times Y] \text{ für } O \in \mathcal{X}$$
$$\bigcup[;K] = f[(P \backslash \mathrm{p}_P[f^{-1}[K]]) \times Y] \text{ für } K \in \mathcal{C}(\mathcal{X})$$

sind offen. Hiermit ist die Stetigkeit für eine Subbasis gezeigt. Den Beweis vervollständigen die Beziehungen

$$f[(O_1 \cap O_2) \times Y] = f[O_1 \times Y] \cap f[O_2 \times Y]$$
$$f[(\bigcup_{i \in I} O_i) \times Y] = \bigcup_{i \in I} f[O_i \times Y]$$

g stetig: Da für stetige Disjunktionen alle offenen Mengen in der Form $[O;]$ darstellbar sind, ist die Funktion g nach Lemma 65 Fall (ii) stetig.

g^{-1} stetig: Da beide Räume metrisierbar sind, genügt es, die Folgenstetigkeit zu zeigen. Sei $F_i \longrightarrow F$ eine im Hyperraum konvergente Folge, wir haben zu zeigen, daß $p_i := g^{-1}(F_i) \longrightarrow p := g^{-1}(F)$. Sei nun $U \in \mathcal{P}$ eine offene Umgebung von p. Die Menge $O := f[U \times Y]$ ist offen in X, da Y offen und f als offen vorausgesetzt wurde. Mit $F = f[\{p\} \times Y]$, $F_i := f[\{p_i\} \times Y]$ folgt zunächst $F \cap O \supseteq F \neq \emptyset$. Da $F = \underline{\lim} F_i$ gibt es ein n, so daß für alle $i \geq n$ $F_i \cap O \neq \emptyset$, also $f[\{p_i\} \times Y] \cap f[U \times Y] \neq \emptyset$, was wegen der Disjunktivität nur möglich ist, wenn $p_i \in U$ für alle $i \geq n$. Also gilt $p_i \longrightarrow p$. □

Lemma 84 *Sei $\langle \mathcal{X}, \mathcal{K} \rangle$ eine parametrisierbare Disjunktion, jedes $F \in \mathcal{K}$ sei σ-faktorisierend. Dann ist*

$$\dim \mathbf{T}(\mathcal{X}, \mathcal{K}) = \dim \mathcal{X} - \dim F$$

für jedes $F \in \mathcal{K}$.

Bew.: Sei $f : P \times Y \to X$ eine Parametrisierung. Nach dem obigen Lemma 83 kann ohne Beschränkung $X = \bigcup \mathcal{K}$ gewählt werden und es ist $\mathcal{X} \simeq \mathcal{P} \otimes \mathcal{Y}$ und weiterhin $\mathcal{P} \simeq \mathbf{T}(\mathcal{X}, \mathcal{K})$. Schließlich ist per Definition der Parametrisierung $Y \simeq F$ für jedes $F \in \mathcal{K}$. Insbesondere ist also $\mathcal{P}$ lokalkompakt und $\mathcal{Y}$ σ-faktorisierend. Dies sind die Voraussetzungen für den starken Produktsatz

$$\dim \mathcal{P} \otimes \mathcal{Y} = \dim \mathcal{P} + \dim \mathcal{Y}$$

Substitution der drei Räume gemäß den obigen Homöomorphieaussagen ergibt die Behauptung. □

Nach den vielen vorbereitenden Lemmata nun endlich der Beweis des Hauptsatzes über die Dimension der homogen prüfbaren Hyperräume.

Theorem 85 (Hauptsatz) *Sei* $\langle \mathcal{X}, \mathcal{K} \rangle$ *ein parametrisierbarer Hyperraum endlicher geometrischer Dimension. Jedes* $F \in \mathcal{K}$ *sei* σ*-faktorisierend und es sei* $\dim_y \mathcal{X}^l = l \cdot \dim_x \mathcal{X}$ *für jedes* l, $x \in X$, $y \in X^l$. *Dann ist*

$$\dim \mathbf{T}(\mathcal{X}, \mathcal{K}) = \operatorname{gdim}(\mathcal{X}, \mathcal{K}) \cdot (\dim \mathcal{X} - \dim F)$$

für jedes $F \in \mathcal{K}$.

Bew.: Sei $f : P \times Y \mapsto X$ eine Parametrisierung, $\operatorname{gdim}(\mathcal{X}, \mathcal{K}) = d$, $\dim_x \mathcal{X} = n$ für jedes $x \in X$. Per Definition der Parametrisierung ist $Y \simeq F$ für jedes $F \in \mathcal{K}$, wir setzen also $\dim F = m$ für jedes $F \in \mathcal{K}$. Nach Lemma 79 ist der Hyperraum homöomorph zu einer Disjunktion über einem offenen Teilraum U von $\mathcal{X}^d$. Sei $x \in U$, wir versuchen, für eine geeignete Umgebung $U_x \subseteq U$ von x eine Parametrisierung $h : Q \times Y_1 \times \cdots Y_d \mapsto U_x$ von $\langle \mathcal{X}^d \downarrow U_x, \mathcal{K}_d \downarrow U_x \rangle$ mit geeigneten $Q \in \mathcal{P}$, $Y_i \in \mathcal{Y}$ zu finden. Dann folgt mit Lemma 84

$$\dim \mathbf{T}(\mathcal{X}^d \downarrow U_x, \mathcal{K}_d \downarrow U_x) = \dim U_x^d - \dim F^d \cap U_x$$

Nach Voraussetzung ist $\dim U_x^d = \dim_x X^d = d \cdot \dim X = d \cdot n$. Es gilt weiterhin $\dim F^d \cap U_x \leq d \cdot \dim F = d \cdot m$. Wegen der σ-Faktorisierbarkeit der $F \in \mathcal{K}$ kann der starke Produktsatz angewendet werden und liefert für mindestens eine offene Umgebung $U_z \subseteq U$, da U dicht in F liegt, $\dim F^d \cap U_z = d \cdot \dim F = d \cdot m$. Mit Lemma 76 ergibt sich dann die Behauptung

$$\dim \mathbf{T}(\mathcal{X}, \mathcal{K}) = d \cdot n - d \cdot m = d \cdot (n - m)$$

Nun zur Konstruktion der Parametrisierung. Für $x = \langle x_1, \ldots, x_d \rangle \in U$ sei $O(V) := O_1 \times \cdots \times O_d \in \mathcal{X}^d$ eine offene Umgebung aus Lemma 79. Da f stetig ist, können wir offene Würfel $P_i \times Y_i \subseteq f^{-1}[O_i]$ mit $x_i \in f[P_i \times O_i]$ finden. Da alle x_i per Konstruktion der $O(V)$ genau in einem $F \in \mathcal{K}$ liegen, gibt es ein $p \in P_i$ für alle i, so daß $f_p[Y] = F$, also $x_i \in f_p[Y_i]$. Wir setzen nun $Q := P_1 \cap \cdots \cap P_d$, es ist $p \in Q$, also auch $x_i \in f[Q \times Y_i]$, wegen der Offenheit von f sind dies offene Mengen und $U_x := f[Q \times Y_1] \times \cdots \times f[Q \times Y_d] \subseteq O(V)$ ist eine offene Umgebung von x. Die Funktion $h : Q \times Y_1 \times \cdots Y_d \mapsto U_x$, durch

$$h(p, y_1, \ldots y_d) := \langle f(p, y_1), \ldots, f(p, y_d) \rangle$$

erklärt, ist surjektiv. Sie ist aber auch injektiv, denn zu $x = \langle x_1, \ldots, x_d\rangle \in U_x$ gehört nach Konstruktion der $O(V)$ genau ein $p \in Q$ mit $f(p, y_i) = x_i$ für gewisse $y_i \in Y_i$. Da per Definition bei festem p auch f injektiv ist, sind auch die y_i eindeutig bestimmt. Somit ist h sogar bijektiv, was die Bijektivitätsforderungen für die Teilfunktionen einer Parametrisierung erfüllt. Es bleibt zu zeigen, daß h stetig und offen ist. Es ist aber für offene $R \subseteq Q$, $Z_i \subseteq Y_i$

$$h[R \times Z_1 \times \cdots \times Z_d] = f[R \times Z_1] \times \cdots \times f[R \times Z_d]$$

eine offene Teilmenge von U_x. Weil h bijektiv ist, werden zwei Basen der beiden Produkträume aufeinander abgebildet. Damit ist h eine topologische Abbildung und erst recht die gesuchte Parametrisierung. □

III.5.i Ist der Geometriesatz verallgemeinerbar?

Für nicht parametrisierbare Hyperräume läßt sich selbst der Fall geometrischer Dimension 1, also wegen Lemma 76 für stetige Disjunktionen

$$\dim \mathbf{T}(\mathcal{X}, \mathcal{K}) \leq \dim \mathcal{X} - \dim F$$

nicht mehr beweisen. Die folgenden Konzepte mögen Anregungen für Verallgemeinerungen sein. Wir führen auch Gegenbeispiele auf. Diese Untersektion ist sehr technisch und nur dem besonders interessierten Leser anempfohlen.

Definition 86 *Ein Hyperraum heißt* **induktiv** *genau dann, wenn es eine Basis $\mathcal{B}$ des Grundraumes gibt, so daß die Menge $\{\bigcup[O;]|O \in \mathcal{B}\}$ relativ zum Grundraum induktiv ist.*

Theorem 87 *Sei $\langle \mathcal{X}, \mathcal{K}\rangle$ eine stetige induktive Disjunktion, $m \leq \dim(F)$ für jedes $F \in \mathcal{K}$, und $\dim \mathcal{X} \leq n$. Dann ist*

$$\dim \mathbf{T}(\mathcal{X}, \mathcal{K}) \leq n - m \qquad \text{(III.34)}$$

Bew.: Der Beweis erfolgt durch vollständige Induktion über $n - m \geq 0$. Sei also $n - m = 0$. Da der Hyperraum induktiv ist, gibt es eine Basis $\mathcal{B}$, so daß für jedes $O \in \mathcal{B}$ gilt $\dim \delta \bigcup[O;] < n = m$. Damit kann wegen der Stetigkeit für kein $F \in \mathcal{K}$ auch $F \subseteq \delta \bigcup[O;] = \bigcup \delta[O;]$ (III.31) sein, also ist $\delta[O;] = \emptyset$. Nach Lemma 75 bilden dann die Mengen $[O;]$ für $O \in \mathcal{B}$ eine Basis des Hyperraumes mit leerem Rand. Also ist $\dim \mathbf{T}(\mathcal{X}, \mathcal{K}) \leq 0$.

Nun zum Induktionsschritt. Nach Definition der Induktivität gibt es eine Basis $\mathcal{B}$ des Grundraumes, so daß die Menge $\{\bigcup[O;]|O \in \mathcal{B}\}$ relativ zum Grundraum induktiv ist. Sei nun $O \in \mathcal{B}$ beliebig, wir definieren den Unterraum $\mathcal{X}' := \mathcal{X} \downarrow X'$ mit $X' := \bigcup \delta[O;] = \delta \bigcup [O;]$ und die Disjunktion $\mathcal{K}' := \delta[O;]$. Für jedes offene $U_i \in \mathcal{X}$ ist $U_i \cap X'$ in X' offen. Da X' abgeschlossen, ist für kompaktes K auch $K \cap X'$ kompakt, und

$$\bigcup[U_1 \cap X', \ldots, U_n \cap X'; K \cap X'] = \bigcup[U_1;] \cap \cdots \cap \bigcup[U_n;] \cap \bigcup[; K] \cap X'$$

ist offen in X'. Somit ist die Disjunktion stetig. Nach Voraussetzung ist die Menge $\mathcal{I} := \{\bigcup[U;] \cap X' | U \in \mathcal{B}\}$ $\mathcal{X}'$-induktiv. Für die Basis $\mathcal{B}' := \{U \cap X' | U \in \mathcal{B}\}$ von $\mathcal{X}'$ ist also nach obiger Gleichung $\mathcal{I} = \{\bigcup[V;] | V \in \mathcal{B}'\}$ $\mathcal{X}'$-induktiv. Somit kann die Induktionsvoraussetzung auf den Hyperraum $\langle \mathcal{X}', \mathcal{K}' \rangle$ wegen $\dim X' \leq n-1$ angewendet werden und liefert

$$\dim \mathbf{T}(\mathcal{X}, \delta[O;]) = \dim \mathbf{T}(\mathcal{X}', \mathcal{K}') \leq (n-1) - m$$

für eine Basis von Mengen der Form $[O;]$ des Hyperraumes. Also ist $\dim \mathbf{T}(\mathcal{X}, \mathcal{K}) \leq n - m$. □

Beispiel 88 *Die Ungleichung (III.34) gilt nicht ohne die Voraussetzung der Induktivität.*

Bew.: Sei Q^ω der metrische separable Raum von Punkten des Hilbertwürfels mit rein rationalen Koordinaten. Bekanntlich ist $\dim Q^\omega = 1$ und $Q^\omega \simeq Q^\omega \otimes Q^\omega$. Auf dem Grundraum $\mathcal{X} = Q^\omega \otimes Q^\omega$ erklären wir die Disjunktion abgeschlossener eindimensionaler Mengen $\mathcal{K} = \{\{x\} \times Q^\omega | x \in Q^\omega\}$. Sei $O \in \mathcal{X}$ offen, $\mathrm{p}_1(O)$ die Projektion auf den ersten Faktorraum, dann ist

$$[O;] = \left[\bigcup_{i \in I} O_i^1 \times O_i^2;\right] = \bigcup_{i \in I} \{\{x\} \times Q^\omega | x \in O_i^1\} = [\mathrm{p}_1(O) \times Q^\omega;]$$

also mithin $\bigcup[O;] = \mathrm{p}_1(O) \times Q^\omega$ eine offene Menge. Weil $[;K] = \emptyset$ für jedes $K \neq \emptyset$ und $[O, O';] = [(\mathrm{p}_1(O) \cap \mathrm{p}_1(O')) \times Q^\omega]$ bilden die Mengen $[O;]$ eine Basis des Hyperraums, dieser ist also sogar stetig. Er ist aber nicht induktiv, denn wegen $\delta \bigcup [O;] = \delta \mathrm{p}_1(O) \times Q^\omega$ gibt es keine Basis mit $\dim \delta \bigcup [O;] < \dim Q^\omega \times Q^\omega = 1$.

Wir zeigen nun $\mathbf{T}(\mathcal{X}, \mathcal{K}) \simeq Q^\omega$. Die Abbildung $f : Q^\omega \to \mathcal{K}$, durch $f(x) = \{x\} \times Q^\omega$ erklärt, ist sicherlich bijektiv. Für jedes offene O ist $f[O] = [O \times Q^\omega;]$ ebenfalls offen und umgekehrt ebenso $f^{-1}[[O;]] = \mathrm{p}_1(O) \times Q^\omega$. Damit ist aber die Ungleichung verletzt:

$$1 = \dim \mathbf{T}(\mathcal{X}, \mathcal{K}) > \dim \mathcal{X} - \min_{F \in \mathcal{K}} \dim F = 1 - 1 = 0$$

Allgemein läßt sich mit derselben Beweisführung zeigen: Gilt (III.34) auf einem Faktorraum $\mathcal{X} \otimes \mathcal{Y}$ für jede stetige Disjunktion, dann gilt $\dim \mathcal{X} \otimes \mathcal{Y} = \dim \mathcal{X} + \dim \mathcal{Y}$. □

In der Regel gilt noch nicht einmal die Ungleichung $\dim \mathcal{X} \geq \dim \mathbf{T}(\mathcal{X}, \mathcal{K})$. Wir zeigen dies indirekt, indem wir aus einer allgemeinen Form dieser Ungleichung die Verschärfung (III.34) herleiten. Man kann es mit einem bei der Dimensionstheorie erwähnten Beispiel für kompakte Räume $\mathcal{X}, \mathcal{Y}$ mit $\dim \mathcal{X} \otimes \mathcal{Y} < \dim \mathcal{X} + \dim \mathcal{Y}$ zum Widerspruch führen.

Lemma 89 *Sei $\langle \mathcal{X}, \mathcal{K} \rangle$ eine stetige Disjunktion. Für jede σ-kompakte Teilmenge $Z \subseteq X$ eines lokalkompakten Raumes mit abzählbarer Basis gelte*

$$\dim Z \geq \dim \mathbf{T}(\mathcal{X} \downarrow Z, \mathcal{K} \downarrow Z)$$

Dann gilt auch

$$\dim X \geq \dim \mathbf{T}(\mathcal{X}, \mathcal{K}) + \min_{x \in F \in \mathcal{K}} \dim_x F$$

Bew.: Wir setzen $n := \dim X$ und $m := \min_{x \in F \in \mathcal{K}} \dim_x F \leq n$. Der Fall $m = -1$ ist per Definition des Hyperraumes ausgeschlossen, der Fall $m = 0$ folgt schon aus der Voraussetzung, da X σ-kompakt ist. Für $m \geq 1$ finden wir nun per Definition des Dimensionsbegriffes geeignete relativ kompakte Basen $\mathcal{B}_1, \ldots, \mathcal{B}_m$, so daß

$$\dim Z \leq n - m, \ Z := \Delta_{\mathcal{B}_1} \cdots \Delta_{\mathcal{B}_m} X$$

wobei Z auch σ-kompakt ist. Sei nun $F \in [O;]$ beliebig für offenes $O \in \mathcal{X}$. Wäre $(O \cap F) \cap Z = \emptyset$, dann ist die im Unterraum F offene Menge $O \cap F \subseteq X \backslash Z$. Nach obiger Konstruktion ist aber aufgrund des Kompositionssatzes $\dim X \backslash Z \leq m - 1$. Dies ist ein Widerspruch zur Voraussetzung $\dim_x F \geq m$ für jedes $x \in F \cap O$. Also ist für jede offene Umgebung O eines Punktes von F $O \cap (F \cap Z) \neq \emptyset$, in anderen Worten $F \subseteq \overline{F \cap Z}$. Damit ist die Prämisse des Lemmas 78 erfüllt und der Hyperraum ist reduzierbar auf den Unterraum Z. Aus der vorausgesetzten Ungleichung für die Unterräume erhalten wir

$$\dim \mathbf{T}(\mathcal{X}, \mathcal{K}) = \dim \mathbf{T}(\mathcal{X} \downarrow Z, \mathcal{K} \downarrow Z) \leq \dim Z \leq n - m$$

was zu zeigen war. □

Kapitel IV

Methodologie

IV.1 Einfachheit und Erfahrung

IV.1.a Positive Observabilität

Wir hatten zur Motivation der Hyperraumtopologie die Basiselemente der Form $[O_1, \ldots, O_n; K]_{\mathcal{K}}$ für offene O_i und kompaktes K mit den offenen Beobachtungsaussagen identifiziert. Das kompakte K stand jedoch nur für die Aussage, den Meßwert in einem bestimmten Bereich nicht gefunden zu haben. Sätze dieser Art sind jedoch keine "positiven" Protokollsätze. Wir werden daher untersuchen, wie weit man allein mit positiven Beobachtungen kommt, und in welchen Fällen die negativen Beobachtungen auf diese reduzierbar sind. An den Begriff der positiven Beobachtung stellen wir sicherlich folgende Anforderungen:

- Endlicher Durchschnitt und endliche Vereinigung positiv observabler Mengen sind wiederum positiv observabel. Die Konjunktion mehrerer Beobachtungsaussagen entspricht mehreren oder genaueren Messungen, die Adjunktion von Beobachtungsaussagen entspricht einer ungenaueren Messung.
- Das Komplement einer positiv observablen Menge ist nicht immer positiv observabel.
- Im Endlichen sollte der Begriff der positiven Observabilität trivial werden. Hat der Grundraum nur endlich viele Punkte, so sollen zumindest für sinnvolle Hyperräume alle Mengen, also insbesondere die Negationen positiv observabler Mengen, positiv observabel sein.
- Im endlichen Fall und für homogen prüfbare Hyperräume müssen die positiv observablen Mengen die Einfachheit der Theorie bestimmen.

Die Mengen der Form $[O_1, \ldots, O_n;]_{\mathcal{K}}$ erfüllen tatsächlich alle vier Forderungen. Sie sind unsere gesuchten offenen positiv observablen Mengen. Damit wird aber im Hyperraum intrinsisch zwischen "positiven", verifizierbaren Beobachtungssätzen $[O;]$ und ihren Negationen $[;O]$ unterschieden. Aus dem Observabilitätsbegriff ergeben sich jedoch viele verschiedene Arten, welche Mengen in einem Hyperraum observabel sind.

1. Alle offenen Mengen sind in der Regel nur im Endlichen positiv observabel. Dort allerdings gilt es für alle Hyperräume, die keine zwei verschiedenen Elemente besitzen, die in einer Teilmengenbeziehung stehen. Dies ist allerdings für vernünftige Rekonstruktionen von Theorien immer erfüllt.

2. Die Mengen der Form $[O_1, \ldots, O_n; K]_{\mathcal{K}}$ wird man intuitiv für positiv observabel halten, wenn man Funktionenräume betrachtet. Denn man kann sich als Meßgerät einfach einen XY-Schreiber vorstellen, der zumindest einen endlichen Ausschnitt des Funktionsgraphen plottet. Damit kann man auch beschränkten Regionen K einfach ansehen, daß die Funktion nicht durch sie hindurchgeht. Also müssten auch Mengen der Form $[;K]$ hier positiv observabel sein. Es ist allerdings Vorsicht geboten. Reale XY-Schreiber haben nur eine endliche Auflösung. Für solche sogenannten diskretisierten Funktionenräume ist dies jedoch beweisbar.

   Die Diskretisierung eines Funktionenraumes erreicht man, indem Urbild- und Bildraum für sich diskretisiert werden und der Funktionsgraph an bestimmten Stützstellen gebildet wird. Man kann sich das bildlich vorstellen, indem man eine Funktionskurve auf kariertem Papier zeichnet. Dann wird zu jeder Spalte genau dasjenige Kästchen schwarz ausgefüllt, welches rechts von dem Punkt liegt, an dem der Funktionsgraph den linken Rand der Spalte schneidet. Die einzelnen Kästchen bilden den diskretisierten Grundraum, die ausgefüllten Kästchen den diskretisierten Funktionsgraphen. Die Diskretisierung eines topologischen Raumes ist formal ein Übergang zu einem Quotientenraum, wobei die Äquivalenzklassen ein lokalendliches System bilden. Die Existenz beliebig feiner Diskretisierungen ist leicht zu zeigen.

3. Für die homogen prüfbaren Hyperräume bilden die positiv observablen Mengen eine Basis des Raumes. Wir sagen, der Raum ist lokal observabel. Man kann also um jedes Hyperraumelement beliebig feine Beobachtungen machen. Dies war auch der Sinn der Konstruktion der geometrischen Dimension.

4. Es gibt also offensichtlich Hyperräume, selbst Funktionenräume, die nicht lokal observabel sind. Dazu gehörte beispielsweise der Raum

der Sinuskurven mit beliebiger Frequenz und Amplitude. Wir fragen uns, in welchem verallgemeinerten Sinne diese Räume observabel sind. Das Diskretisierungsargument will uns noch nicht plausibel machen, warum Mengen der Form [; K] selbst in endlichdimensionalen Funktionenräumen nicht observabel sind, wo man doch Kurven häufig "direkt" mittels eines Oszilloskops beobachten kann. Jedoch ist auch hier eine Konzession an reale Meßgeräte zu machen. Mit einem Oszilloskop sind immer nur Kurven bis zu einer bestimmten Frequenz meßbar. Man kann jedoch die Abtastfrequenz schrittweise, idealiter beliebig weit, erhöhen und auf diese Weise theoretisch jede Funktion korrekt darstellen. Ein Oszilloskop mißt also nicht nur die Amplitude versus die Zeit, es wirkt auch als Tiefpaß, als Filter für Frequenzen oberhalb einer bestimmten Grenze.

Dies ist die Idee, die dem Begriff der Paraobservabilität zugrunde liegt. Betrachten wir ein Hyperraumelement und eine beliebig kleine vorgegebene offene Umgebung. Dann läßt sich der Hyperraum als aufsteigende Folge abgeschlossener Mengen darstellen - den Einstellungen der Abtastfrequenz entsprechend -, so daß jede abgeschlossene Menge, als Unterraum betrachtet, eine positiv observable offene Umgebung des Hyperraumelements enthält, die Teilmenge der vorgegebenen Umgebung ist. Für Räume lokal Lipschitz-stetiger Funktionen, deren "Steigung" also lokal beschränkt ist, läßt sich die Paraobservabilität zeigen.

Die hier anzutreffende Vielfalt von Beziehungen zwischen Theorie und Erfahrung macht die Hoffnung zunichte, den "empirische Gehalt" einer Theorie als Menge der beobachtbaren (verifizierbaren, falsifizierbaren) logischen Folgerungen einer bestimmten syntaktischen Form *eindeutig* zu charakterisieren. Betrachten wir nur den klassischen harmonischen Oszillator. Je nachdem, ob man eine Diskretisierung vornimmt oder nicht, ist der Hyperraum der Funktionsgraphen observabel oder nur paraobservabel. In letzterem Falle wird nicht die (Folgerungsmenge der) Theorie selber, sondern unendlich viele Verschärfungen untersucht. Dabei haben wir hier nur Realmessungen, keine idealisierten Punktmessungen betrachtet, welche den Konzepten des Statement-Views bisher allein zugrundeliegen. In jeder Wissenschaftssprache, die reich genug ist, topologische Kontinua auszudrücken, wird man Beobachtungssätze nicht einfach syntaktisch (ohne Bezug zur Topologie) charakterisieren können.

Hiervon unabhängig ist eine "negationsfreie" einheitliche Konzeption der Prüfbarkeit nicht in Sicht. Lokale Observabilität ist zu stark, da der harmonische Oszillator nicht unter diese Kategorie fällt. Auf der anderen Seite erfüllen auch unendlichdimensionale Funktionenräume, wie die Klasse aller Polynome, die Paraobservabilität; eine zu schwache Eigenschaft, denn jede endliche Erfahrung ist mit irgend einem Polynom verträglich.

IV.1.b Formalisierung von positiver Observabilität

Definition 90 *Sei $\mathcal{H} = \langle \mathcal{X}, \mathcal{K} \rangle$ ein Hyperraum. Eine offene Menge $\mathcal{O} \in$* $\mathbf{T}(\mathcal{X}, \mathcal{K})$ *des Hyperraumes heißt* **(positiv) $\mathcal{H}$-observabel** *(oder* **Observation***), wenn es nichtleere offene Mengen $\emptyset \neq O_1, \ldots, O_n \in \mathcal{X}$ des Grundraumes gibt, so daß*

$$\mathcal{O} = [O_1, \ldots, O_n;]_{\mathcal{K}} \tag{IV.1}$$

Die kleinste Zahl n, für welche eine Repräsentation (IV.1) existiert, heißt die **Länge** *von $\mathcal{O}$.*

Lemma 91 *Die Menge der offenen positiv observablen Mengen eines Hyperraumes ist abgeschlossen bezüglich endlichem Durchschnitt und endlicher Vereinigung.*

Bew.: Für $\mathcal{L} = [A_1, \ldots, A_n;]_{\mathcal{K}}$, $\mathcal{M} = [B_1, \ldots, B_m;]_{\mathcal{K}}$ ist

$$\begin{aligned} L \cap M &= [A_1, \ldots, A_n, B_1, \ldots, B_m;]_{\mathcal{K}} \\ L \cup M &= ([A_1;] \cap \ldots \cap [A_n;]) \cup ([B_1;] \cap \ldots \cap [B_m;]) \\ &= \bigcap_{\substack{1 \leq i \leq n \\ 1 \leq j \leq m}} [A_i \cup B_j;] \\ &= [A_1 \cup B_1, \ldots, A_n \cup B_m;]_{\mathcal{K}} \end{aligned}$$

was der Repräsentation (IV.1) entspricht. □

Definition 92 *Ein Hyperraum $\mathcal{H} = \langle \mathcal{X}, \mathcal{K} \rangle$ heißt*

1. **total observabel,** *falls jede offene Menge positiv observabel ist,*
2. **observabel,** *falls jede offene Basismenge $[O_1, \ldots, O_n; K]_{\mathcal{K}}$, $O_i \in \mathcal{X}$, $K \in \mathcal{C}(\mathcal{X})$ positiv observabel ist,*
3. **lokal observabel,** *falls die offenen positiv observablen Mengen eine topologische Basis von $\mathcal{H}$ bilden,*
4. **paraobservabel,** *falls es zu jedem $F \in \mathcal{K}$ des Hyperraumes beliebig kleine offene Umgebungen $\mathcal{O} \ni F$ gibt, für die abzählbar viele abgeschlossene Mengen $\mathcal{K}_1 \subseteq \mathcal{K}_2 \subseteq \cdots$ mit $\bigcup_i \mathcal{K}_i = \mathcal{K}$ existieren, so daß für jedes i $\langle \mathcal{X}, \mathcal{K}_i \cap \mathcal{O} \rangle$ eine offene observable Umgebung von F enthält.*

Es gilt: total observabel $\Rightarrow$ observabel $\Rightarrow$ lokal observabel $\Rightarrow$ paraobservabel

Lemma 93 *Jeder lokal observablen Hyperraum ist epistemisch im Sinne von (III.5).*

Bew.: Wir beweisen indirekt. Seien $FG \in \mathcal{K}$ und $G \subset F$ als echte Teilmenge. Dann ist für alle offenen $O_1, \ldots, O_n$

$$G \in [O_1, \ldots, O_n;] \rightarrow F \in [O_1, \ldots, O_n;] \,.$$

Wäre der Raum lokal observabel, dann bilden die Mengen $[O_1, \ldots, O_n;] \ni G$ eine Umgebungsbasis von G. In jeder Umgebung von G liegt dann auch F. Das ist ein Widerspruch zur Hausdorffschen Trennungseigenschaft des Hyperraumes. □

Lemma 94 *Jeder Hyperraum mit endlichem Grundraum ist paraobservabel. Die anderen drei Begriffe sind für endlichen Grundraum untereinander und zu (III.5) äquivalent (also für epistemische Hyperräume erfüllt).*

Bew.: Ein endlicher Grundraum ist immer diskret topologisiert, weil die Hausdorffsche Punktetrennung vorausgesetzt wird. Wie der Grundraum ist auch der Hyperraum endlich und trägt die diskrete Topologie. Die Menge aller einelementigen Mengen ist immer eine Basis der diskreten Topologie. Umgekehrt ist jede Basis einer diskreten Topologie eine Obermenge dieser Basis. Wir wählen $\{\{F\} | F \in \mathcal{K}\}$ als Basis und $\mathcal{K}_i = \mathcal{K}$ für alle $F \in \mathcal{K}$. Es ist aber jeder einelementige Hyperraum $\langle \mathcal{X}, \{F\} \rangle$ trivialerweise lokal observabel.

Wir zeigen zunächst "lokal observabel $\Leftrightarrow$ (III.5)". Sei also der Hyperraum lokal observabel. Jede einelementige Menge $\{F\}$ für $F \in \mathcal{K}$ ist positiv observabel. Also folgt

(IV.2) $\quad F \in \mathcal{K} \wedge F = \{x_1, \ldots, x_k\} \rightarrow [\{x_1\}, \ldots, \{x_k\};]_{\mathcal{K}} = \{F\}$

Dies ist aber äquivalent zu (III.5), denn es ist $G \in [\{x_1\}, \ldots, \{x_k\};]_{\mathcal{K}}$ genau dann, wenn $F \subseteq G$ oder $G \subseteq F$. Es gelte umgekehrt (IV.2). Da der Grundraum diskret ist, sind die Mengen $\{x_i\}$ offen. Somit bilden die offenen Mengen der in (IV.2) verwendeten Form die kleinste Basis des Hyperraumes. Der Hyperraum ist also lokal observabel. Mit Lemma 91 gilt aber "lokal observabel $\Rightarrow$ total observabel", was den Beweis komplettiert. □

Lemma 95 *Jeder stetige homogen prüfbare Hyperraum ist lokal observabel, und die Observationen der Länge der geometrischen Dimension bilden eine Basis des Hyperraumes.*

Bew.: Sei $\langle \mathcal{X}, \mathcal{K} \rangle$ eine stetiger Hyperraum der geometrischen Dimension d, dann ist er mit Lemma 80 homöomorph zu einer stetigen Disjunktion auf einem Teilraum von $\mathcal{X}^d$. Nach Lemma 75 ist jede offene Menge in der Form $[O;]$ für offenes O darstellbar. Mit

$$\left[\bigcup \mathcal{A};\right] = \bigcup_{O \in \mathcal{A}} [O;]$$

bilden die Mengen der Form $[O_1 \times \ldots \times O_d;]$ eine Basis der Disjunktion; mit (III.29) haben sie in $\langle \mathcal{X}, \mathcal{K} \rangle$ vermittels des dort erklärten Homöomorphismus die Form $[O_1, \ldots, O_d;]$. Dies sind gerade die Observationen der Länge d, sie bilden eine Basis des Hyperraumes. Damit ist auch die Definition der lokalen Observabilität erfüllt. □

Definition 96 *Eine Äquivalenzrelation* $\equiv$ *auf* X *heißt* **Diskretisierung** *von* $\langle X, \mathcal{X} \rangle$*, wenn jedem* $D \in X/\equiv$ *eineindeutig eine offene Menge* $O_D \supseteq D$ *zugeordnet werden kann, so daß das System* $\{O_D | D \in X/\equiv\}$ *lokalendlich ist.*

Lemma 97 *In einem (separablen) metrischen Raum gibt es zu jeder offenen Überdeckung eine feinere Diskretisierung.*

Bew.: Nach dem Satz von Stone [Schubert(75), S. 8] gibt es zu jeder offenen Überdeckung eines metrischen Raumes eine lokalendliche Verfeinerung. Im separablen Fall ist der weitere Beweisgang einfach. Wir wählen eine abzählbare Teilüberdeckung $O_1, O_2, \ldots$ der Verfeinerung und definieren rekursiv:

$$\begin{aligned} A_1 &= O_1 \\ A_{n+1} &= O_{n+1} \setminus \bigcup_{i=1}^{n} A_i \end{aligned}$$

Es ist per Konstruktion $A_i \cap A_j = \emptyset$ für $i \neq j$ und $A_i \subseteq O_i$. Somit ist $x \equiv y \leftrightarrow \bigvee i \; x, y \in A_i$ die gesuchte Diskretisierung. □

Lemma 98 *Seien* $\equiv$ *und* $\equiv'$ *Diskretisierungen der lokalkompakten separablen Räume* $\langle X, \mathcal{X} \rangle$ *respektive* $\langle Y, \mathcal{Y} \rangle$*,* $g : X/\equiv \to X$*,* $g(D) \in D$ *eine Auswahlfunktion auf* $X/\equiv$*,* $\mathcal{F}$ *eine Menge stetiger Funktionen* $f : X \to Y$*. Dann ist*

$$\langle x, y \rangle \cong \langle x', y' \rangle \leftrightarrow x \equiv x' \;\wedge\; y \equiv' y'$$

eine Diskretisierung auf $\langle X \times Y, \mathcal{X} \otimes \mathcal{Y}\rangle$ *und der Hyperraum* $\langle \mathcal{X} \otimes \mathcal{Y}/\cong, \mathbf{K}\rangle$ *mit den diskretisierten Funktionsgraphen*

$$\{D \times E \in X \times Y/\cong | f(g(D)) \in E\} \in \mathbf{K} \leftrightarrow f \in \mathcal{F}$$

ist observabel.

Bew.: Wir zeigen zunächst, daß $\cong$ eine Diskretisierung ist. Jedem $D \in X/\equiv$ ist ein offenes $U_D \supseteq D$ und jedem $E \in Y/\equiv'$ ist ein offenes V_E zugeordnet. Wir ordnen $D \times E$ die im Produktraum offene Menge $U_D \times V_E$ zu. Sei $\langle x, y\rangle \in X \times Y$. Zum Punkt x gibt es eine offene Menge U, die von höchstens endlich vielen U_D geschnitten wird, ebenso ist y Element von V mit $V \cap V_E \neq \emptyset$ nur für endlich viele V_E. Damit schneidet aber $U \times V \ni \langle x, y\rangle$ nur endlich viele $U_D \times V_E$. Dieses System ist also lokalendlich und somit ist $\cong$ als Diskretisierung erwiesen.

Nach Lemma 91 genügt es, die Observabilität von Mengen der Form $[;K]$ für kompaktes K zu zeigen. Der Grundraum trägt die diskrete Topologie, da die Mengen $U_D \times V_E$ nur endlich viele Elemente von $X \times Y/\cong$ schneiden. Somit ist K endlich, es genügt also die Observabilität für ein einelementiges K zu zeigen. Für $E \times D \in X \times Y/\cong$ ist aber

$$[;\{E \times D\}]_{\mathbf{K}} = [\{E \times F | D \neq F \in Y/\equiv'\};]_{\mathbf{K}},$$

was zu zeigen war. □

Definition 99 *Seien* $\langle X, \rho\rangle$ *und* $\langle Y, \lambda\rangle$ *metrische Räume. Eine Funktion* $f : X \rightarrow Y$ *heißt* **lokal Lipschitz-stetig** *genau dann, wenn es zu jedem Punkt* $u \in X$ *eine in* X *offene Umgebung* O *von* u *und eine Zahl* $\eta(u)$ *gibt mit*

(IV.3) $$\bigwedge x, y \in O \ \lambda(f(x), f(y)) \leq \eta(u) \cdot \rho(x, y)$$

Die Funktion $u \mapsto \eta(u)$ *heißt die* **Lipschitz-Schranke** *von* f.

Lemma 100 *Seien* $\langle X, \rho\rangle$ *und* $\langle Y, \lambda\rangle$ *lokalkompakte separable metrische Räume und* $\mathcal{F}$ *eine Klasse lokal Lipschitz-stetiger Funktionen* $f : X \rightarrow Y$, $f \in \mathcal{F}$. *Dann ist der Hyperraum der Funktionsgraphen auf* $X \times Y$ *paraobservabel.*

Bew.: Für jede Funktion $f \in \mathcal{F}$ bezeichne $\bar{f} \in \mathcal{K}$ seinen Graph in $X \times Y$. Dieser ist abgeschlossen, denn die lokale Lipschitz-Stetigkeit impliziert offensichtlich die Stetigkeit. Somit bildet die Menge der Funktionsgraphen einen Hyperraum. Sei $D \times E \subseteq X \times Y$ mit D, E kompakt. Wir zeigen zunächst, daß es abgeschlossene Mengen $\mathcal{K}_1 \subseteq \mathcal{K}_2 \subseteq \cdots$ mit $\bigcup_i \mathcal{K}_i = \mathcal{K}$ gibt, so daß für jedes $\bar{f} \in [; D \times E]$ und jedes i $\langle \mathcal{X}, \mathcal{K}_i \cap [; D \times E] \rangle$ eine observabel Umgebung von $\bar{f}$ enthält.

Sei $f \in \mathcal{F}$ mit Lipschitz-Schranke $\eta_f(x)$, F ein beliebiges Kompaktum. Zu jedem $x \in F$ gibt es eine offene Umgebung O_x, auf der η konstant ist. Die O_x bilden eine offene Überdeckung von F; da F kompakt ist, genügen endlich viele von ihnen. Somit existiert ein endliches $\zeta_f := \sup_{x \in F} \eta_f(x)$. Damit ist aber jedes $\bar{f}$ in einer der Mengen

$$\text{(IV.4)} \qquad \mathcal{K}_m^F := \left\{ \bar{f} \,\middle|\, \bigwedge x, y \in F : \ \lambda(f(x), f(y)) \leq m \cdot \rho(x, y) \right\},$$

$m = 1, 2, \ldots$, mit anderen Worten $\bigcup_i \mathcal{K}_i^F = \mathcal{K}$. Es ist sicherlich $\mathcal{K}_i^F \subseteq \mathcal{K}_j^F$ für $i < j$. Jedes $\mathcal{K}_m^F$ ist abgeschlossen: Es konvergiere f_n, $\bar{f}_n \in \mathcal{K}_m^F$, punktweise gegen f. Dann ist mit der Dreiecksungleichung

$$\begin{aligned} \lambda(f(x), f(y)) &\leq \lambda(f_n(x), f_n(y)) + \lambda(f_n(x), f(x)) + \lambda(f_n(y), f(y)) \\ &\leq m \cdot \rho(x, y) \text{ für } n \to \infty, \end{aligned}$$

also $\bar{f} \in \mathcal{K}_m^F$.

Sei $f \in \mathcal{F}$ fest gewählt mit $\bar{f} \in [; D \times E] \cap \mathcal{K}_m^F$. Wir konstruieren zu gegebenem m eine offene observable Menge $\mathcal{O}_m$ mit

$$\text{(IV.5)} \qquad \bar{f} \in \mathcal{O}_m \cap \mathcal{K}_m^F \subseteq [; D \times E] \cap \mathcal{K}_m^F.$$

Wie D kompakt ist, so auch sein stetiges Bild $f[D]$ und der Teilgraph $\bar{f} \cap D \times f[D]$ der Funktion, eingeschränkt auf D. Wir überdecken ihn mit endlich vielen, sagen wir n, offenen Mengen $O_i := U_i \times V_i$ mit $\rho(U_i), \lambda(V_i) \leq \varepsilon$, wobei wir ε mit

$$\text{(IV.6)} \qquad 0 < \varepsilon < \frac{1}{m+1} \cdot \inf_{x \in D} \lambda(f(x), E)$$

wählen. (Das Infimum ist positiv wegen $\bar{f} \in [; D \times E]$). Wir zeigen, daß $\mathcal{O}_m := [O_1, \ldots, O_n;]$ eine Wahl für (IV.5) darstellt.

Sei nun $\bar{g} \in \mathcal{O}_m \cap \mathcal{K}_m^F$, wir zeigen $\bar{g} \in [; D \times E]$. Sei weiterhin $x \in D$, dann ist auch $x \in U_i$ für ein Element der offenen Überdeckung $U_1, \ldots, U_n$ von D. Wegen $\bar{g} \in [U_i \times V_i;]$ ist $g(y) \in V_i$ für ein $y \in U_i$. Mit (IV.4) kann man nun $\lambda(g(y), g(x))$ durch $\lambda(U_i)$ abschätzen und findet insgesamt

$$\lambda(f(x), g(x)) \leq \lambda(f(x), g(y)) + \lambda(g(y), g(x)) \leq \lambda(V_i) + m \cdot \lambda(U_i) \leq (m+1) \cdot \varepsilon,$$

da $f(x), g(y) \in V_i$. Damit ist aber mit (IV.6)

$$\begin{aligned}\lambda(g(x), E) &\geq \lambda(f(x), E) - \lambda(f(x), g(x)) \\ &> (m+1) \cdot \varepsilon - (m+1) \cdot \varepsilon = 0,\end{aligned}$$

für jedes i und $x \in U_i$. Also ist $\bar{g} \in [; D \times E]$. Damit ist die Aussage des ersten Absatzes bewiesen.

Um die Paraobservabilität zu zeigen, betrachten wir eine beliebig kleine offene Umgebung $\mathcal{O}$ von $\bar{f}$, ohne Einschränkung sei $\mathcal{O} = [O_1, \ldots, O_j; K]$ mit kompaktem K und offene O_i. K überdecken wir mit endlich vielen relativ kompakten offenen Quadern $U_i \times V_i$, $i = 1, \ldots, k$ die $\bar{f}$ nicht berühren. Wir setzen $F = \overline{U_1} \cup \cdots \cup \overline{U_k}$ und finden nach dem bereits bewiesenen (IV.5) zu jedem i und jedem m eine offene observable Menge $\mathcal{O}^i_m$ mit $\bar{f} \in \mathcal{O}^i_m \cap \mathcal{K}^F_m \subseteq [; \overline{U_i} \times \overline{V_i}]$. Mit der Bezeichnung $\mathcal{O}^0_m := [O_1, \ldots, O_j;]$ für alle m gilt

$$\bar{f} \in \bigcap_{i=0}^{k} \mathcal{O}^i_m \cap \mathcal{K}^F_m \subseteq \mathcal{O}^0_m \cap \bigcap_{i=1}^{k} [; \overline{U_i} \times \overline{V_i}] \subseteq \mathcal{O}^0_m \cap [; K] = \mathcal{O}.$$

Es ist also $\bigcap_{i=0}^{k} \mathcal{O}^i_m$ nach Satz 91 die gesuchte observable Menge. □

IV.1.c Prüfbarkeit und Bewährung

Ein Gesamtdatum bewährt eine Hypothese, wenn ein Teil dieses Datums es erlaubt, mit Hilfe der Hypothese den restlichen Teil konsistent herzuleiten. Dieser einfache Grundgedanke deduktiver Bewährung mittels potentieller Voraussage läßt sich jedoch mit rein sprachlich-logischen Mitteln bislang nicht in den Griff bekommen, wie in Kapitel IV.3.a ausführlich dargelegt wird. Selbst mit den topologischen Methoden der Hyperräume sind eine Reihe von Vorsichtsmaßnahmen zu treffen.

- Als bewährende Daten kommen nur basale Mengen in Frage, weil diese logisch stärker sind als Adjunktionen von ihnen. Sie entsprechen nach (III.8) den Basissätzen.
- Das Gesamtdatum darf keine negativen Teile der Form $[; K]$ enthalten, da diese schon vor dem Hintergrund der Meßtheorie der Observablen zu Widersprüchen und daher auch zu Scheinimplikationen führen können, welche die eigentliche Hypothese gar nicht benötigen.
- Daher werden wir auch nur Theorien betrachten, in denen die negativen Teile für die Bildung einer topologischen Basis nicht benötigt werden (lokale Observabilität).

- Die Voraussage muß auf einem völlig neuen, von den Antezedensbedingungen noch nicht berührten Gebiet liegen. Ebenso müssen die einzelnen Datenmengen kohärent sein. Daher sind die offenen Mengen O_i der Einzeldaten disjunkt und zusammenhängend zu wählen. Dies konnte mit rein syntaktischen Mitteln bislang nicht ausgedrückt werden.

- Wir setzen im Folgenden $\bigcup \mathcal{K} = X$ voraus, damit durch fehlerhafte Rekonstruktion keine scheinbaren Widersprüche auftreten.

Definition 101 *Sei $\mathcal{H} = \langle \mathcal{X}, \mathcal{K} \rangle$ ein Hyperraum. Eine positiv $\mathcal{H}$-observable Menge $[O_1, \ldots, O_n;]$ mit paarweise disjunkten zusammenhängenden Mengen $i \neq j \rightarrow O_i \cap O_j$ heißt genau dann* **Bewährung** *von $\mathcal{H}$, wenn für ein i die Menge O_i zusammenhängend ist und*

$$[O_1, \ldots, O_{i-1}, O_{i+1}, \ldots, O_n;]_{\mathcal{K}} \subseteq [O_i;]_{\mathcal{K}} \tag{IV.7}$$

Die Bewährung heißt **strikt**, *wenn zusätzlich gilt*

$$\emptyset \neq [O_1, \ldots, O_{i-1}, O_{i+1}, \ldots, O_n;]_{\mathcal{K}}, \quad [O_i;]_{\mathcal{K}} \neq \mathcal{K} \tag{IV.8}$$

Sie heißt genau dann **Entkräftung** *von $\mathcal{H}$, wenn*

$$[O_1, \ldots, O_n;]_{\mathcal{K}} = \emptyset \tag{IV.9}$$

Ein Hyperraum $\mathcal{H}$ heißt **positiv prüfbar**, *wenn er eine Entkräftung besitzt. Ein lokal observabler, aber nicht positiv prüfbares Hyperraum $\mathcal{H}$ heißt* **Hintergrundfilter**.

Wir haben die Bedingungen (IV.8) aus der Definition der Bewährung herausgenommen, damit stärkere Theorien mehr Bewährungen und Entkräftungen besitzen. Falls $\mathcal{L} \subseteq \mathcal{K}$, so ist offensichtlich jede Bewährung von $\mathcal{K}$ auch eine von $\mathcal{L}$. Das Gleiche gilt für die Entkräftungen. Die Bedingung der Striktheit sichert nur die Verträglichkeit der Antezedensbedingung mit der Hypothese, sowie die Nichttrivialität der Vorhersage (mithin die Nichttrivialität der Deduktion). Für die Entkräftungen müßte man als Stringenzbedingung fordern, daß in einer Klasse $\mathcal{M} \supseteq \mathcal{K}$ "potentieller" Modelle im Hyperraum $[O_1, \ldots, O_n;]_{\mathcal{M}} \neq \emptyset$ gilt und somit die Entkräftung erfüllbar ist. Dies ist aber mit der Hypothese $\mathcal{K}$ allein nicht ausdrückbar.

Der Hintergrundfilter trägt seinen Namen zurecht, denn die nichtleeren Umgebungen seiner Hyperraumtopologie bilden einen Filter mit den Observationen als Filterbasis. Sie repräsentieren die partiell-potentiellen Modelle zu den lokal observablen Theorien, also Obermengen der Theorien, beispielsweise alle meßtheoretisch möglichen Funktionsgraphen. Sei $\langle\mathcal{X},\mathcal{M}\rangle$ ein Hintergrundfilter, dann sind die zugehörigen Theorien $\mathcal{K}\subset\mathcal{M}$ abgeschlossen in $\mathcal{M}$ im Sinne der Hyperraumtopologie zu wählen. Dies ist für alle Zustandsmengen vernünftig, da $\mathcal{M}$ gerade die sinnvollen Limites aus $\mathcal{K}$ enthält. Als Teilmenge einer lokal observablen Menge sind die Theorien natürlich ebenfalls lokal observabel.

Es lassen sich zwar triviale endliche Beispiele observabler Hyperräume angeben, die positiv prüfbar sind, aber keine Bewährung besitzen, oder umgekehrt eine Bewährung besitzen, aber nicht positiv prüfbar sind. In der Praxis lassen sich durch Änderung einer O_i zu Bewährungen meist Entkräftungen konstruieren und umgekehrt. Die Entkräftungen besitzen jedoch einen Vorzug. Zwei lokal observable Theorien, die durch keinen Widerlegungsversuch unterscheidbar, also im falsifikationistischen Sinne *empirisch gleichwertig* sind, besitzen (bis auf Abschluß in $\mathcal{M}$) denselben Hyperraum. Daher repräsentiert der Hyperraum adäquat den empirischen Widerlegungsgehalt. Es wird häufig argumentiert, daß empirisch äquivalente Theorien nicht logisch äquivalent sein müssen. Dann werden jedoch entweder die Regeln zum Gebrauch der theoretischen Größen unterschlagen, die eine Kodefinierbarkeitsbehauptung der Begriffssysteme implizieren, oder es werden zusätzliche, nicht empirisch relevante Prädikate verwendet. In meinem Rekonstruktionssytem wird empirisch äquivalenten spezialisierten Theorien dasselbe mengentheoretische Objekt zugeordnet. Dies zeigt das folgende

Lemma 102 *Sei $\mathcal{M}$ ein Hintergrundfilter, $\mathcal{K},\mathcal{L}$ in $\mathcal{M}$ abgeschlossen. Dann ist $\mathcal{K}=\mathcal{L}$ genau dann, wenn sie die gleiche Klasse von Entkräftungen besitzen.*

Bew.: Die Richtung " $\Rightarrow$ " ist trivial. Für die Umkehrung bilden wir die Menge

$$\mathcal{O}:=\bigcup\{[O_1,\ldots,O_n;]_\mathcal{M}|[O_1,\ldots,O_n;]_\mathcal{K}=\emptyset\}$$

$\mathcal{M}$ ist lokal observabel, daher ist $\mathcal{O}$ die größte offene Teilmenge von $\mathcal{M}$, die zu $\mathcal{K}$ disjunkt ist. $\mathcal{K}$ ist abgeschlossen in $\mathcal{M}$, also gilt $\mathcal{K}=\mathcal{M}\backslash\mathcal{O}$. Analog gilt aber auch $\mathcal{L}=\mathcal{M}\backslash\mathcal{O}$. Daher folgt $\mathcal{K}=\mathcal{L}$. □

Nach Hempel und Kutschera ist der empirische Gehalt gleich der Menge aller nichttautologischen Sätze, die aus der Theorie ableitbar sind und nur Beobachtungsterme enthalten. Er kann neben den Basissätzen auch Allaussagen enthalten, die nicht mit endlichen Mitteln meßbar sind. Er kann nicht fallen, wenn der logische Gehalt steigt, und umgekehrt. Daher verwenden Kemeny und Suppes ohne wesentliche Einschränkungen den logischen Gehalt zum Vergleich von Prädikatbasen in ihren Axiomen. Diese sind aber, wie gezeigt, viel zu schwach zur Konstitution eines praktisch anwendbaren methodologischen Kriteriums.

Nun läßt sich auch das Dimensionskriterium nachträglich rechtfertigen. *Das Einfachheitskriterium sichert die Existenz einer Prüfmöglichkeit.*

Korollar 103 *Sei $\mathcal{M}$ ein unendlichdimensionaler Hintergrundfilter, dann ist jedes endlichdimensionale in $\mathcal{M}$ abgeschlossene $\mathcal{K}$ positiv prüfbar.*

Bew.: Wir gehen indirekt vor. Wäre $\mathcal{K}$ nicht prüfbar, dann hätten $\mathcal{K}$ und $\mathcal{M}$ die gleiche (leere) Klasse von Entkräftungen. Nach dem vorigen Lemma wäre $\mathcal{K}$ gleich $\mathcal{M}$, also unendlichdimensional. □

Im allgemeinen Fall nicht positiv observabler Theorien läßt sich wenigstens dieser Grundgedanke übertragen.

Definition 104 *Seien $\mathcal{H} = \langle \mathcal{X}, \mathcal{K} \rangle$ und $\langle \mathcal{X}, \mathcal{M} \rangle$ Hyperräume mit $\mathcal{K} \subseteq \mathcal{M}$. Eine nichtleere offene Menge $\mathcal{O} := [O_1, \ldots, O_n; K]_{\mathcal{M}} \neq \emptyset$, $O_i \in \mathcal{X}$, $K \in \mathcal{C}(\mathcal{X})$ (alle Mengen O_i, K paarweise disjunkt) heißt genau dann* **schwache $\mathcal{M}$-Entkräftung** *von H, wenn $\mathcal{O} \cap \mathcal{K} = \emptyset$. $\mathcal{H}$ heißt* **$\mathcal{M}$-prüfbar**, *wenn er eine schwache $\mathcal{M}$-Entkräftung besitzt.*

Lemma 105 *Sei $\langle \mathcal{X}, \mathcal{M} \rangle$ ein unendlichdimensionaler Hyperraum, dann ist jedes endlichdimensionale in $\mathcal{M}$ abgeschlossene $\mathcal{K}$ $\mathcal{M}$-prüfbar.*

Bew.: Als Teilmenge mit niedrigerer Dimension ist $\mathcal{K}$ eine chte Teilmenge von $\mathcal{M}$, also $\mathcal{M} \backslash \mathcal{K}$ nichtleer und zudem offen, da $\mathcal{K}$ in $\mathcal{M}$ abgeschlossen ist. Damit kann $\mathcal{O} \subseteq \mathcal{M} \backslash \mathcal{K}$ geeignet gewählt werden. □

Nach Popper müssen Zusatzannahmen, wenn sie dazu dienen, die bisherige Theorie zu stützen und vor einer Widerlegung zu schützen, unabhängig von der Theorie prüfbar sein. Nebenbedingungen sind jedoch nur in seltenen Ausnahmefällen unabhängig von der Theorie prüfbar, sondern formen zusammen mit ihr den Ramsey-Satz (Stegmüller nennt dies die schwache Duhem-Quine-These). Die These, nach der die Theorie einschließlich Nebenbedingungen nicht unabhängig von der Meßtheorie prüfbar ist (Stegmüller nennt dies die starke Duhem-Quine-These), ist nicht haltbar. Die angegebenen Beispiele indirekter Messungen nichttheoretischer Größen, die beispielsweise aufgrund kosmischer Entfernung nicht direkt gemessen werden können, sind wiederum in Theorie und Nebenbedingungen einerseits und observable Randbedingungen andererseits trennbar. Ein epistemischer Zirkel ergibt sich also nicht (allein die Carnap-Hempelsche Zweisprachentheorie wird mit solchen Beispielen angegriffen).

In Analogie zu Definition 30 lassen sich die folgenden Sätze für den Einfachheitsgrad von Hyperräumen beweisen. Der Dimensionsbegriff erzeugt also eine Komplexitätsordnung. Lediglich S5 gilt nur für abgeschlossene oder separierte Mengen.

Lemma 106 *Für Hyperräume* $\mathbf{A}, \mathbf{B}, \mathbf{C}, \langle \mathcal{X}, \mathcal{K} \rangle, \langle \mathcal{X}, \mathcal{K}' \rangle, \langle \mathcal{X}, \mathcal{L} \rangle$ *gilt*

S1 $\dim \mathbf{A} \leq \dim \mathbf{B} \wedge \dim \mathbf{B} \leq \dim \mathbf{C} \rightarrow \dim \mathbf{A} \leq \dim \mathbf{C}$

S2 $\dim \mathbf{A} \leq \dim \mathbf{B} \vee \dim \mathbf{B} \leq \dim \mathbf{A}$

S3 $\mathcal{K} = \mathcal{K}' \rightarrow \dim \langle \mathcal{X}, \mathcal{K} \rangle = \dim \langle \mathcal{X}, \mathcal{K}' \rangle$

S4 $\mathcal{K} \subseteq \mathcal{K}' \rightarrow \dim \langle \mathcal{X}, \mathcal{K} \rangle \leq \dim \langle \mathcal{X}, \mathcal{K}' \rangle$

S5 $\mathcal{K} \cap \overline{\mathcal{L}} = \mathcal{K}' \cap \overline{\mathcal{L}} = \overline{\mathcal{K}} \cap \mathcal{L} = \overline{\mathcal{K}'} \cap \mathcal{L} = \emptyset$
$\wedge \dim \langle \mathcal{X}, \mathcal{K} \rangle \leq \dim \langle \mathcal{X}, \mathcal{K}' \rangle$
$\rightarrow \dim \langle \mathcal{X}, \mathcal{K} \cup \mathcal{L} \rangle \leq \dim \langle \mathcal{X}, \mathcal{K}' \cup \mathcal{L} \rangle$

S6 $\dim \langle \mathcal{X}, \emptyset \rangle \leq \dim \langle \mathcal{X}, \mathcal{K} \rangle$

S7 $\dim \langle \mathcal{X}, \mathcal{K} \rangle \leq \dim \langle \mathcal{X}, \emptyset \rangle \rightarrow \mathcal{K} = \emptyset$

Bew.:

S1,S2: Die Ordnungseigenschaft gilt trivial, da die Ordnung durch eine Funktion definiert wird.

S3: Trivial.

S4: Die Monotonieeigenschaft wurde im Hauptsatz des Dimensionsbegriffes bewiesen.

S5: Nach der Voraussetzung sind $\mathcal{K}$ und $\mathcal{L}$ in $\mathcal{K} \cup \mathcal{L}$ sowie $\mathcal{K}'$ und $\mathcal{L}$ in $\mathcal{K}' \cup \mathcal{L}$ abgeschlossen. Dann ist der Summensatz anwendbar und liefert

$$\begin{aligned} \dim \langle \mathcal{X}, \mathcal{K} \cup \mathcal{L} \rangle &\doteq \max(\dim \langle \mathcal{X}, \mathcal{K} \rangle, \dim \langle \mathcal{X}, \mathcal{L} \rangle) \\ &\leq \max(\dim \langle \mathcal{X}, \mathcal{K}' \rangle, \dim \langle \mathcal{X}, \mathcal{L} \rangle) = \dim \langle \mathcal{X}, \mathcal{K}' \cup \mathcal{L} \rangle \end{aligned}$$

S6,S7: Dies gilt laut Definition (Normierung). □

Für den Fall positiv observabler Theorien läßt sich der Begriff der Bewährung quantifizieren.

Definition 107 *Der* **Bewährbarkeitsgrad** *einer positiv observablen Theorie* $\langle \mathcal{X}, \mathcal{K} \rangle$ *ist erklärt als das kleinste* n*, so daß eine Basis des Hyperraumes von Observationen der Länge* $\leq n$ *existiert.*

Der Bewährbarkeitsgrad erweist sich als fruchtbare Konzeption. Sie ist gleich der geometrischen Dimension, wo diese existiert. Für endliche Theorien reduziert sie sich auf das früher erklärte Komplexitätsmaß, welche die zur eindeutigen Bestimmung eines Hyperraumelementes notwendige Zahl der Punkte mißt. Leider ist der Bewährbarkeitsgrad nur für positiv observable Theorien erklärt. Doch schon der klassische harmonische Oszillator fällt hier nicht mehr darunter. Das Konzept der Dimension ist also in jedem Falle allgemeiner.

Lemma 108 *Sei* $\langle \mathcal{X}, \mathcal{K} \rangle$ *ein stetiger homogen prüfbarer Hyperraum. Dann stimmt der Bewährbarkeitsgrad mit der geometrischen Dimension überein.*

Bew.: Der Bewährbarkeitsgrad ist nach Lemma 95 kleiner oder gleich der geometrischen Dimension. Der Beweis der Umkehr sei dem Leser überlassen. □

Lemma 109 *Sei* $\langle \mathcal{X}, \mathcal{K} \rangle$ *ein lokal observabler Hyperraum auf einem endlichen Grundraum. Dann stimmt der Bewährbarkeitsgrad mit dem in (III.2) erklärten Komplexitätsmaß* $\mathrm{kom}(\mathcal{K})$ *für endlich bestimmbare Theorien überein.*

Bew.: Es genügt zur Bestimmung des Bewährbarkeitsgrades die durch (IV.2) erklärte Basis zu betrachten. Sei $\mathrm{kom}(\mathcal{K}) = n$. Dann gibt es per Definition ein $F \in \mathcal{K}$ und $x_1, \ldots, x_n \in F$ mit

$$\bigwedge H \in \mathcal{K} \; x_1, \ldots, x_n \in H \rightarrow H = F,$$

wobei diese Eindeutigkeitsbeziehung nicht mit weniger als n Punkten erreichbar ist. Somit ist die offene Menge $\{F\}$ nur durch eine Observation der Länge n darstellbar. Der Bewährbarkeitsgrad ist $\geq n$. Umgekehrt ist F aber der ungünstigste Fall und jede andere Menge $\{G\}$ ist durch eine Observation der Länge $\leq n$ darstellbar. □

Wir betrachten nun den Fall, daß wir nur über einen kleinen (offenen) Teil O des Datenraumes Information besitzen. Können wir daraus vollständige topologische Informationen über den gesamten Teilraum $[O;]$ gewinnen? Wenn ja, läßt sich jeder Zustand $F \in [O;]$ schon durch die lokalen Daten bei O in der dem Hyperraum entsprechenden Theorie beliebig gut approximieren. Dann könnte ein Wissenschaftler, der nur Daten aus O besitzt (etwa ein Astronom, der einen Kometen nur in Erdnähe beobachten kann), den Verlauf der Kurve außerhalb seines Untersuchungsbereiches beliebig gut vorhersagen. Dazu definieren wir

Definition 110 *Sei* $\langle \mathcal{X}, \mathcal{K} \rangle$ *ein Hyperraum,* $O \in \mathcal{X}$ *eine offene Teilmenge. Die* **lokale Topologie von** $[O;]$ **zu** O *wird erzeugt von der Basis der Mengen der Form*

$$[O_1, \ldots, O_n; K] \text{ mit } O_1, \ldots, O_n, K \subseteq O,\ O_i \in \mathcal{X},\ K \in \mathcal{C}(\mathcal{X})$$

Tatsächlich lassen sich für kompakte Hyperräume unter einer in allen praktischen Fällen erfüllten Bedingung die Umgebungen eines jeden Hyperraumelementes auf den lokalen Topologien zu beliebigen offenen Teilräume gewinnen. Die ist die Aussage des folgenden Satzes von der lokalen Bestimmbarkeit jedes Hyperraumelementes in jedem seiner Punkte.

Theorem 111 *Sei* $\langle \mathcal{X}, \mathcal{K} \rangle$ *ein kompakter Hyperraum,* $O \in \mathcal{X}$ *eine offene Teilmenge. Wenn in ihr nicht zwei Hyperraumelemente in Inklusionsbeziehung stehen*

$$\text{(IV.10)} \qquad \bigwedge FG \in [O;]\ F \neq G \rightarrow (F \backslash G) \cap O \neq \emptyset$$

gilt auch, daß jedes $F \in [O;]$ *eine Umgebungsbasis zu der lokalen Topologie besitzt. (Für lokalkompakte Hyperräume ist der Satz falsch.)*

Bew.: Seien also $O \in \mathcal{X}$ und $F \in [O;]$ gegeben. Wir bezeichnen mit $\mathbf{T}_O$ die lokale Topologie von $[O;]$ in O. Sie ist hausdorffsch: Sei $G, H \in [O;]$, $G \neq H$. Nach (IV.10) gibt es dann ein $x \in (G \backslash H) \cap O$ und ein $y \in (H \backslash G) \cap O$. Da H und G abgeschlossene Teilmengen des lokalkompakten und regulären Grundraumes sind, können wir relativ kompakte offene Umgebungen $U \in \mathrm{U}_x^\circ$ und $V \in \mathrm{U}_y^\circ$ von x und y finden mit $\overline{U}, \overline{V} \subseteq O$ und $\overline{U} \cap H = \overline{V} \cap G = \emptyset$. Damit sind $[U; \overline{V}]$ und $[V; \overline{U}]$ disjunkte offene Umgebungen von G und H in $\mathbf{T}_O$.

Wegen der Lokalkompaktheit und der Regularität des Grundraumes gibt es eine offene relativ kompakte Menge U mit $U \cap F \neq \emptyset$ und $\overline{U} \subseteq O$. Somit ist $\mathcal{F} := \overline{[U;]} = [\overline{U};] \subseteq [O;]$ eine im Hyperraum abgeschlossene Umgebung von F. Als Teilraum von $[O;]$ versehen mit $\mathbf{T}_O$ betrachtet, enthält $\mathcal{F}$ eine offene Basis des Umgebungsfilters von F in $\mathbf{T}_O$, denn zu jeder offenen

Umgebung $\mathcal{O} := [O_1, \ldots, O_n; K] \in \mathbf{T}_O$ von F ist $[O_1, \ldots, O_n, U; K] \subseteq \mathcal{F} \cap \mathcal{O}$ eine kleinere offene Umgebung von F im Teilraum $\mathcal{F}$ versehen mit $\mathbf{T}_O$. Als Teilraum der Hyperraumtopologie gesehen, ist $\mathcal{F}$ somit feiner als versehen mit der Spurtopologie von $\mathbf{T}_O$, als solches, wie zuvor gezeigt, aber immer noch hausdorffsch. Nach Voraussetzung ist der Hyperraum kompakt, also auch die in ihm abgeschlossene Teilmenge $\mathcal{F}$. Damit ist nach [Schubert(75), I 7.2 Satz 4] die Topologie von $\mathcal{F}$ im Hyperraum nicht echt feiner als die der Spurtopologie von $\mathbf{T}_O$, beide stimmen also überein. Damit besitzt F eine offene Umgebungsbasis in $\mathbf{T}_O$, die auch eine offene Umgebungsbasis im Hyperraum ist, was zu zeigen war.

(Ein Gegenbeispiel für den lokalkompakten Fall: Sei $\mathfrak{R}$ der Grundraum und $F_n = \{1/(n+1)\}$ eine Folge im Hyperraum $\mathcal{K} = \{F_1, F_2, \ldots, F\}$ mit $F = \{0, 1\}$. Der Raum ist lokalkompakt, denn jeder Punkt ist seine eigene Umgebung. Er ist nicht kompakt, denn die Folge F_n besitzt keinen Häufungspunkt. Für keine Umgebung $O = (-\varepsilon, \varepsilon)$ $(0 < \varepsilon < 1)$ besitzt $F \in [O;]$ eine kompakte, in der lokalen Topologie zu O darstellbare Umgebung. Seine kleinste kompakte Umgebung $\{F\}$ ist nur in der Form $[U; K]$ mit $1 \in U \not\subseteq O$ darstellbar.) □

Zum Abschluß sei ein Ausblick gestattet. Vielleicht wird die zukünftige Forschung den obigen Bewährungsbegriff und sein zugehöriges Maß des Bewährbarkeitsgrades auf nicht positiv observable Theorien verallgemeinern können. Möglicherweise gelingt eine Charakterisierung der (Pflaster-) Dimension des Hyperraumes in Termini, die sich als Bewährbarkeit deuten lassen. Fest steht nur, wie eben gezeigt wurde, daß es bei weitem nicht ausreicht, die Daten der Antezedenzbedingung lokal zu begrenzen.

IV.1.d Hypothesenwahrscheinlichkeit

Wir beenden diese Sektion mit einer kurzen Skizze für ein Konzept der a priori Hypothesenwahrscheinlichkeit. Wir beschränken uns wieder auf lokal observable Hyperräume. Gemäß der Terminologie Poppers halten wir eine Theorie für umso unwahrscheinlicher, je besser prüfbar sie ist, also um so mehr Entkräftungen oder Falsifikationsmöglichkeiten sie besitzt. Da dies in der Regel unendlich viele sind, müssen wir diese auf endliche Teilbereiche beschränken. Sei $\mathcal{X}$ ein topologischer Raum, wir bezeichnen mit $\mathbf{\Gamma}(\mathcal{X})$ die Menge der endlichen offenen Überdeckungen von $\mathcal{X}$. Für ein $\mathcal{O} \in \mathbf{\Gamma}(\mathcal{X})$ gibt es nun nur endlich viele Teilmengen von Elementen, welche keine Entkräftungen konstatieren. Dabei schreiben wir für $\mathcal{P} = \{O_1, \ldots, O_n\}$ kurz $[\mathcal{P};]$ für $[O_1, \ldots, O_n;]$ und definieren

$$\text{(IV.11)} \qquad \mathbf{P}(\mathcal{O}, \mathcal{K}) := \{\mathcal{P} \subseteq \mathcal{O} | [\mathcal{P};]_{\mathcal{K}} \neq \emptyset\}$$

Lemma 112 *Sei $\langle \mathcal{X}, \mathcal{M} \rangle$ ein nichtleerer Hyperraum, dann wird durch*

$$\text{(IV.12)} \qquad \mu_{\mathcal{M}}(\mathcal{K}) := \inf_{\mathcal{O} \in \mathbf{\Gamma}(\mathcal{X})} \frac{\#\mathbf{P}(\mathcal{O}, \mathcal{K})}{\#\mathbf{P}(\mathcal{O}, \mathcal{M})},$$

$\mathcal{K} \subseteq \mathcal{M}$, ein äußeres Maß auf $\mathcal{M}$ erklärt mit $0 \leq \mu_{\mathcal{M}}(\mathcal{K}) \leq 1$.

Bew.: Da $\mathcal{M} \neq \emptyset$ angenommen wurde, gibt es zu jeder Überdeckung $\mathcal{O}$ des Grundraumes ein $O \in \mathcal{O}$ mit $[O;]_{\mathcal{M}} \neq \emptyset$. Somit ist der Nenner immer positiv und die Definition gerechtfertigt. Andererseits ist $\mathbf{P}(\mathcal{O}, \emptyset) = \emptyset$, also ist $\mu_{\mathcal{M}}(\emptyset) = 0$.

Sei weiterhin $\mathcal{L} \subseteq \mathcal{K}$, dann ist $[\mathcal{P};]_{\mathcal{L}} \subseteq [\mathcal{P};]_{\mathcal{K}}$, also folgt aus $[\mathcal{P};]_{\mathcal{L}} \neq \emptyset$ auch $[\mathcal{P};]_{\mathcal{K}} \neq \emptyset$. Damit ist

$$\mathcal{L} \subseteq \mathcal{K} \rightarrow \mu_{\mathcal{M}}(\mathcal{L}) \leq \mu_{\mathcal{M}}(\mathcal{K})$$

gezeigt, sowie $0 \leq \mu_{\mathcal{M}}(\mathcal{K}) \leq 1$. Desweiteren folgt aus $[\mathcal{P};]_{\bigcup_{i=1}^{\infty} \mathcal{L}_i} \neq \emptyset$ auch $[\mathcal{P};]_{\mathcal{L}_i} \neq \emptyset$ für ein i, darum gilt auch

$$\mu_{\mathcal{M}}(\bigcup_{i=1}^{\infty} \mathcal{L}_i) \leq \sum_{i=1}^{\infty} \mu_{\mathcal{M}}(\mathcal{L}_i)$$

für jede Folge $\mathcal{L}_i \subseteq \mathcal{M}$. Dies sind die Bedingungen für ein äußeres Maß. □

Bekanntlich ist $\mu_{\mathcal{M}}$ auf der Sigma-Algebra

$$\Sigma_{\mathcal{M}} := \{\mathcal{K} | \bigwedge \mathcal{L} \subseteq \mathcal{M} \; \mu_{\mathcal{M}}(\mathcal{L}) = \mu_{\mathcal{M}}(\mathcal{L} \cap \mathcal{K}) + \mu_{\mathcal{M}}(\mathcal{L} \cap (\mathcal{M} \backslash \mathcal{K}))\}$$

ein Wahrscheinlichkeitsmaß. Es ist allerdings, außer im Endlichen, kaum zu erwarten, daß es ein Borel-Maß ist. Dennoch kann man hoffen, daß für gut prüfbare Theorien (und hinreichend großes $\mathcal{M}$) $\mu_{\mathcal{M}}(\mathcal{K}) = 0$ sein wird, wie es auch in der Theorie epistemischer Wahrscheinlichkeiten (induktive Logik) gilt.

IV.2 Theorierahmen

Das wesentliche Problem der Theoriewahl ist die Frage, wie den Funktionen geeignete Funktionenschaare zugeordnet werden können. Eine geeignete Menge von Funktionenklassen nenne ich einen Theorierahmen. Jede Funktion ist dann in einer Klasse mit geringstmöglicher Dimension. Wenn diese

Klasse auch noch eindeutig bestimmt ist, liegt ein echtes Theoriewahlkriterium vor.

Das Einfachheitskriterium liefert nicht nur einen Qualitätsmaßstab für Theorien, sondern auch ein konkretes Auswahlkriterium. Allerdings ist die Theoriewahl nicht voraussetzungsfrei möglich, sondern nur innerhalb bestimmter Klassen von Theorien, den Theorierahmen. Diese legen die Struktur von Prädiktion, Retrodiktion und Kausalität fest, wie die Arten von Anfangs- und Randwertproblemen, deren Stabilität und Homogenität. In der Physik handelt es sich meist um bestimmte Klassen von Differentialgleichungen. Die Klassen sind so allgemein, daß sie mit jeder endlichen Beobachtung verträglich sein können. Man kann innerhalb dieser Rekonstruktion unterscheiden zwischen einem bloßen Wechsel der Theorie und einem Wechsel des Theorierahmens. Rahmenwechsel sind die eigentlichen wissenschaftlichen Revolutionen.

IV.2.a Theoriewahl

Nehmen wir an, ein physikalisches System befände sich in einem Zustand $F \in \mathcal{N}$ aus einem Hyperraum $\langle \mathcal{X}, \mathcal{N} \rangle$, und wir hätten eine Folge von Daten gegeben, die diesen Zustand im Limes von allen anderen Zuständen in $\mathcal{N}$ unterscheidet. Man könnte etwa an zwei Folgen von Umgebungen U_i, K_i in X denken, wobei

$$\mathcal{U}_n := [U_1, \ldots, U_n; K_1, \ldots, K_n] \ni F$$

eine Umgebungsbasis von F konstruiert (reale Daten). Man könnte aber auch an eine Vorgabe idealer Daten $U_i = \{x_i\}$ denken, wobei die x_i eine abzählbar dichte Teilmenge von F sind, und die K_i geeignet gewählt sind, so daß die $\mathcal{U}_n$ die Basis eines im Hyperraum konvergenten Filters darstellen. Wir nennen eine solche Klasse einen Datenfilter (obwohl er strenggenommen nur eine Filterbasis ist).

Definition 113 *Eine Menge von Hyperraummengen* $\mathbf{F} \subseteq \wp(\mathcal{N})$ *heißt* **Datenfilter** *auf dem Hyperraum* $\mathcal{H} = \langle \mathcal{X}, \mathcal{N} \rangle$ *dann und nur dann, wenn* $\mathbf{F}$ *die Basis eines in* $\mathcal{H}$ *gegen ein* $F \in \mathcal{N}$ *konvergenten Filters* $\hat{\mathbf{F}}$ *ist und selber eine abzählbare Basis besitzt. Da der Hyperraum hausdorffsch ist, können wir von* F *als seinem* **Konvergenzpunkt** *sprechen. Der Datenfilter heißt* **real**, *wenn* $\hat{\mathbf{F}}$ *gleich dem Umgebungsfilter von* F *ist, ansonsten* **ideal**. $\mathbf{F}$ *heißt* **quasi-elementar**, *wenn es eine Folge* x_i *gibt, so daß*

$$\mathbf{F} = \{[\{x_1\}, \ldots, \{x_k\};]_{\mathcal{N}} | \, k = 1, \ldots\}. \tag{IV.13}$$

Eine Folge F_n *konvergiert im Sinne von* $\mathbf{F}$ *(gegen* F*), wenn für alle* $\mathcal{U} \in \mathbf{F}$ *fast alle* F_n *in* $\mathcal{U}$ *liegen.*

Sei nun eine Menge $\mathbf{N}$ abgeschlossener Teilmengen von $\mathcal{N}$ gegeben, welche die konkurrierenden Theorien repräsentieren. Der (reale oder ideale) Wissenschaftler versucht nun, zu den vorliegenden Elementen des Datenfilters $\{\mathcal{U}_n\}_n$, kompatible Theorien $\mathcal{T}_n \in \mathbf{N}$ mit $\mathcal{U}_n \cap \mathcal{T}_n \neq \emptyset$ zu wählen und auf diese Weise eine wahre Theorie $\mathcal{T}$ zu erraten, in der $F \in \mathcal{T}$ liegt. Wenn F überhaupt in einer der Theorien aus $\mathbf{N}$ liegt, gelingt ihm dies nach Voraussetzung immer zumindest approximativ in dem Sinne, daß $F \in \underline{\lim} \mathcal{T}_n$ (denn mit $\mathcal{U}_m \subseteq \mathcal{U}_n$ für $m \geq n$ gilt auch $\mathcal{T}_m \cap \mathcal{U}_n \neq \emptyset$). Der Wissenschaftler, der blind aus einer Urne mit den Daten verträgliche Theorien zieht, kommt also immer der Wahrheit beliebig nahe, ohne daß die Folge seiner Theorien in irgend einem Sinne konvergieren muß. Kann man mehr über den Konvergenzprozeß sagen?

Ähnliche Fragen wie diese werden im Rahmen der induktiven Lerntheorie behandelt. Während der Hauptstrom dieser Forschungsrichtung eher das Lernen von Sprachen und Algorithmen behandelt, gibt es einige Ansätze [Lauth(96)] [Blumer(89)], die für die Probleme der Theoriewahl relevant sind, wenn man die Zustände $F \in \mathcal{N}$ mit Folgen ihrer Elemente $x_1, x_2, \ldots \in F$ identifiziert. Allerdings werden dort unrealistische Annahmen über die Klasse der konkurrierenden Theorien gemacht: Ein Zustand darf nur in einer Hypothese liegen, zwei Hypothesen sind also disjunkt. Diesen Nachteil behebt die folgende Definition:

Definition 114 *Sei* $\mathcal{H} = \langle \mathcal{X}, \mathcal{N} \rangle$ *ein epistemischer Hyperraum. Das Paar* $\langle \mathbf{N}, \preceq \rangle$ *heißt* **Theorierahmen** *auf* $\mathcal{H}$ *genau dann, wenn*

1. $\mathcal{N} = \bigcup \mathbf{N}$.
2. *Für jedes* $\mathcal{K} \in \mathbf{N}$ *ist* $\langle \mathcal{X}, \mathcal{K} \rangle$ *ein in* $\mathcal{H}$ *abgeschlossener Hyperraum.*
3. *Für* $\mathcal{K}, \mathcal{L} \in \mathbf{N}$, $\mathcal{K} \cap \mathcal{L} \neq \emptyset$, *ist* $\mathcal{K} \cap \mathcal{L} \in \mathbf{N}$.
4. $\preceq$ *ist eine vollständige Ordnung auf* $\mathbf{N}$.
5. $\prec := \preceq \setminus \preceq^{-1}$ *ist wohlfundiert.*
6. *Für* $\mathcal{K}, \mathcal{L} \in \mathbf{N}$, $\mathcal{K} \subset \mathcal{L}$, $\mathcal{K} \neq \mathcal{L}$, *ist* $\mathcal{K} \prec \mathcal{L}$.

Ein Theorierahmen ist ein durch eine (Komplexitäts-?) Ordnung geordnetes Feld abgeschlossener Hyperraumklassen. Jedes Hyperraumelement $F \in \mathcal{N}$ liegt in einer kleinsten Klasse bezüglich dieser Ordnung, also in einer "einfachsten" Theorie, die wir mit $\tilde{F}$ bezeichnen. Dies folgt unter Verwendung des Auswahlaxioms.

Lemma 115

$$\bigwedge F \in \mathcal{N} \bigvee \mathcal{F} \in \mathbf{N} : F \in \mathcal{F}$$
$$\wedge \bigwedge \mathcal{G} \in \mathbf{N} : F \in \mathcal{G} \wedge \mathcal{G} \neq \mathcal{F} \rightarrow \mathcal{F} \prec \mathcal{G}$$

Bew.: Sei $F \in \mathcal{N}$, wir definieren $\mathbf{F} := \{\mathcal{K} \in \mathbf{N} | F \in \mathcal{K}\}$. Nach dem Auswahlaxiom in der Form des Hausdorffschen Maximalitätsprinzips gibt es in $\mathbf{F}$ eine maximale $\prec$-Kette $\mathbf{G} \neq \emptyset$. Wegen der Wohlfundiertheit von $\prec$ gibt es ein kleinstes Element $\mathcal{F}$ in $\mathbf{G}$. Da $\mathbf{G}$ als maximale Kette gewählt wurde, gibt es kein $\mathcal{G} \in \mathbf{N}$ mit $\mathcal{G} \prec \mathcal{F}$; $\mathcal{F}$ ist also minimales Element. Sei $\mathcal{G}$ ein minimales Element von $\prec$ in $\mathbf{F}$, dann ist per Definitionem $F \in \mathcal{F} \cap \mathcal{G} \neq \emptyset$, also ist mit der dritten Bedingung $\mathcal{H} := \mathcal{F} \cap \mathcal{G} \in \mathbf{F}$. Es ist $\mathcal{H} \subseteq \mathcal{F}, \mathcal{G}$. Wäre $\mathcal{H} \subset \mathcal{F}$ oder $\mathcal{H} \subset \mathcal{G}$, so auch nach dem letzten Axiom $\mathcal{H} \prec \mathcal{F}$ oder $\mathcal{H} \prec \mathcal{G}$, was der Minimalität von $\mathcal{F}$ und $\mathcal{G}$ widersprechen würde. Also ist mit $\mathcal{F} = \mathcal{H} = \mathcal{G}$ das minimale Element eindeutig. □

Der zweite Teil des Theoriewahlproblems, die Zuordnung einer Kurve zu einer Theorie, ist also für Theorierahmen gelöst. Das Problem der Zuordnung von Daten zu einer Kurve ist damit noch lange nicht gelöst, sie ist auch exakt nur für triviale Fälle lösbar. Zwar gibt es in jeder Teilmenge von $\mathbf{N}$ ein $\prec$-minimales Element, dieses muß aber nicht eindeutig sein. Daher sind Theoriewahlfunktionen in der Regel unendlich vieldeutig und müssen nicht nach endlich vielen Schritten eine konstante Theorie ergeben. Tut sie es aber doch, so ist diese $\tilde{F}$. Das Konzept der Theoriewahlfunktion sichert also, falls die Theorie sich ab einem Datum nicht mehr ändert, daß die $\preceq$-einfachste Theorie gefunden wird. Konservative Theoriewahl, welche die Theorie nur ändert, wenn sie mit den Daten in Konflikt gerät, macht eine einmal getroffene exakt richtige Wahl $\tilde{F}$ nicht mehr rückgängig.

Definition 116 *Sei* $\mathbf{F}$ *ein Datenfilter auf* $\langle \mathcal{X}, \mathcal{N} \rangle$. *Eine Funktion* $\phi : \mathbf{F} \rightarrow \mathbf{N}$ *heißt* **Theoriewahlfunktion** *(im Theorierahmen* $\langle \mathbf{N}, \preceq \rangle$*) auf* $\mathbf{F}$, *wenn zu jedem* $\mathcal{U} \in \mathbf{F}$ $\phi(\mathcal{U})$ $\prec$*-minimal in* $[\mathcal{U};]_{\mathbf{N}}$ *ist. Sie ist* **konservativ**, *wenn zu jedem* $\mathcal{V} \in \mathbf{F}$ *mit* $\mathcal{V} \subseteq \mathcal{U}$ *und* $\mathcal{V} \cap \phi(\mathcal{U}) \neq \emptyset$ *gilt* $\phi(\mathcal{V}) = \phi(\mathcal{U})$. *Sie heißt* **exakt identifizierend**, *wenn es ein* $\mathcal{U} \in \mathbf{F}$ *gibt, so daß für alle* $\mathcal{V} \in \mathbf{F}$ *mit* $\mathcal{V} \subseteq \mathcal{U}$ *auch* $\phi(\mathcal{V}) = \phi(\mathcal{U})$ *gilt.*

Eine Funktion $\phi : \mathbf{F} \rightarrow \mathbf{N}$ ist also Theoriewahlfunktion genau dann, wenn sie jedem $\mathcal{U} \in \mathbf{F}$ ein $\phi(\mathcal{U}) \in \min_{\prec} \mathcal{U}$ zuordnet, wobei

$$\min_{\prec} \mathcal{U} := \left\{ \mathcal{T} \in [\mathcal{U};]_{\mathbf{N}} \middle| \neg \bigvee \mathcal{T}' \in [\mathcal{U};]_{\mathbf{N}} : \mathcal{T}' \prec \mathcal{T} \right\}.$$

Wegen der Vollständigkeit der Ordnung ist jede Theoriewahlfunktion in folgendem Sinne beschränkt: **F** konvergiere Es konvergiere $\mathbf{F}$ gegen F, dann ist

(IV.14)
$$\bigwedge \mathcal{U} \in \mathbf{F} \ \phi(\mathcal{U}) \preceq \tilde{F}$$

Lemma 117 *Sei* $\mathbf{F}$ *ein gegen* F *konvergenter Datenfilter auf* $\langle \mathcal{X}, \mathcal{N} \rangle$. *Eine Theoriewahlfunktion* ϕ *auf* $\mathbf{F}$ *im Theorierahmen* $\langle \mathbf{N}, \preceq \rangle$ *ist genau dann exakt identifizierend, wenn es ein* $\mathcal{U} \in \mathbf{F}$ *gibt, so daß für alle* $\mathcal{V} \in \mathbf{F}$ *mit* $\mathcal{V} \subseteq \mathcal{U}$ *auch* $\phi(\mathcal{V}) = \tilde{F}$ *gilt. Eine konservative Theoriewahlfunktion ist genau dann exakt identifizierend, wenn es ein* $\mathcal{U} \in \mathbf{F}$ *gibt mit* $\phi(\mathcal{U}) = \tilde{F}$.

Bew.: Für die erste Aussage ist nur "$\Rightarrow$"zu zeigen. Sei $\mathcal{T} = \phi(\mathcal{U}) = \phi(\mathcal{V})$ für alle $\mathcal{V} \in \mathbf{F}$ mit $\mathcal{V} \subseteq \mathcal{U}$. Per Definition der Theoriewahlfunktion ist für jedes solche $\mathcal{V}$ $\mathcal{T} \cap \mathcal{V} \neq \emptyset$. Wegen der Konvergenz von $\mathbf{F}$ gegen F ist also $F \in \overline{\mathcal{T}}^{\mathbf{N}} = \mathcal{T}$. Mit $F \in \mathcal{U} \cap \tilde{F}$ ist $\tilde{F} \in [\mathcal{U};]_{\mathbf{N}}$ und weiter $\mathcal{K} := \tilde{F} \cap \mathcal{T} \in [\mathcal{U};]_{\mathbf{N}}$ und wegen der Minimalität von $\mathcal{T}$ in $[\mathcal{U};]_{\mathbf{N}}$ $\mathcal{T} \preceq \mathcal{K}$. Wegen $\mathcal{K} \subseteq \mathcal{T}$ kann das nur $\mathcal{K} = \mathcal{T}$ oder $\mathcal{T} \subseteq \tilde{F}$ bedeuten. Da aber $\tilde{F}$ das kleinste Element überhaupt ist, welche F enthält, ist mit dem letzten Axiom des Theorierahmens $\mathcal{T} = \tilde{F}$. Die zweite Aussage ist trivial. □

IV.2.b Lerntheoretische Konvergenz

Wir können für die meisten plausiblen Fälle die Existenz einer exakt identifizierenden Theoriewahlfunktion rein topologisch charakterisieren. Die Beschränkung auf abzählbare Familien ist wenig kritisch, da der Hyperraum separabel ist, und die Konvergenzpunkte somit dicht gewählt werden können.

Theorem 118 *Sei* $\{\mathbf{F}_n\}_{n=1,\ldots}$ *eine abzählbare (oder endliche) Familie von Datenfiltern auf* $\mathcal{H} = \langle \mathcal{X}, \mathcal{N} \rangle$, *wobei* $\mathbf{F}_n$ *gegen* F_n *konvergiere. Dann sind für den Theorierahmen* $\langle \mathbf{N}, \preceq \rangle$ *auf* $\mathcal{H}$ *folgende Aussagen äquivalent:*

1. *Es existiert eine gemeinsame exakt identifizierende Theoriewahlfunktion auf* $\{\mathbf{F}_n\}_n$.
2. *Für jedes* n *gibt es ein* $\mathcal{U}_n \in \mathbf{F}_n$ *mit* $\tilde{F} \preceq [\mathcal{U}_n;]_{\mathbf{N}}$.
3. *Für jedes* n *und jede Folge* G_j, *die im Sinne von* $\mathbf{F}_n$ *gegen* F_n *konvergiert, ist* $\tilde{F}_n \preceq \tilde{G}_j$ *für fast alle* j.

Bew.:

2.⇒1.: Die $\mathcal{U}_n \in \mathbf{F}_n$ seien nach Voraussetzung gegeben. Wir gehen rekursiv über die Abzählung der Datenfilter vor. Für $n = 0$ setzen wir $\mathbf{F}_0 := \emptyset$ und ϕ gleich der leeren, nirgends definierten Funktion. Sei also ϕ bereits auf $\mathbf{D}_n := \cup_{j=0}^{n-1} \mathbf{F}_j$ definiert ($\mathbf{D}_0 = \emptyset$). Man wähle

$$\mathcal{V} \in \mathbf{F}_n \backslash \mathbf{D}_n \rightarrow \phi(\mathcal{V}) \begin{cases} = \tilde{F}_n & : \mathcal{V} \subseteq \mathcal{U}_n \\ \in \min_{\prec} \mathcal{V} \text{ beliebig} & : \text{sonst} \end{cases}$$

Wir zeigen durch Rekursion über $\mathbf{F}_0, \ldots, \mathbf{F}_n$, $n = 0, \ldots$, daß ϕ eine Theoriewahlfunktion ist. Für die leere Funktion $n = 0$ ist nichts zu beweisen. Sei ϕ eine exakt identifizierende Theoriewahlfunktion auf $\mathbf{F}_0, \ldots, \mathbf{F}_{n-1}$. Es folgt für alle $\mathcal{V} \in \mathbf{D}_n$ $\phi(\mathcal{V}) \in \min_{\prec} \mathcal{V}$. Für jeden Datenfilter $\mathbf{F}_j$, $1 \leq j < n$, gibt es zwei Möglichkeiten. Entweder er konvergiert gegen den selben Konvergenzpunkt $F_j = F_n$, wie $\mathbf{F}_n$. Dann ist per Definition $\phi(\mathcal{V}) = \tilde{F}_n$ für alle $\mathcal{V} \in \mathbf{F}_j$, $\mathcal{V} \subseteq \mathcal{W}_j$, wobei $\mathcal{W}_j \in \mathbf{F}_n$ und $\mathcal{W}_j \subseteq \mathcal{U}_j$ gewählt werden kann. Sind andernfalls die Konvergenzpunkte der Datenfilter verschieden, können zwei Datenfilter nicht beliebig kleine Mengen gemeinsam haben, da der Hyperraum hausdorffsch ist. Es gibt also ein $\mathcal{W}_j \in \mathbf{F}_n$, so daß alle $\mathcal{V} \in \mathbf{F}_n$ mit $\mathcal{V} \subseteq \mathcal{W}_j$ nicht in $\mathbf{F}_j$ liegen. Zusammenfassend

$$\bigwedge \mathcal{V} \in \mathbf{F}_n : \mathcal{V} \subseteq \mathcal{W}_j \rightarrow \mathcal{V} \notin \mathbf{F}_j \vee \phi(\mathcal{V}) = \tilde{F}_n.$$

Weil $\mathbf{F}_n$ eine Filterbasis darstellt, gibt es ein $\mathcal{W} \in \mathbf{F}_n$ mit $\mathcal{W} \subseteq \mathcal{W}_1 \cap \mathcal{W}_{n-1} \cap \mathcal{U}_n$. Damit folgt aus obiger Formel

$$\bigwedge \mathcal{V} \in \mathbf{F}_n : \mathcal{V} \subseteq \mathcal{W} \rightarrow \mathcal{V} \notin \mathbf{D}_n \vee \phi(\mathcal{V}) = \tilde{F}_n.$$

Für $\mathcal{V} \in \mathbf{F}_n$, $\mathcal{V} \subseteq \mathcal{W}$ und $\mathcal{V} \notin \mathbf{D}_n$ ist aber per Definition von ϕ ebenfalls $\phi(\mathcal{V}) = \tilde{F}_n$. Dies ist genau die Bedingung für exakte Identifizierung auf $\mathbf{F}_n$. Weiterhin ist ϕ auch eine Theoriewahlfunktion: Mit $[\mathcal{V};]_{\mathbf{N}} \subseteq [\mathcal{U}_n;]_{\mathbf{N}}$ ist nach Voraussetzung ii) $\tilde{F}_n \preceq [\mathcal{V};]_{\mathbf{N}}$, also $\phi(\mathcal{V}) \in \min_{\prec} \mathcal{V}$. Für alle anderen $\mathcal{V} \in \mathbf{F}_n \backslash \mathbf{D}_n$ ist dies per Definition von ϕ sowieso richtig, und für die $\mathcal{V} \in \mathbf{F}_n \cap \mathbf{D}_n$ folgt es aus der Induktionsvoraussetzung. ϕ ist somit eine exakt identifizierende Theoriewahlfunktion auf $\mathbf{F}_1, \ldots, \mathbf{F}_n$.

1.⇒3.: Wir gehen indirekt vor und nehmen an, es gibt eine Folge G_j, die im Sinne von $\mathbf{F}_n$ gegen F_n konvergiert mit $\tilde{G}_j \prec \tilde{F}_n$ für unendlich viele j, also ohne Beschränkung für alle j. Für jede Umgebung $\mathcal{U} \in \mathbf{F}_n$ sind fast alle $\tilde{G}_j \in [\mathcal{U};]_{\mathbf{N}}$; und daher ist für jedes $\mathcal{T} \in \min_{\prec} \mathcal{U}$ dann $\mathcal{T} \preceq \tilde{G}_j$ für fast alle j. Somit ist für jede Theoriewahlfunktion $\phi(\mathcal{U}) \preceq \tilde{G}_j \prec \tilde{F}_n$ für jedes $\mathcal{U} \in \mathbf{F}_n$ und fast alle j. Mit Lemma 117 ist dann ϕ auf $\mathbf{F}_j$ nicht exakt identifizierend.

3.⇒2.: Zum indirekten Beweis nehmen wir an, zu jedem $\mathcal{U}_j$ einer abzählbaren Basis von $\mathbf{F}_n$ gibt es ein $\tilde{G}_j \in [\mathcal{U}_n;]_{\mathbf{N}}$ mit $\tilde{G}_j \prec \tilde{F}_n$. Die Folge $\tilde{G}_j$ konvergiert im Sinne von $\mathbf{F}_n$ gegen F, und ist ein Gegenbeispiel für 3. □

Das Existenztheorem für eine exakt identifizierenden Theoriewahlfunktion ist in mehrfacher Hinsicht eine starke Idealisierung. Der reale Wissenschaftler kann natürlich keine beliebig genauen Messungen durchführen und kann auch seine gemessenen Umgebungen durch die Toleranzen nicht mengentheoretisch angeben. Zudem gilt der Existenzsatz nur für abzählbar viele Theorien, von deren Vorauswahl der Erfolg abhängt. Die Bedingung 2. zeigt aber die Unabhängigkeit von der Wahl der Datenfilter, solange diese denselben Filter erzeugen. Die Lerntheorie hingegen ist konstruktiv, arbeitet allerdings mit Folgen exakter Daten und mit lokalen, auf diesen Folgen definierten Komplexitätsmaßen. Die Resultate hängen stark von der Wahl der Folgen ab. Es gibt hier wie dort bisher nur wenige Beispiele für exakte Identifikation wissenschaftlicher Theorien. Um ein mit der Lerntheorie vergleichbares Ergebnis zu erzielen, müssen wir zunächst die Unabhängigkeit der exakten Identifizierung von der Theoriewahlfunktion charakterisieren. Dies erreicht das folgende

Lemma 119 *Sei* $\mathbf{F}$ *ein Datenfiltern auf* $\mathcal{H} = \langle \mathcal{X}, \mathcal{N} \rangle$, *welcher gegen* F *konvergiere. Dann sind im Theorierahmen* $\langle \mathbf{N}, \preceq \rangle$ *genau dann alle Theoriewahlfunktionen auf* $\mathbf{F}$ *exakt identifizierend, wenn es ein* $\mathcal{U} \in \mathbf{F}$ *gibt mit*

$$\tilde{F} \prec [\mathcal{U};]_{\mathbf{N}} \setminus \{\tilde{F}\}.$$

Bew.: Nehmen wir an, für alle $\mathcal{T} \in [\mathcal{U};]_{\mathbf{N}}$, $\tilde{F} \neq \mathcal{T}$ sei $\tilde{F} \prec \mathcal{T}$, dann ist für jede Theoriewahlfunktion ϕ per Definitionem für alle $\mathcal{V} \in \mathbf{F}$, $\mathcal{V} \subseteq \mathcal{U}$ natürlich $\phi(\mathcal{V}) = \tilde{F}$ wegen $[\mathcal{V};]_{\mathbf{N}} \subseteq [\mathcal{U};]_{\mathbf{N}}$. Nach Lemma 117 ist dann ϕ exakt identifizierend. Sei umgekehrt ϕ eine Theoriewahlfunktion auf $\mathbf{F}$, die nicht exakt identifiziert. Dann gibt es zu jedem $\mathcal{U} \in \mathbf{F}$ ein $\mathcal{V} \in \mathbf{F}$, $\mathcal{V} \subseteq \mathcal{U}$ mit $\phi(\mathcal{V}) \neq \tilde{F}$. Es ist aber $\phi(\mathcal{V}) \preceq \tilde{F}$ (IV.14), also $\tilde{F} \not\prec \phi(\mathcal{V}) \in [\mathcal{U};]_{\mathbf{N}} \setminus \{\tilde{F}\}$. □

Unser mengentheoretisches Komplexitätsmaß (III.2) erzeugt eine Ordnung

$$\mathcal{K} \preceq_{\mathrm{k}} \mathcal{L} \leftrightarrow \mathrm{kom}(\mathcal{K}) \leq \mathrm{kom}(\mathcal{L})$$

und läßt sich durch $\mathrm{kom}(\mathcal{K}) = \max_{F \in \mathcal{K}} \mathrm{kom}_F(\mathcal{K})$ aus einem lokalen Maß

$$\text{(IV.15)}\ \mathrm{kom}_F(\mathcal{K}) := \min\{\#G | G \subseteq F \wedge \bigwedge H \in \mathcal{K} G \subseteq H \rightarrow H = F\}$$

gewinnen. Hiermit läßt sich exakte Identifikation erzielen, wenn auch nur für ideale Datenfilter, die durch Folgen exakter Daten erklärt sind.

Lemma 120 *Sei* $\langle \mathbf{N}, \preceq_{\mathrm{k}} \rangle$ *ein Theorierahmen auf dem lokal positiv observablen*[1] *Hyperraum* $\mathcal{H} = \langle \mathcal{X}, \mathcal{N} \rangle$. *Es gibt es zu jedem* $F \in \mathcal{N}$ *genau dann einen gegen* F *konvergenten quasi-elementaren Datenfilter, so daß jede Theoriewahlfunktion exakt identifiziert, wenn*

$$\mathrm{kom}_F(\mathcal{N}_n) < \infty$$
$$\mathcal{N}_n := \bigcup \{\mathcal{T} \in \mathbf{N} | \, \mathrm{kom}(\mathcal{T}) \leq n\}$$

für $F \in \mathcal{N}_n$ *erfüllt ist.*

Bew.: Sei $F \in \mathcal{N}$ und $\mathrm{kom}(\tilde{F}) = n$. Dann ist per Definition $F \in \mathcal{N}_n$, und es gibt nach Voraussetzung ein endliches $G \subseteq F$ mit $G \subseteq H \rightarrow H = F$ für alle $H \in \mathcal{N}_n$. Sei $G = \{x_1, \ldots, x_m\}$, wir wählen $x_{m+l} \in F \cap O_l$ für eine Umgebungsbasis $[O_1, \ldots, O_l;]$, $l = 1, \ldots$ von F; sie existiert wegen der lokalen Observabilität von $\mathcal{N}$ in dieser Form. Wir erklären $\mathbf{F}$ wie in (IV.13) mit den x_i. Damit ist sichergestellt, daß $\hat{\mathbf{F}}$ konvergiert und $\mathbf{F}$ ein Datenfilter ist. Wir setzen

$$\mathcal{U} := [\{x_1\}, \ldots, \{x_m\};]_{\mathcal{N}} \in \mathbf{F}, \tag{IV.16}$$

dann ist $[\mathcal{U};]_{\mathbf{N}} = \{\mathcal{T} \in \mathbf{N} | \bigvee H \in \mathcal{T} : G \subseteq H\}$. Sei $\mathcal{T} \in [\mathcal{U};]_{\mathbf{N}}$ und $\mathrm{kom}(\mathcal{T}) \leq n$, dann gibt es ein $H \in \mathcal{T}$, $G \subseteq H$ und $H \in \mathcal{N}_n$. Nach Voraussetzung ist dann $H = F$ und somit $F \in \mathcal{T}$. Da aber $\mathcal{T} \preceq_{\mathrm{k}} \tilde{F}$ angenommen wurde und $\tilde{F}$ $\prec_{\mathrm{k}}$-minimal ist, folgt $\mathcal{T} = \tilde{F}$. Damit ist $\tilde{F} \prec_{\mathrm{k}} [\mathcal{U};]_{\mathbf{N}} \setminus \{\tilde{F}\}$, und mit Lemma 119 folgt die Behauptung.

Sei umgekehrt $\mathbf{F}$ ein quasi-elementarer Datenfilter der Form (IV.13), und $\mathcal{U}$ eine Umgebung wie oben gegeben für ein m mit $\tilde{F} \prec_{\mathrm{k}} [\mathcal{U};]_{\mathbf{N}} \setminus \{\tilde{F}\}$; $\mathrm{kom}(\tilde{F}) =: n$. Für beliebiges $H \in \mathcal{N}_n$ sei $G = \{x_1, \ldots, x_m\} \subseteq H$. Nun ist auf jeden Fall $\tilde{H} \in [\mathcal{U};]_{\mathbf{N}}$, aber wegen $H \in \mathcal{N}_n$ ist $\tilde{H} \preceq \tilde{F}$ und weiter nach Voraussetzung $\tilde{H} = \tilde{F}$ oder $H \in \tilde{F}$. Per Definition von $\mathrm{kom}(\tilde{F})$ gibt es eine n-elementige Menge $G' \subseteq F$ mit $G' \subseteq H \rightarrow H = F$. Also gilt insgesamt $G \cup G' \subseteq H \rightarrow H = F$ für alle $H \in \mathcal{N}_n$, mithin $\mathrm{kom}_F(\mathcal{N}_n) \leq m + n < \infty$, was zu zeigen war. □

Zum Abschluß wollen wir noch den Fall erklären, daß die Folge der gewählten Theorien gegen die korrekte Theorie konvergiert. Wir nennen eine Theoriewahlfunktion, welche genau dieses sicherstellt, approximativ identifizierend. Weil auf dem Raum $\mathbf{N}$ der Theorien nicht unbedingt

[1] Wenn auf die Konvergenz des Filters verzichtet wird, kann diese Bedingung entfallen.

eine Topologie erklärt sein muß, verwenden wir den allgemeineren Konvergenzbegriff der Filtertheorie. Eine Quasitopologie unterscheidet sich von einer Topologie insbesondere dadurch, daß keine offenen Umgebungen existieren müssen (es gibt nicht einmal einen Umgebungsbegriff). Man kann Quasitopologien beispielsweise durch Elementarfilter von Theorienfolgen erklären. Jede Topologie erzeugt aber eine Quasitopologie aller konvergenten Filter. Der Sinn dieser sehr liberalen Definition ist es, einen notwendigen *Grund für die Wahl der einfachsten Hypothese* anzugeben, die wir in der Definition der Theoriewahlfunktion verankert haben: Jede Theoriewahl in diesem Sinne ist beschränkt (IV.14); in geeigneten Theorierahmen und bezüglich gewisser (Quasi-)topologien kann keine unbeschränkte Theorienfolge konvergieren.

Definition 121 *Eine* **Quasitopologie** *auf* $\mathbf{N}$ *ist gegeben durch eine Familie*

$$\{\langle \mathbf{Q}_\lambda, \mathcal{T}_\lambda \rangle\}_{\lambda \in \Lambda}$$

von Filtern $\mathbf{Q}_\lambda \subseteq \wp(\mathbf{N})$ *zusammen mit Limites* $\mathcal{T}_\lambda \in \mathbf{N}$, *für die gilt (für alle* λ, ν*)*

$$\mathbf{Q}_\lambda \subseteq \mathbf{Q}_\nu \rightarrow \mathcal{T}_\lambda = \mathcal{T}_\nu$$
$$\mathcal{T}_\lambda = \mathcal{T}_\nu \rightarrow \bigvee \rho\ \mathbf{Q}_\rho = \mathbf{Q}_\lambda \cap \mathbf{Q}_\nu$$
$$\bigvee \rho\ \mathbf{Q}_\rho = \{\mathcal{M} \subseteq \mathcal{N} | \mathcal{T}_\lambda \in \mathcal{M}\} \wedge \mathcal{T}_\rho = \mathcal{T}_\lambda$$

Eine Theoriewahlfunktion ϕ *auf einem gegen* F *konvergenten Datenfilter* $\mathbf{F}$ *heißt* **approximativ identifizierend** *in der Quasitopologie, wenn der von dem System*

$$\mathbf{P_F} := \{\phi[\{\mathcal{V} \in \mathbf{F} | \mathcal{V} \subseteq \mathcal{U}\}] | \mathcal{U} \in \mathbf{F}\}$$

erzeugte Filter feiner als ein $\mathbf{Q}_\lambda$ *mit* $\mathcal{T}_\lambda = \tilde{F}$ *ist.*

IV.2.c Lineare Funktionenräume

Da ich die syntaktischen Einfachheitskriterien an diesem Punkt kritisiert habe, soll zunächst gezeigt werden, welche Einfachheitsgrade elementare Funktionen besitzen. Man kann für die häufig vorkommenden linearen Funktionenräume zeigen, daß die Hyperraumtopologie mit der euklidischen Topologie ihrer algebraischen Parameter (der Koeffizienten) übereinstimmt. Die Dimension kann also leicht bestimmt werden, sie stimmt mit der algebraischen Dimension überein.

Theorem 122 *Sei* $\mathcal{X}$ *ein lokalkompakter Hausdorffraum mit abzählbarer Basis,* $\mathcal{Y}$ *ein reeller Banachraum*[2] *mit abzählbarer Basis und* $\mathcal{F}$ *eine linear*

[2] Ein vollständiger normierter topologischer Vektorraum

abgeschlossene[3] *Menge surjektiver stetiger Funktionen von* $\mathcal{X}$ *nach* $\mathcal{Y}$ *mit algebraischer endlicher Dimension* n. *Dann bildet* $< \mathcal{X} \times \mathcal{Y}, \mathcal{F} >$[4] *einen zum* $\Re^n$ *homöomorphen Hyperraum mit Hyperraum-Dimension* n.

Bew.: $\mathcal{Y}$ ist hausdorffsch, nach dem Satz vom abgeschlossenen Graphen[5] sind die Funktionen in $\mathcal{X} \times \mathcal{Y}$ abgeschlossen. $\mathcal{X} \times \mathcal{Y}$ ist hausdorffsch, lokalkompakt und besitzt eine abzählbare Basis, da die Faktoren diese Eigenschaften besitzen. $< \mathcal{X} \times \mathcal{Y}, \mathcal{F} >$ ist somit ein Hyperraum.

Wir zeigen, daß die Topologie von $< \mathcal{X} \times \mathcal{Y}, \mathcal{F} >$ homöomorph zum $\Re^n$ ist. Dazu konstruieren wir uns eine mit der linearen Struktur verträgliche Topologie auf $\mathcal{F}$. Es genügt, den Nullpunkt zu betrachten, da für jede Umgebung $\mathcal{U}$ von $f \in \mathcal{F}\, \mathcal{U}-f$ Umgebung des Nullpunkts ist und umgekehrt. Sei also $f_1, \ldots, f_n$ eine algebraische Basis, dann sind die Mengen

$$\mathcal{U}_\varepsilon := \{\sum_{i=1}^{n} c_i f_i \mid \mid c_i \mid \leq \varepsilon\}$$

eine Nullumgebungsbasis. Sie sind offensichtlich isomorph und homöomorph zu offenen Würfeln im $\Re^n$ (was schon die volle Homöomorphie impliziert). Da für $f \in \mathcal{U}_\varepsilon$ auch αf, $0 \leq \alpha \leq 1$, in $\mathcal{U}_\varepsilon$ und für jedes $g \in \mathcal{F}\ \beta g \in \mathcal{U}_\varepsilon$ für ein $\beta > 0$ ist, sind Addition und Multiplikation mit einer reellen Zahl stetige Operationen.[6]

Wegen der Abzählbarkeit der Basis genügt es, die Konvergenz von Folgen zu betrachten und zu zeigen

(IV.17) $$f^j(x) := \sum_i c_i^j f_i(x) \longrightarrow X \times \{0\} \leftrightarrow \bigwedge i\ c_i^j \longrightarrow 0$$

$\rightarrow$: Ergibt sich sofort aus der linearen Unabhängigkeit der f_i.

$\leftarrow$: Seien c_i^j, $1 \leq j \leq n$, n Nullfolgen von Koeffizienten im obigen Sinne, $x \in X$. Wir zeigen, daß $< x, 0 > \in \underline{\lim} f_{()}$. Falls $\sum_i \mid f_i(x) \mid = 0$ ist nichts zu beweisen. Andernfalls gibt es für jedes $\varepsilon > 0$ ein k, so daß für

---

[3] Bezüglich der punktweise erklärten Addition und Multiplikation

$$\begin{aligned} (f+g)(x) &= f(x) + g(x) \\ (\alpha f)(x) &= \alpha(f(x)) \end{aligned}$$

falls $f(x)$ bzw. $g(x)$ existieren, ansonsten undefiniert.

[4] $\mathcal{F}$ wird hier aufgefaßt als Graph in $\mathcal{X} \times \mathcal{Y}$, d.h. als Menge geordneter Paare

[5] Vgl. Grotemeier: Topologie, S. 72 Satz 40

[6] Vgl. Pflaumann/Unger: Funktionalanalysis I, S. 109 Satz (5).

alle $j \geq k$, $1 \leq i \leq n$, $|c_i^j| \leq \varepsilon/(n \sum_i |f_i(x)|)$; unter Berücksichtigung von

$$n \cdot \max_i |c_i| \cdot \sum_i |f_i(x)| \geq \sum_i |c_i||f_i(x)| \geq |\sum_i c_i f_i(x)|$$

liefert dies $|f^j(x)| \leq \varepsilon$, jede Umgebung von $< x, 0 >$ wird von einem Folgenglied geschnitten. Dies ist die Definition des Limes inferiors.

Sei umgekehrt $< x, y > \in \overline{\lim} f_{()}$, es gibt also eine Teilfolge mit

$$\bigwedge \varepsilon > 0 \bigvee k \bigwedge j \geq k \quad |f^{l(j)}(x) - y| \leq \varepsilon$$

Dies führt für genügend großes j zu

$$|y| \leq |\sum_i c_i^j f_i(x)| + \frac{\varepsilon}{2}$$

Falls $\sum_i |f_i(x)| > 0$ gilt für genügend großes j auch

$$|c_i^j| \leq \frac{1}{2} \frac{\varepsilon}{n |\sum_i f_i(x)|}$$

insgesamt $|y| \leq \varepsilon$ für jedes $\varepsilon > 0$, also $y = 0$. Dies zeigt $\overline{\lim} f_{()} \subseteq X \times \{0\}$. Mit Lemma 49 ergibt sich die Behauptung. □

Tatsächlich bilden die Nullräume von Operatoren einer Algebra im Hilbertraum auch einen Theorierahmen.

Theorem 123 *Sei $\mathcal{X}$ ein lokalkompakter Hausdorffraum mit abzählbarer Basis, $\mathcal{Y}$ ein reeller Banachraum mit abzählbarer Basis und $\mathcal{H}$ ein Hilbertraum surjektiver stetiger Funktionen von $\mathcal{X}$ nach $\mathcal{Y}$ mit Skalarprodukt $\langle . | . \rangle$. Sei ferner $\mathcal{A}$ eine Algebra linearer selbstadjungierter Operatoren mit Nullräumen endlicher algebraischer Dimension. Dann bildet die Menge*

$$\mathbf{N} := \{\{f \in \mathcal{H} | Af = 0\} | A \in \mathcal{A},\ A \neq 0\}$$

zusammen mit der Dimensionsordnung auf $\langle \mathcal{X} \times \mathcal{Y}, \bigcup \mathbf{N} \rangle$ einen Theorierahmen. $\langle \mathcal{X} \times \mathcal{Y}, \bigcup \mathbf{N} \rangle$.

Bew.: Die Mengen $\mathcal{T}_A := \{f \in \mathcal{H} | Af = 0\}$ sind nach Theorem 122 Hyperräume und überdies abgeschlossen in $\mathcal{N} := \bigcup \mathbf{N}$. Die Dimensionsordnung ist vollständig, der Reihenteil wohlfundiert und mit der Endlichdimensionalität und linearen Abgeschlossenheit der $\mathcal{T}_A$ folgt $\mathcal{T}_A \subset \mathcal{T}_B \rightarrow \dim \mathcal{T}_A < \dim \mathcal{T}_B$ nach dem letzten Theorem. Es bleibt nur noch die Abgeschlossenheit von $\mathbf{N}$ gegenüber nichtleerem Durchschnitt zu zeigen. Wir zeigen für $A, B \in \mathcal{A}$ $\mathcal{T}_C = \mathcal{T}_A \cap \mathcal{T}_B$ für $C = A^2 + B^2 \in \mathcal{A}$. Wenn $Af = Bf = 0$, ist offensichtlich $Cf = 0$. Sei also umgekehrt $Cf = 0$, dann ist der Mittelwert $0 = \langle C \rangle_f = \langle A^2 \rangle_f + \langle B^2 \rangle_f$. Beide Summen sind nichtnegativ, und es ist $\langle A^2 \rangle_f = \langle Af | Af \rangle = 0$ genau dann, wenn $Af = 0$; $Bf = 0$ folgt analog. □

IV.2.d Lineare Differentialgleichungen

Die gebräuchlichsten Theorierahmen erhält man über lineare Differentialgleichungen. Sie besitzen besonders vorteilhafte Eigenschaften der Lösbarkeit und Stabilität und finden daher bevorzugt Anwendung. Die linearen Differentialgleichungen mit konstanten Koeffizienten

$$\sum_{l=0}^{m} c_l \frac{\partial^l}{\partial x^l} f(x) = 0 \tag{IV.18}$$

bilden eine Operatoralgebra über einem geeigneten reellen Hilbertraum und daher bilden die Lösungsräume nach Theorem 123 einen Theorierahmen. Es ergeben sich in Übereinstimmung mit der Intuition die folgenden Dimensionswerte und Lösungsräume.

Funktion	Komplexität	Lösungsraum
$ax + b$	2	$ax + b$
x^n	n+1	$\sum_{i=0}^{n} a_i x^i$
$\sin(x)$	2	$A \sin(x + \phi)$
$\cos(x)$		
e^x	1	Ae^x

Hiermit läßt sich wissenschaftstheoretisch erklären, warum bestimmte mathematische Kurven als Gesetzmäßigkeit bevorzugt werden, auch wenn keine Hintergrundtheorie zur (approximativen) Erklärung zur Verfügung steht. Beschränkt man sich auf die reellwertigen beliebig oft stetig differenzierbaren Funktionen einer Veränderlichen, die Lösung einer linearen Differentialgleichung sind, so kann der Einfachheitsgrad einer Funktion definiert werden als die minimale Dimension des Lösungsraumes einer linearen Differentialgleichung, deren Lösung sie ist.

Die Aufrechterhaltung einer einfachen Gesetzmäßigkeit ist auch bei gewissen empirischen Abweichungen noch einer exakt die Meßwerte treffende polynomialen Kurve n-ten Grades vorzuziehen ist: letztere benötigt als Hintergrundtheorie eine Differentialgleichung $n+1$-ten Grades, für welche $n+1$ Randbedingungen ad hoc gesetzt werden müssen. Im Theorierahmen der von (IV.18) erzeugten Algebra ist eine Folge von Polynomen immer größeren Grades unbeschränkt hinsichtlich der Komplexität, und damit keine rationale Theorienwahl; Folgen abgeschlossener linearer Teilräume eines Hilbertraumes mit unbeschränkter Dimension können in keinem vernünftigen Sinne konvergieren.[7]

Zum Beweis der Dimensionszahlen betrachte man die Differentialgleichungen (IV.18):

Bew.:

e^x: Die Differentialgleichung $\frac{\partial f}{\partial x} = f$ hat Ae^x als Lösungsraum: Für die Taylorentwicklung $f = \sum_{k=0}^{\infty} f^{(k)}(0)\frac{x^k}{k!}$ ergibt sich nach dem Koeffizientenvergleich $f^{(k)}(0) = f^{(k+1)}(0)$. Wegen der Homogenität der Differentialoperatoren enthalten auch alle möglichen Lösungsräume Ae^x.

$\sin(x)$: Zunächst bemerken wir, daß die Lösungsräume für $c_0 = 0$ immer abgeschlossen gegenüber der Operation $f(x) \rightarrow f(x+\phi)$ sind wegen

$$\frac{\partial f(x+\phi)}{\partial x} = \frac{\partial f(x)}{\partial x} \qquad \text{(IV.19)}$$

Wegen $\sin(x+\phi) = \cos(\phi)\sin(x) + \sin(\phi)\cos(x)$ enthält also der Lösungsraum immer $A\sin(x+\phi)$. Man zeigt leicht mit der Taylorentwicklung, daß $\frac{\partial^2 f}{\partial x^2} + \frac{\partial f}{\partial x} = 0$ nur diesen Lösungsraum hat (Es folgt $f^{(k+2)}(0) = f^{(k)}(0)$, also stimmen die zu geradem bzw. ungeradem k gehörigen Koeffizienten überein; erstere bilden den Cosinus, letztere den Sinus).

$\sum_{k=0}^{n} a_k x^k$: Sei f ein Polynom n-ten Grades, also $a_n \neq 0$. Natürlich ist $\frac{\partial^m}{\partial x^m} f = 0$ für $m > n$, ebenso für Linearkombinationen von solchen Operatoren. Der Lösungsraum für $m = n+1$ ist die Menge aller Polygone vom Grad n. Wir zeigen, daß es keine anderen nichttrivialen Wahlmöglichkeiten für den Differentialoperator gibt. Es genügt

[7] Etwa im Sinne der schwachen Konvergenz der Folge der Projektoren auf die Räume.

dabei, Differentialoperatoren vom Grad $\leq n$ zu betrachten. Nach Anwendung von (IV.18) ergibt der Koeffizientenvergleich für die x^j als Bedingung

$$\bigwedge j \leq n : \sum_{l=0}^{n-j} \frac{(l+j)!}{j!} c_l a_{l+j} = 0$$

Für $j = n$ reduziert sich dies auf $c_0 a_n = 0$, also nach Voraussetzung $c_0 = 0$. Sei nun schon $c_0 = \ldots = c_{i-1} = 0$ für $i < n$ bewiesen, dann ergibt sich für $j = n - i$ aus obiger Gleichung $\frac{n!}{(n-i)!} c_i a_n = 0$, also $c_i = 0$. Der Differentialoperator ist identisch null. □

IV.2.e Theorieevolution und Fortschritt

Der wichtigste Unterschied zum strukturalistischen Konzept des Theorienetzes [Stegmüller(86), D 2-7] (neben der offensichtlichen Vernachlässigung der intensionalen Komponente der intendierten Anwendungen und der Reduktion des Theoriekerns auf die partiellen Modelle) ist der Verzicht auf die Asymmetrie der Ordnung und die Forderung nach Wohlfundiertheit ihres Reihenteils. An die Stelle der Spezialisierungsrelation "$\mathcal{K} \subseteq \mathcal{L}$" tritt die Komplexitätsordnung: Zwei Theorien sind immer vergleichbar, auch wenn sie nicht in der Inklusionsbeziehung stehen; sie können gleich einfach sein, es soll aber keine unendliche Kette immer einfacherer Theorien geben. Ein wohlfundiertes strukturalistisches Theorienetz mit topologisch abgeschlossenen Klassen partieller Modelle erzeugt durch Hinzunahme ihrer nichtleeren Durchschnitte einen kleinsten Theorierahmen, da $\mathcal{K} \subseteq \mathcal{L} \rightarrow \mathcal{K} \preceq \mathcal{L}$ gilt.

Der Theorierahmen ist eine wichtige Verallgemeinerung des Theorienetzes. Da sich Theoriendynamik selten allein mit Hilfe der Spezialisierungsrelation modellieren läßt, hat Moulines den Begriff der Theorieevolution als Ordnung über Theorienetzen eingeführt [Stegmüller(86), D 3-4]. Diese überwiegend historisch-pragmatische Konzeption enthält als einzige inhaltliche Anforderung an die Ordnung wiederum eine Majorisierungsbedingung bezüglich der Spezialisierungsrelation. Wirklicher Theorienwandel erfolgt aber in der Regel nicht durch immer größere Spezialisierung, also Verschärfung. Im Hyperraumformalismus verwenden wir von vornherein immer hochspezialisierte Theorien, daher ergibt sich sogar die umgekehrte Perspektive: Theorien werden erst verändert, wenn sie in Konflikt mit den Meßdaten kommen, und dann wird für ein festes konkretes Anwendungsgebiet entweder die Theorie abgeschwächt, oder man geht zu einer anderen logisch unvergleichbaren Theorie über. Wir versuchen also, Theorieevolution im Kleinen so gut wie möglich als $\prec$-Kette in einem Theorierahmen zu verstehen.

Gegenüber dem Strukturalismus verändert sich auch der Begriff des Paradigmas. Der Strukturalismus versucht Kuhn nahezukommen, indem er das Paradigma in einer Theorieevolution als einen konstanten Kern (im wahrsten Sinne des Wortes!) identifiziert, an dem "die traditionsgebundenen 'Normalwissenschaftler' unverrückt festhalten" [Stegmüller(86), S. 116], aus dem also alle anderen Anwendungen als Spezialisierung hervorgehen. Ein maximales Element der Ordnung, entsprechend dem strukturalistischen Basiselement, gibt es meistens nicht in Theorierahmen, denn diese sind methodologisch motiviert und müssen, im Gegensatz zu historisch-pragmatischen Konzeptionen, nicht endlich sein. Der volle (meist unendlichdimensionale) Hyperraum, über dem der Theorierahmen erklärt ist, obwohl formal als maximales Element definierbar, gibt ohne die Strukturierung durch die Komplextätsrelation nur eine viel zu grobe Beschreibung wissenschaftlicher Theorien ab. Daher würde ich den Begriff des Paradigmas eher mit dem Konzept des Theorierahmens selbst gleichsetzen. Dies kommt auch Kuhns Intention, Paradigmen als Deutungsmöglichkeit oder Sichtweise eines empirischen Phänomens, und nicht als falsifizierbares Grundgesetz zu begreifen, näher. In der Kuhn'schen Vexierbildmetapher formuliert, legt der Theorierahmen fest, welche Farbe die Gegenstände des Vordergrunds ausmacht; die genauere Bestimmung ihrer geometrischen Form erfolgt dann mit Hilfe der Elemente des Theorierahmens.

Eng mit der a-priori-Komplexitätsordnung verknüpft ist das Problem der a posteriori Theoriewahl für Theorien mit gleichem Grundraum an Observablen, aber in verschiedenen Theorierahmen. Der bisherige Theorierahmen ist durch einen anderen zu ersetzen, wenn für eine bestimmte Anwendung die bisherige Theorie bei Änderung der Nebenbedingungen im Verhältnis zum Gewinn an Genauigkeit viel mehr Parameter benötigt, also der Zustand in seiner Klasse lokal eine unverhältnismäßig hohe Dimension besitzt, als die Konkurrenztheorie. Kritik ist also immer konstruktiv, nur für triviale Theorien gibt es so etwas wie direkte Falsifikation. Diese Kriterium enthält einen Ermessensspielraum, wie dies in der Methodologie immer der Fall ist (man vergleiche die Faustregeln zur Hypothesenakzeptanz in der Statistik). Die Allgemeine Relativitätstheorie wurde erst nach der indirekten Beobachtung gekrümmter Lichtstrahlen durch Sternbewegungen in Sonnennähe entgültig akzeptiert. Dies wäre im klassischen Modell nur durch sonderbare Konstellationen einer komplexen dunklen Materie zu erklären gewesen. Der störungstheoretisch bis dahin nicht erklärbare Teil der Periheldrehung des Merkurs wäre durch die Einführung eines unentdeckten Planeten 'Vulkanus' mit relativ wenigen Parametern prinzipiell möglich gewesen. Die globale Komplexität der Theorie kann zunehmen, muß es aber nicht, wie das Beispiel des Quantenhalleffektes zeigt.

Da es so etwas wie eine gesicherte Anwendung einer Theorie in Form eines Modells nicht gibt, sondern vielmehr Daten unterschiedlicher Genauigkeit, gegeben durch Umgebungen im Hyperraum, können bei festgehaltenen intendierten Anwendungen folgende Veränderungen in einer Hyperraum-Theorieevolution unterschieden werden:

- Beim **epistemischen Fortschritt** verbessern sich die Daten, aber bleiben mit der Theorie kompatibel, die sich also nicht ändert.
- Der **empirische Fortschritt** ist charakterisiert durch einen Theoriewechsel innerhalb desselben Theorierahmens zu einer komplexeren Theorie, weil die neuen, genaueren Daten mit der alten Theorie unverträglich geworden sind.
- Unter einem **theoretischen Fortschritt** verstehe ich den Übergang zu einer einfacheren Theorie in einem anderen Theorierahmen bei gleichgebliebenen Erfahrungsdaten.
- Ein **paradigmatischer Fortschritt** ist gegeben bei einem Übergang zu einer Theorie in einem anderen Theorierahmen, welche einfacher ist als jede andere Theorie in dem alten Rahmen, die mit den neuen genaueren Daten verträglich ist. Die neuen Daten sind mit der alten Theorie unverträglich.

Die ersten beiden Fälle sind konservativ, die beiden anderen "revolutionär", also mit Theorierahmenwechsel verbunden. Der paradigmatische Fortschritt erscheint dem orthodoxen Kuhnianer als contradictio in adjecto, wir haben aber schon angedeutet, daß wir zwar Kuhns Beobachtung eines revolutionären Theorienwandels (mit Bedeutungsinkommensurabilität der theoretischen Terme) teilen, nicht aber seine methodologische Bewertung. Die obige Aufstellung ist natürlich nicht vollständig, es fehlen alle Relationen zwischen mehreren Theorien mit verschiedenen Anwendungsbereichen.

Die bekannteste Relation zwischen zwei Anwendungsfeldern ist die **Theorieunifikation**. Seien $\mathcal{H}_1 =< \mathcal{X}, \mathcal{K} >$ und $\mathcal{H}_2 =< \mathcal{Y}, \mathcal{L} >$ zwei Hyperräume. Unifikation von $\mathcal{H}_1$ und $\mathcal{H}_2$ nennen wir dann jede Theorie $\mathcal{H}$ auf $\mathcal{X} \times \mathcal{Y}$, die einfacher ist als $\mathcal{H}_1 \odot \mathcal{H}_2$. Beispielsweise entsteht eine Theorieunifikation durch Hinzunahme eines Gesetzes, welches die beiden Größen $\mathcal{X}$ und $\mathcal{Y}$ verkoppelt. Die meisten Forscher (beispielsweise Redhead und Watkins) sind der Ansicht, daß Theorieunifikation zu einer einfacheren Theorie führt, so wie wir es definiert haben, und daher auf dem Produktraum einen theoretischen Fortschritt konstatiert. Damit bezichtigt man aber scheinbar die vorhergehenden Wissenschaftler, nicht sorgfältig genug nach der einfachsten Theorie gesucht zu haben. Tatsächlich aber ergibt sich meist das umgekehrte Bild, wenn man die Faktorräume betrachtet. Wenn es überhaupt möglich ist, einen der beiden Faktoren zu eliminieren, dann enthält diese Theorie mehr Parameter als die Ursprüngliche. Meist wird es aber nicht möglich sein, über eine Größe Aussagen zu formulieren, ohne die andere zu verwenden. In diesem Fall wird man feststellen, daß $\mathcal{H}$ komplizierter ist als beide $\mathcal{H}_i$, aber einfacher als $\mathcal{H}_1 \odot \mathcal{H}_2$.

IV.3 Bestätigungsparadoxien

Neben dem Problem der Scheinbewährungen gehören die Rabenparadoxie, die Paradoxie der Metallkugeln und das Problem der zerrütteten Prädikate zu den bekanntesten Paradoxien des Bestätigungsbegriffes. Die meisten bisherigen Lösungsversuche sind sprachabhängig und sagen wenig über die Gründe der speziellen Wahl der zur Lösung verwendeten Sprache, Begriffe, oder Theorien aus. Ich zeige im Folgenden, daß es für die letzten drei Paradoxien zwei gemeinsame Gründe für das Auftreten kontraintuitiver Resultate gibt: (i) eine unangemessene, zu grobe Formalisierung der alltagssprachlich vorgegebenen Hypothesen und (ii) eine schlechte Prüfbarkeit, also hohe Komplexität der Hypothesen selbst. In allen drei Fällen liegt das Problem also nicht in dem deduktiven oder induktiven Bestätigungsbegriff, sondern in der Wahl von Theorien mit suboptimalem, ja in zwei Fällen sogar pessimalem Einfachheitsgrad, die wissenschaftliche Erkenntnisse kaum realistisch repräsentieren. Metaheuristisch erweist sich die Rekonstruktion der Hypothesen im Hyperraumformalismus als Schlüssel zum Lösungsansatz. Zunächst aber zu dem intrinsischen Problem des Bewährungsbegriffes.

IV.3.a Scheinbewährungen

Der Ursprung der Scheinbewährungen sind die Scheinerklärungen im Rahmen von Hempels Deduktiv-Nomologischen Schemas. Sei H eine akzeptierte Hypothese, B eine beliebige als wahr gefundene Beobachtung, die jedoch mit H in keinerlei Beziehung steht. Dann ist auch für jedes C die Abschwächung $C \rightarrow B$ eine Tatsache. Für $H \vdash C$ ergibt sich dann

$$\frac{\begin{array}{c} H \\ C \rightarrow B \end{array}}{B} \qquad \text{(IV.20)}$$

also wird jedes Explanandum B von H deduktiv erklärt. Ein Spezialfall hiervon ist die bekannte Erklärung einer beliebigen Eigenschaft E eines

Gegenstandes a durch eine davon unabhängige Allhypothese

$$\text{(IV.21)} \qquad \frac{\begin{array}{c}\bigwedge x\; F(x) \rightarrow G(x) \\ E(a) \vee (F(a) \wedge \neg G(a))\end{array}}{E(a)}$$

Deduktive Erklärung und deduktive Bewährung unterscheiden sich aber nur sprachlich. Der singuläre Teil des Explanans repräsentiert entweder das Hintergrundwissen, aus dem mit Hilfe der Hypothese die bestätigende Vorhersage, das Explanandum, hergeleitet wird, oder er bildet mit dem Explanandum das bewährende Faktum. Scheinerklärungen lassen sich also in Scheinbewährungen überführen und umgekehrt.

Man könnte meinen, die Argumente hingen vom Gebrauch der Implikation (IV.20) oder der Negation (IV.21) ab, und würden verschwinden, sobald Evidenz und Explanandum ohne Verwendung versteckter Negationszeichen ausgedrückt werden. Dies ist jedoch nicht der Fall. Sei H konsistent, $H \vdash \neg C$, dann gilt

$$\frac{\begin{array}{c}H \\ B \vee C\end{array}}{B \vee D}$$

und zwar auch unter den Vorsichtsmaßnahmen

$$\text{(IV.22)} \qquad H \nvdash \neg B, \; H \nvdash B \vee D, \; C \nvdash B \vee D, \; D \nvdash B \vee C,$$

welche sicherstellen, daß der zweite Teil des Explanans mit H verträglich ist, das Explanandum nicht schon allein aus H folgt, und daß Evidenz und Explanandum logisch unabhängig sind.[8] Die Adjunktion zweier fast beliebiger, von H und C unabhängiger Sätze würde deduktiv-nomologisch erklärt. Davon ist insbesondere Lenzens Rekonstruktion [Lenzen(74), S. 49] von Hempels Bewährungsbegriff mit Vorhersagekriterium

$$\text{bv}(B, H) \Leftrightarrow \bigvee DE\; (B \dashv\vdash D \wedge E) \wedge D \nvdash \neg H \wedge D, H \vdash E \wedge D \nvdash E$$

(zu lesen "B bestätigt H") betroffen, selbst wenn man noch ergänzend $E \nvdash D$ fordern würde. Denn wegen

$$B \vee (C \wedge D) \dashv\vdash (B \vee C) \wedge (B \vee D)$$

[8] Zum Beweis der Verträglichkeit von $B \vee C$ mit H nehme man an, daß $B \vee C \vdash \neg H$, dann würde auch $B \vdash \neg H$ gelten, im Widerspruch zu (IV.22.1). Also gilt $B \vee C \nvdash H$. Es wurde in (IV.22.2) explizit ausgeschlossen, daß das Explanandum nicht schon aus H allein folgt. Evidenz und Explanandum sind logisch unabhängig: Wäre $B \vee C \vdash B \vee D$ ein Theorem, so gelte erst recht $C \vdash B \vee D$, im Widerspruch zu (IV.22.3), was $B \vee C \nvdash B \vee D$ beweist. $B \vee C \nvdash B \vee D$ folgt analog.

folgt $\mathrm{bv}(B \vee (C \wedge D), H)$ aus (IV.22), obwohl B von der Hypothese H unabhängig ist und $C \wedge D$ ihr widerspricht. Die Adjunktion von etwas Irrelevantem mit einem unverträglichen Datum kann aber niemals ein (in irgend einem diese Bezeichnung verdienenden Sinne) bewährendes Gesamtdatum bilden. Die Bedingungen der Nichtableitbarkeit erweisen sich also als viel zu schwach, um Scheinbewährungen zu verhindern. Selbst der Verbot von Adjunktionen neben dem der Negationen erweist sich außerhalb Sprachen mit nur endlich vielen basalen monadischen Prädikaten als undurchführbar: Sind die basalen Meßaussagen unscharf, etwa in der Form $s(x) \in I$, $I \subseteq \Re$ gegeben, so lassen sich mit den Regeln

$$s(x) \in I_1 \vee s(x) \in I_2 \leftrightarrow s(x) \in (I_1 \cup I_2)$$
$$\neg s(x) \in I \leftrightarrow s(x) \in \Re \backslash I$$

in der konjunktiven Normalform alle Negationen und Adjunktionen eliminieren.

Versuchen wir, uns dies durch ein Beispiel einer Theorie im Hyperraum zu veranschaulichen. Sei $\mathcal{H}$ die Menge der Geraden in der Ebene, und O_i, $i = 1, \ldots, 5$ paarweise disjunkte kreisförmige offene Mengen im $\Re^2$, so daß durch keine drei von ihnen eine Gerade geht. Dann ist insbesondere die Menge $\mathcal{C} := [O_1, O_2, O_3;]$ leer in $\mathcal{H}$, aber natürlich nicht leer in allen Hyperräumen. Ebenso sind $\mathcal{B} = [O_5;]$ und $\mathcal{D} = [O_4;]$ weder leer in $\mathcal{H}$, noch identisch mit $\mathcal{H}$. Analog zu (IV.22) gilt in einem hinreichen großen Hyperraum $\mathcal{M} \supseteq \mathcal{H}$ mit $\emptyset \neq [O_1, O_2, O_3;]_{\mathcal{M}} \not\subseteq [O_4 \cup O_5;]_{\mathcal{M}}$

$$\mathcal{H} \not\subseteq \mathcal{M} \backslash \mathcal{B},\ \mathcal{H} \not\subseteq \mathcal{B} \cup \mathcal{D},\ \mathcal{C} \not\subseteq \mathcal{B} \cup \mathcal{D},\ \mathcal{D} \not\subseteq \mathcal{B} \cup \mathcal{C}$$

Nun ist zwar $\mathcal{B} \cup (\mathcal{C} \cap \mathcal{D})$ mit $\mathcal{H}$ verträglich, enthält aber keinerlei Vorhersage über irgend ein Element, wie sie zum Beispiel durch die Form "Alle Geraden, die durch O'_1 und O'_2 gehen, schneiden auch O'_3". Nur eine solche Menge $[O'_1, O'_2, O'_3;]$ verdient es, als Bestätigung im Sinne einer erfolgreichen Vorhersage angesehen zu werden. Da aber

$$\mathcal{B} \cup \mathcal{C} = [O_1 \cup O_5, O_2 \cup O_5, O_3 \cup O_5;],\ \mathcal{B} \cup \mathcal{D} = [O_4 \cup O_5;],$$
$$\mathcal{B} \cup (\mathcal{C} \cap \mathcal{D}) = [O_1 \cup O_5, \ldots, O_4 \cup O_5;]$$

genügt die positive observable Form $[O'_1, \ldots, O'_n;]$ nicht zur Vermeidung von Scheinbewährungen, es muß noch die Disjunktivität $O'_i \cap O'_j = \emptyset$ für $i \neq j$ gefordert werden. Dies ist der Grund für die sehr eingeschränkte Definition 101 der Bewährung im Hyperraum. Wenn Hempel also den zu bewährenden Satz in Beobachtungssätze und nicht in beliebige Sätze aufteilt, liegt er schon etwas näher an unserem Hyperraumkriterium. Dieses läßt sich aber wegen der Observabilitäts- und der Disjunktivitätsbedingung nicht ohne weiteres in die unstrukturierte Prädikatenlogik überführen.

IV.3.b Ornithologie der Rabenvögel (Corvidae)

Unter allen in Zusammenhang mit deduktiven oder induktiven Bestätigungsbegriffen genannten Paradoxien ist Hempels Rabenparadoxie wohl die Berühmteste. Wir folgen in der Darstellung [Lenzen(74), Kapitel IV.A]. Ein zweistelliges auf Sätzen operierendes Prädikat $\mathrm{b}(B, H)$, zu lesen "B bestätigt H", erfülle folgende Eigenschaften

- Jede Instanz eines Allsatzes bestätigt diesen (Nicod'sches Kriterium)

$$\mathrm{b}(F(a) \wedge G(a), \bigwedge x\; F(x) \rightarrow G(x))$$

- Logisch äquivalente Hypothesen werden gleich bestätigt (Äquivalenzkriterium)

$$H \dashv\vdash H' \Rightarrow \mathrm{b}(B, H) \Leftrightarrow \mathrm{b}(B, H')$$

- Generalimplikationen werden nur von solchen Individuen bestätigt, welche die Antezedenzbedingung erfüllen ($\varphi(a)$ sei quantorfrei und enthalte nur a als nichtlogische Individuenkonstante, G sei erfüllbar)

$$\mathrm{b}(\varphi(a), \bigwedge x\; F(x) \rightarrow G(x)) \Rightarrow (\varphi(a) \vdash F(a))$$

Es ergibt sich aus den ersten beiden Bedingungen

$$b(\neg G(a) \wedge \neg F(a), \bigwedge x\; F(x) \rightarrow G(x)),$$

was der dritten Bedingung widerspricht.[9] Selbst wenn man die dritte Bedingung in dieser scharfen Form aufgibt, bleibt ein leichtes Unbehagen. Würde man gelbe Wellensittiche noch als bestätigende Instanz der Hypothese "Alle Raben sind schwarz"[10] akzeptieren (man bleibt wenigstens im Rahmen der Ornithologie), so tut man sich intuitiv viel schwerer etwa mit nicht-schwarzen Galaxienhaufen. Unter den vielfältigen Lösungsansätzen befinden sich die folgenden Aspekte

---

[9] Fordert man zusätzlich das Äquivalenzkriterium auch für die bestätigenden Beobachtungssätze

$$B \dashv\vdash B' \Rightarrow \mathrm{b}(B, H) \Leftrightarrow \mathrm{b}(B', H)$$

so erhält man sogar $\mathrm{b}(G(a), \bigwedge x\; F(x) \rightarrow G(x))$

[10] Hempel meint wahrscheinlich den Kolkraben (corvus corax). Die Rabenvögel (Corvidae), Familie der Sperlingsvögel, zu deren 105 Arten unter anderem Kolkrabe, Elster, Krähe, Dohle, Eichel- und Tannenhäher zählen, können auch recht farbiges Gefieder besitzen. Einfarbig glänzend schwarzes leicht metallschimmerndes Gefieder trägt neben dem Kolkraben auch die Rabenkrähe (corvus corone corone).

- Zwischen den Prädikaten "ist ein Rabe" und "ist schwarz" besteht eine Asymmetrie.
- Die Hypothese "Alle Raben sind schwarz" wird formell durch einen Satz der Form "$\bigwedge x \; F(x) \rightarrow G(x)$" nicht adäquat wiedergegeben.
- Bewährende Instanzen eines Allsatzes müssen ("ernstgemeinte" und "strenge") Tests der Hypothese darstellen.
- Bewährende Instanzen, die nicht die Antezedensbedingung erfüllen, erscheinen nicht in allen Fällen intuitiv paradox.

Wir folgen allen vier Argumenten, jedoch in keinem Fall so, wie diese in der Literatur zu finden sind. Wir werden stattdessen den obigen Sätzen einen präzisen logischen Sinn geben und sie insgesamt als Ansatz zur Lösung des Paradoxons ansehen. Es wird nicht überraschen, daß dabei der Einfachheitsbegriff eine Rolle spielen wird. Das Nicod'sche Kriterium wird hierbei modifiziert, an dem Äquivalenzprinzip halten wir dagegen fest. Wir betrachten zunächst die Sprachen, in der die Hypothesen dieser Art ausgedrückt werden. Eine endliche monadische Sprache erster Ordnung besteht aus n einstelligen Prädikaten erster Ordnung $P_1, \ldots, P_n$, abzählbar vielen Individuenkonstanten, Junktoren, Variablen erster Ordnung und den dazugehörigen Quantoren. In erster Linie interessieren wir uns für Hornformeln der Form

$$H := \wedge_{i=1}^{m} \bigwedge x \left[Q_1^i(x) \wedge \ldots \wedge Q_{j(i)}^i(x) \rightarrow R^i(x) \right]$$

Sie lassen sich in einer disjunktiven Normalform durch die 2^N Q-Prädikate Carnaps

$$(\neg)P_1(x) \wedge \ldots \wedge (\neg)P_n(x)$$

ausdrücken. Jede Hornformel der obigen Gestalt läßt sich eindeutig als Adjunktion solcher Ausdrücke darstellen, wobei über die gemeinsame Variable x allquantifiziert wird.

Diese Sätze lassen sich auch im endlichen Hyperraum der Funktionen $f_i : \{1, \ldots, n\} \rightarrow \{0, 1\}, 1 \leq i \leq 2^n$, kodieren. Jedem Q-Prädikat entspricht dabei eine Funktion, die l auf 1 abbildet, wenn P_l in ihm positiv vorkommt, und auf 0 im umgekehrten Fall. Da jede Hypothese in obiger Gestalt eindeutig durch eine Klasse von Q-Prädikaten darstellbar ist, entspricht ihr auch eindeutig eine Funktionenmenge im Hyperraum. Damit ist das Bewährungsproblem auf das Curve-Fitting-Problem reduziert. Ein bewährendes Datum kann also nur eine Menge *von höchstens* $n-1$ *Punkten* sein, die ein Element der Kurvenklasse *eindeutig* bestimmt. Dies entspricht dem deduktiven Bewährungsbegriff mit dem Kriterium der potentiellen Voraussage. Für die logisch unabhängigen Prädikate $Q_i = (\neg)P_{i(j)}$ und den Allsatz H der obigen Form läßt er sich vereinfacht ausdrücken

$$\text{(IV.23)} \quad \begin{array}{c} \mathrm{b}(Q_1(a) \wedge \ldots \wedge Q_k(a), H) \\ \Leftrightarrow Q_1(a) \wedge \ldots \wedge Q_k(a) \nvdash \neg H \\ \wedge \bigvee i \; (Q_1(a) \wedge \ldots \wedge Q_{i-1}(a) \wedge Q_{i+1}(a) \wedge \ldots \wedge Q_k(a) \\ \wedge H) \vdash Q_i(a) \end{array}$$

Das Äquivalenzkriterium gilt, das Nicod'sche Kriterium hingegen nur sehr eingeschränkt. Dennoch ist weiterhin eine Herleitung der Paradoxie in ihrer klassischen Form möglich. Der Ausweg liegt in der Reformulierung der Hypothese. Zwischen "ist ein Rabe" und "ist schwarz" besteht eine Asymmetrie, jedoch keine quantitative, sondern eine epistemologische. "Rabe" ist innerhalb der Zoologie und klassifizierenden Biologie kein einfacher Beobachtungsterm wie ein Farbprädikat, sondern (wenn nicht ein theoretischer Term so zumindest) ein Merkmalskomplex. Die Rabenhypothese lautet also korrekt formalisiert

$$\text{(IV.24)} \quad \bigwedge x \; F_1(x) \wedge \ldots \wedge F_N(x) \rightarrow G(x)$$

wobei N in der Praxis recht groß werden kann.[11] Dabei sind die Prädikate F_i logisch unabhängig zu wählen. In der Normalform ausgedrückt durch Q-Prädikate hat die Rabenhypothese die Form (die Variable ist unterdrückt)

$$\text{(IV.25)} \quad \begin{array}{lllll} & F_1 & \wedge \ldots \wedge & F_N & \wedge \quad G \;\} \quad 1 \\ \vee & \neg F_1 & \wedge \ldots \wedge & F_N & \wedge \quad G \\ & & \vdots & & \qquad\quad 2^N - 1 \\ \vee & \neg F_1 & \wedge \ldots \wedge & \neg F_N & \wedge \quad G \\ \vee & \neg F_1 & \wedge \ldots \wedge & F_N & \wedge \quad \neg G \\ & & \vdots & & \qquad\quad 2^N - 1 \\ \vee & \neg F_1 & \wedge \ldots \wedge & \neg F_N & \wedge \quad \neg G \end{array}$$

[11] Für die Rabenvögel (Corvidae) nennt die Enzyklopädie der Wissenschaft und Kunst die Merkmale 1.) Nasenlöcher mit haarähnlichen Federn bedeckt, 2.) Schnabel stark und 3.) kegelförmig an den Seiten eingedrückt und 4.) mit scharfen Tomien versehen, 5.) Füße und 6.) Flügel gleichmäßig ausgebildet, 7.) scharfe Nägel, 8.) Schwanz abgerundet. Der Kolkrabe (corvus corax) ist nach der Enzyklopaedia Britannica 1.) der größte Rabenvogel (bis 66cm), 2.) stimmlich lernbegabt, 3.) krächzend, 4.) Aasfresser, 5.) einzeln oder in kleinen Gruppen lebend. Weitere Kennzeichen (Bezzel, Kompendium der Vögel Mitteleuropas) : 6.) An Kehle und Federbrust verlängerte Federn 7.) relativ langer Schwanz. Selbst alles dies zusammen könnte möglicherweise jedoch nicht kennzeichnend genug sein, um ausschließlich auf schwarze Vögel zuzutreffen. Sehr viel schwieriger ist die Abgrenzung der Rabenkrähe (corvus corone corone) von der eng verwandten Nebelkrähe (corvus corone cornix), die kein durchgehend schwarzes Gefieder besitzt.

Die bewährenden Instanzen von Q-Prädikaten bezüglich des Bewährungsbegriffs (IV.23) sind also allein von der Gestalt

$$(IV.26) \qquad \begin{array}{c} F_1 \wedge \ldots \wedge F_N \wedge G \\ F_1 \wedge \ldots \wedge F_{i-1} \wedge \neg F_i \wedge F_{i+1} \wedge \ldots \wedge F_N \wedge \neg G, \end{array}$$

denn bei der Vorgabe von $\neg G$ müssen alle Prädikate F_j, $j \neq i$ bis auf eines in positiver Instanz vorgegeben werden, um auf $\neg F_i$ schließen zu können. Jedes die Rabenhypothese bewährende Individuum besitzt also alle den Raben charakterisierenden Eigenschaften bis auf möglicherweise eine. Mit wachsender Grundmenge, dem universe of discourse, werden immer mehr observable Eigenschaften zur Charakterisierung der Raben benötigt. Die bewährenden Instanzen sind einem Raben also fast beliebig ähnlich; selbst gelbe Wellensittiche dürften kaum noch hinzugezählt werden können. Schränkt man die Grundmenge ein, beispielsweise auf die Gesamtheit der Vögel, so genügen auch schon wenige zusätzliche gemeinsame Eigenschaften für eine Ähnlichkeit mit Raben. Wird die Rabenhypothese also mit der Hilfe von Grundbegriffen formuliert, die vergleichbaren epistemologischen Status besitzen, löst sich die Rabenparadoxie auf.

Das Verhältnis von logisch möglichen bewährenden Beobachtungssätzen (IV.26) mit Raben und Nichtraben ist mit $1/N$ sehr zu Lasten der Raben. Die potentiellen Voraussagen umfassen nur ein einziges Prädikat, G oder $\neg F_i$. Das ist nicht verwunderlich, denn die Hypothese (IV.24) ist die logisch schwächste nichttautologische monadische Hornformel mit einer Variablen; die Normalform (IV.25) enthält alle 2^{N+1} Q-Prädikate bis auf eines. Die Theorie besitzt den bei $N + 1$ Grundprädikaten höchstmöglichen Komplexitätsgrad N einer endlich bestimmbaren wissenschaftlichen Hypothese. Die Ornithologie wäre eine sehr ärmliche Wissenschaft, wenn die Rabenhypothese den Kenntnisstand über Raben wiedergeben würde. Eine komplexe, schlecht prüfbare Hypothese besitzt eben viel weniger Bestätigungsmöglichkeiten, als man es von physikalischen Theorien gewohnt ist.

Die Lösung scheint sprachabhängig zu sein, da wir bei der Formulierung (IV.23) des Bestätigungsbegriffes auf eine ausgezeichnete Menge $P_i, \ldots, P_n$ von Prädikaten zurückgegriffen haben und nur die daraus zu bildenden molekularen Q-Prädikate als Instanzen des Bewährungsprädikates zugelassen haben. Die Einführung adjunktions- oder implikationsverknüpfter Prädikate wurde ausgeschlossen. Tatsächlich hängt die Lösung nicht von den Prädikaten selbst ab, sondern nur von ihrer Kardinalität n. Jedes andere mit junktorenlogischen Mitteln kodefinierbare System $P_i', \ldots, P_n'$ führt zur selben Lösung. Im Hyperraum betrachtet entspricht der Übergang zwischen beiden Systemen einem Homöomorphismus des Grundraumes und somit auch des Hyperraumes.[12] Der Übergang zu einem Prädikatensystem kleinerer Kardinalität als n, etwa zu dem System ("Rabe", "schwarz"), ist kein Homöomorphismus, da keine Bijektion existiert. Es liegt auch keine Kodefinierbarkeit vor, denn ein System mit weniger Prädikaten ist auch weniger ausdrucksstark.

IV.3.c Gesetzesartigkeit

Viele Autoren (u.a. van Fraassen, Kutschera) diskutieren den Status von Modalitäten für Naturgesetze. Auf Carnap und Hempel geht das folgende Beispiel zurück. Der Satz "Jede Kugel aus Gold ist kleiner als 1km" kann zwar kontingenterweise wahr sein, stellt jedoch kein Gesetz dar, denn größere Kugeln sind im Prinzip vorstellbar. Die Aussage "Jede Kugel aus Uran 235 ist kleiner als 1km" gilt im Gegensatz dazu aufgrund der kritischen Masse des Urans. An der logischen (oder topologischen) Form sei der Unterschied zu echten Naturgesetzen nicht festzumachen, daher könne sich jedes Abgrenzungskriterium nicht allein auf diese beziehen.

Dem läßt sich entgegenhalten, daß die den *beiden* Sätzen gemeinsame logische Form der universellen Ungleichung "$\bigwedge x \in F : r(x) < 1\text{km}$" sehr problematisch ist. Es gibt zwar (mit Hilfe des Zwischenwertsatzes konstruierbare) Bewährungen im Sinne unserer Definition (101), aber jede von ihnen ist auch Bewährung des Satzes, der die Stetigkeit der Radiusfunktion behauptet. Ferner gibt es keine nichttrivialen Entkräftungen. Dies sei durch Rekonstruktion im Hyperraum veranschaulicht. Der Durchmesser der Kugel in Meter sei durch $\Re_+$, den Raum der positiven reellen Zahlen dargestellt. Sei X ein topologischer Raum, der weitere Eigenschaften der Kugeln bezeichnet. Dann besteht der Hyperraum aus der Menge $\mathcal{K}$ der stetigen Funktionen $f : X \rightarrow \Re_+$ mit $f(x) < 1000\text{km}$ für alle $x \in X$.[13] Ist nun X genügend reichhaltig (etwa $X = \Re$), dann gibt es zu jedem Satz of-

---

[12] Zwei Prädikate P_i, P_j können durch genau acht Paare $P_i' := (\neg)P_i$, $P_j' := (\neg)(P_i \leftrightarrow P_j)$; $P_i' := (\neg)(P_i \leftrightarrow P_j)$, $P_j' := (\neg)P_j$; so ersetzt werden, daß jeder Molekülsatz $(\neg)P_i \wedge (\neg)P_j$ wieder als Satz $f(P_i', P_j')$ mit einem Junktor f dargestellt werden kann. Wegen

$$(\neg)P_i \rightarrow (P_i \leftrightarrow P_j) \leftrightarrow (\neg)P_j$$

hat f die Form eines Molekülsatzes. Im Hyperraum entspricht diese Transformation höchstens einer Vertauschung zweier Punkte, also einer Bijektion oder einem Homöomorphismus des Grundraumes, was im Endlichen dasselbe ist. Für mehr als zwei Prädikate ergeben sich entsprechend kompliziertere Beziehungen.

[13] Und nicht etwa aus der Menge

$$\{\langle x, r\rangle \mid x \in X,\ r \in \Re_+,\ r < 1000\}$$

als einzigern Element. Dies würde der Eindeutigkeitsbedingung für den Radius widersprechen.

fener Mengen $O_1, \ldots, O_n \subseteq X \times (-\infty, 1000\text{km})$ eine stetige Funktion, deren Graph alle O_j schneidet. Es ist also immer $[O_1, \ldots, O_n;] \neq \emptyset$, im Gegensatz zu (IV.9). Weiterhin ist der Hyperraum homöomorph zum Raum aller stetigen Funktionen $f : X \to \Re_+$ und hat somit schlechtestmöglichen Einfachheitsgrad. Ist insbesondere X ein Kontinuum, also mindestens eindimensional, so ist die Dimension des Hyperraumes unendlich.

Im Gegensatz zu den oben erwähnten Sätzen ist das eigentliche Gesetz der kritischen Masse jedoch keine Ungleichung, sondern eine (von Geometrie, Dichte, Material abhängige) Gleichung, welche die ***kleinste obere Schranke*** für den Durchmesser einer stabilen Urankugel (unter normalen Druckverhältnissen) ohne Zusatz weiterer Randbedingungen liefert. Selbst wenn die auftretende Konstante durch eine existenzquantifizierte Variable ersetzt würde, ließe sich aus der entstehenden Kurvenklasse durch Vorgabe endlich vieler Punkte oder paarweise disjunkter (nicht zu großer) Umgebungen auf mannigfaltige Weise eine echte Teilklasse aussondern; und mehr ist nach der Definition der Bewährung nicht erforderlich.

Das Gold /Uran-Beispiel zeigt sehr einleuchtend, daß die Monotonie- oder schwache Konsequenzbedingung

$$\mathrm{b}(B, H) \wedge H \vdash H' \Rightarrow \mathrm{b}(B, H')$$

für den deduktiven Bestätigungsbegriff (IV.23) nicht gilt. Für die Goldhypothese gibt es auch keine prüfbare Verschärfung, aus der sie hergeleitet werden könnte, der wir im Rahmen des momentanen Standes der Physik Geltung zuschreiben würden.

Modalitäten spielen also bei der Beurteilung der Stärke einer Theorie keine Rolle, vielmehr könnten umgekehrt Systeme möglicher Welten dadurch erzeugt werden, daß bestimmte einfache Grundgesetze in allen von ihnen gelten und lediglich bestimmte Parameter und Naturkonstanten variiert würden. Doch sind die Möglichkeiten solcher Semantiken so vielfältig, daß man von einem ausgezeichneten modalen System kaum sprechen kann.

IV.3.d Zerrüttete Prädikate

Sei $\mathcal{L}$ eine Sprache, welche neben den Junktoren die Individuenkonstanten $a_1, a_2, \ldots$ sowie das einstellige Prädikat F enthält. Dann sind die folgenden vier Bedingungen für einen Bestätigungsbegriff nicht simultan erfüllbar.

- Induktivität: Für jedes einstellige Prädikat G in $\mathcal{L}$ gilt

$$\mathrm{b}_{\mathcal{L}}(\wedge_{i=1}^{m} G(a_i), G(a_{m+1}))$$

- Definierbarkeit: In $\mathcal{L}$ ist ein Prädikat F_m definierbar mit[14]

$$
\text{(IV.27)} \qquad \begin{array}{c} \bigwedge i \; 1 \leq i \leq m : \; F_m(a_i) \leftrightarrow F(a_i) \\ F_m(a_{m+1}) \leftrightarrow \neg F(a_{m+1}) \end{array}
$$

- Extensionalität: Für B, B', H, H' in $\mathcal{L}$ gilt

$$
H \dashv\vdash H' \wedge B \dashv\vdash B' \Rightarrow \mathrm{b}_{\mathcal{L}}(B, H) \Leftrightarrow \mathrm{b}_{\mathcal{L}}(B', H')
$$

- Direkte Konsistenz : Für B, H in $\mathcal{L}$ gilt

$$
\text{(IV.28)} \qquad \mathrm{b}_{\mathcal{L}}(B, H) \Rightarrow \neg \mathrm{b}_{\mathcal{L}}(B, \neg H)
$$

Denn aus den ersten beiden Bedingungen folgt

$$
\mathrm{b}_{\mathcal{L}}(\wedge_{i=1}^{m} F(a_i), F(a_{m+1})) \wedge \mathrm{b}_{\mathcal{L}}(\wedge_{i=1}^{m} F_m(a_i), F_m(a_{m+1}))
$$

aus dem zweiten Konjunktionsglied mit der Konsistenzbedingung

$$
\neg \mathrm{b}_{\mathcal{L}}(\wedge_{i=1}^{m} F_m(a_i), \neg F_m(a_{m+1}))
$$

und mit der Extensionalität und der zweiten Bedingung

$$
\neg \mathrm{b}_{\mathcal{L}}(\wedge_{i=1}^{m} F(a_i), F(a_{m+1}))
$$

im Widerspruch zu (IV.28).

Die (mit Vorsicht anzuwendende) Carnap'sche Definition der induktiven Bestätigung

$$
\mathrm{b}_{\mathcal{L}}(B, H) \Leftrightarrow c_{\mathcal{L}}(H, B) > c_{\mathcal{L}}(H)
$$

sowie die sich bei Lenzen [Lenzen(74)] findende Definition

$$
\mathrm{b}'_{\mathcal{L}}(B, H) \Leftrightarrow c_{\mathcal{L}}(H, B) > c_{\mathcal{L}}(\neg H, B)
$$

für eine reguläre Wahrscheinlichkeitsfunktion $c_{\mathcal{L}}$ auf $\mathcal{L}$ erfüllen nun die Extensionalität und die direkte Konsistenzbedingung[15] und sind induktiv

---

[14] Eine mögliche Definition von F wäre bekanntlich

$$
F \;\; (x) \leftrightarrow (x \neq a \;\; _{+1} \wedge F(x)) \vee (x = a \;\; _{+1} \wedge \neg F(x))
$$

[15] Die Direkte Konsistenzbedingung folgt für die Carnapsche Definition wegen

$$
\begin{array}{ccccc}
\mathrm{b}_{\mathcal{L}}(B, H) & \Rightarrow & c_{\mathcal{L}}(H, B) & > & c_{\mathcal{L}}(H) \\
\mathrm{b}_{\mathcal{L}}(B, \neg H) & \Rightarrow & c_{\mathcal{L}}(\neg H, B) & > & c_{\mathcal{L}}(\neg H) \\
\mathrm{b}_{\mathcal{L}}(B, H) \wedge \mathrm{b}_{\mathcal{L}}(B, \neg H) & \Rightarrow & 1 & > & 1
\end{array}
$$

Für $\mathrm{b}'_{\mathcal{L}}(H, B)$ ist der Beweis trivial.

genau dann, wenn $c_{\mathcal{L}}$ symmetrisch unter Permutation außerlogischer Konstanten ist [Humburg(64)], was im Carnap'schen Induktionskonzept immer vorausgesetzt wird.

Betrachten wir uns zunächst die beiden Bestätigungsbegriffe näher. Kritiker der induktiven Bestätigungsmethoden, vornehmlich aus dem fallibilistischen Lager, verweisen auf umfassendere Probleme. Die Carnap'sche Definition - mit Hintergrundwissen E in der allgemeineren Form

$$\mathrm{b}_{\mathcal{L}}(B,H) \Leftrightarrow c_{\mathcal{L}}(H, B \wedge E) > c_{\mathcal{L}}(H,E)$$

zu schreiben - ist jedoch nicht auf allgemeine Hypothesen H mit $H \wedge E \vdash B$ anzuwenden, wie Popper dies in seinem "einfachen Beweis, daß es keine probabilistische Induktion gibt" [Popper(59), Neuer Anhang *XVIII] voraussetzt. Denn tatsächlich gilt für jede epistemische Wahrscheinlichkeitsfunktion $c(H,B)$: Falls $c(H \wedge E \wedge B)$, $c(H' \wedge E \wedge B) > 0$ und $c(B, H' \wedge E) = c(B, H \wedge E) > 0$, dann ist

$$\text{(IV.29)} \qquad \frac{c(H, B \wedge E)}{c(H,E)} = \frac{c(H', B \wedge E)}{c(H',E)}$$

Für alle endlichen Hypothesen H, welche beide jeweils zusammen mit E den Satz B implizieren, erhöht sich also der c-Wert durch das Datum im gleichen Verhältnis. Keine Hypothese H ist vor den anderen ausgezeichnet, aus der Erfahrung könne nichts gelernt werden. Tatsächlich wird aber die c-Funktion bei Carnap nur für einen singulären Satz $A \equiv a_{n+1} \in Q$ in der ersten Argumentstelle und eine Konjunktion $B \equiv a_1 \in Q \wedge \ldots \wedge a_n \in Q$ verwendet. Für $H \equiv A \wedge B$ findet sich dagegen mit $0 < c(B) < 1$ (Regularität !)

$$c(H,B) = c(A \wedge B, B) = c(A,B) \cdot c(B, A \wedge B) > c(A \wedge B) = c(H),$$

also immer eine Bestätigung von H, unabhängig von A. Diese Einsicht gilt auch, im Gegensatz zu Poppers Argumentation, für Hypothesen H mit $c(H) = 0$, auf die Popper selbst höchsten Wert legt. Dies ist aber lediglich das oben erwähnte Nicod'sche Kriterium.

Für die zweite Definition ergeben sich diese Einschränkungen nicht, denn wegen $c(A \wedge B, B) = c(A,B)$, $c(\neg(A \wedge B), B) = c(\neg A, B)$ gilt

$$\mathrm{b}'_{\mathcal{L}}(B,H) \Leftrightarrow \mathrm{b}'_{\mathcal{L}}(B,A)$$

Ein berechtigter Teil der Popper'schen Kritik bleibt. Der quantitative Grad der Bewährung einer Hypothese kann nicht durch eine (bedingte)

Hypothesenwahrscheinlichkeit nach (IV.29) ausgedrückt werden, hierfür eignen sich besser die in den folgenden beiden Zusammenhängen verwendeten Größen (A,B und H wie oben)

$$\mathrm{b}_{\mathcal{L}}(B,A) \Rightarrow \frac{c(A,B)}{c(\neg A,B)} > \frac{c(A)}{c(\neg A)}$$
$$\mathrm{b}'_{\mathcal{L}}(B,H) \wedge c(H) < \tfrac{1}{2} \Rightarrow \frac{c(H,B)}{c(\neg H,B)} > \frac{c(H)}{c(\neg H)}$$

(Unter Verwendung von (IV.28) und für die zweite Beziehung $b'_{\mathcal{L}}(B,H) \Leftrightarrow c(H,B) > 1/2$).

Zurück zum Problem der zerrütteten Prädikate. Es bleibt allein die Negation der zweiten Bedingung. F_m darf in $\mathcal{L}$ nicht definierbar sein. Damit wird $\mathcal{L}$ aber nur noch eine Sammlung ausgezeichneter Prädikate, also keine Sprache mehr in hinreichend ausdrucksvollen Sinne. Der induktive Bestätigungsbegriff ist also hochgradig abhängig von der Wahl der Grundbegriffe. Für das neue Prädikat F_m (IV.27) verhält sich die epistemische Wahrscheinlichkeitsfunktion antiinduktiv, wenn diese für F induktiv ist.

Induktive Bestätigung ist aber unverzichtbar zur Konstitution genau derjenigen Molekülsätze, welche im Hyperraum Umgebungen eines Hyperraumelements bilden. Auf ihnen beruht schließlich die Konzeption des Test einer Theorie. Zudem würde auch bei ausschließlicher Verwendung deduktiver Bestätigungsbegriffe das Theoriewahlproblem, nach dem es zu endlichen Daten immer unendlich viele von ihnen bestätigten Theorien gibt, bleiben. Eine radikale "popperianische" Lösung des Problems durch Leugnung induktiver Bestätigung gibt es nicht. Wir versuchen aber die Reduktion des Problems zerrütteter Prädikate auf das Theoriewahlproblem.

Akzeptiert man also die Abhängigkeit der $c_{\mathcal{L}}$-Funktion von dem Begriffssystem $\mathcal{L}$, so stellt sich die Frage nach der rationalen Wahl eben jenes Systems in einem bestimmten wissenschaftlichen Kontext. Eine absolute, scharfe logische Trennung der "projizierbaren" von den "zerrütteten" Prädikatfamilien ist mit logischen Mitteln nicht möglich. Hat man beispielsweise zwei Prädikate P_1, P_2 (Rot,Grün) gegeben, so lassen sich nach Goodman zerrüttete Prädikate (Grot,Rün) unter Verwendung einer beliebigen Individuenkonstante a definieren, welche für alle anderen Individuenkonstanten mit den vorherigen Prädikaten übereinstimmen, für a jedoch die andere, unverträgliche Eigenschaft annimmt [Essler(70), S. 295 ff.].

$$x \in Q_i \leftrightarrow (x \neq a \wedge x \in P_i) \vee (x = a \wedge x \in P_j),\ i \neq j$$

Beide Prädikatfamilien sind aber kodefinierbar und entziehen sich damit einer metasprachlichen Unterscheidung ihrer in der engeren Prädikatenlogik formulierten Eigenschaften. Auch wenn sich dieses spezielle Problem lösen ließe, indem man zeigt, daß eines der beiden Regelsysteme im Kontext anderer für die Begriffe in essentieller Weise die Individuenkonstante a verwendet und damit als komplexer anzusehen ist [Essler(73), S. 44-46], so würde uns dies nicht weiterhelfen, da nicht jede Zerrüttung von Individuenkonstanten Gebrauch machen muß. Wenn Gesetze durch Funktionen zwischen Observablen ausgedrückt werden, dann treten häufig dimensionslose Zwischenterme auf, welche als rein zahlenwertig keine außerlogischen Konstanten enthalten. Aus der Funktion $f(t) = A \sin \omega t$ einer Schwingung mit (Kreis-)Frequenz ω und Amplitude A läßt sich die Funktion $f'(t) = A \sin g(\omega t)$ bilden, so daß f und f' auf einem vorgegebenen abgeschlossenen Bereich übereinstimmen und ansonsten (beliebig stark) differieren.

Haben wir die Raumzeit bereits konstituiert, so können wir den Farbbegriff in einem reichhaltigeren theoretischen Formalismus, dem Hilbertraum der Quantenmechanik, mit der notwendigen Eindeutigkeit charakterisieren. Farbe wird dort durch einen Energieoperator beschrieben, etwa durch die Energie eines Photons oder die Energiedifferenz zweier Besetzungsniveaus eines Elektrons. Jeder Operator E läßt sich eindeutig als Funktion $f(\vec{x}, \vec{p})$ des bereits konstituierten Ortsoperators $\vec{x}$ und eines noch zu konstituierenden Differentialoperators $\vec{p}$ darstellen. Die Funktion f hängt dabei von der speziellen Quantentheorie (Schrödinger-, Pauli- oder Diracgleichung) ab und ist in ihr definierbar. Es muß also vom unzerrütteten Impulsoperator $\vec{p} = \left(\frac{\partial}{\partial x_1}, \frac{\partial}{\partial x_2}, \frac{\partial}{\partial x_3}\right)$ gezeigt werden, daß er die einfachste mögliche Wahl darstellt. Im relativistischen Fall scheint die Forderung nach Lorentz-Invarianz zu genügen, denn die Klasse $P = \{\alpha\vec{p} + \beta | \alpha, \beta \in \Re\}$ ist die allgemeine Form eines lorentzinvarianten Differentialoperators erster Ordnung. Jedoch ist Vorsicht geboten, denn auch komplexere Klassen können invariant sein.

Betrachten wir einen zerrütteten Impulsoperator $\vec{p}$, der im Zukunftslichtkegel des Ereignisses $\vec{a}$ die Impulswerte um einen gemeinsamen Faktor $\eta > 1$ erhöht, so daß die Farbe Rot gerade in die energiereichere Farbe Grün überführt wird, fast analog zu Goodmans ursprünglicher Formulierung des Paradoxons. Mit der relativistischen Pseudometrik s und der Schwellwertfunktion Θ können wir schreiben

$$\vec{q} := \left(1 + (\eta - 1) \cdot \Theta(s(\vec{x}, \vec{a})) \cdot \Theta(x^0 - a^0)\right) \cdot \vec{p}$$

(x^0,a^0 sind die Zeitkoordinaten) und erreichen wieder, wie man leicht sieht, die Kodefinierbarkeit durch

$$\vec{p} := \left(1 + (\frac{1}{\eta} - 1) \cdot \Theta(s(\vec{x}, \vec{a})) \cdot \Theta(x^0 - a^0)\right) \cdot \vec{q}$$

Bilden wir nun aber die Klasse der durch $\vec{q}$ aus der (orthochronen) Lorentzgruppe samt Translationen gebildeten Operatoren, so erhalten wir eine viel höherdimensionale Klasse als P, denn die Translationen verschieben $\vec{a}$ auf jeden anderen Punkt der Raumzeit. Damit ist die Dimension dieser Klasse um den Faktor 4 höher als die von P.

Die Überwindung des Goodman'schen Problems besteht in der Beschränkung der $c_{\mathcal{L}}$-Funktion auf eine bestimmte Prädikatfamilie aus einer bestimmten Theorie. Die Konstitution der Prädikate und die Wahl der Theorien gehen Hand in Hand und erfolgen rekursiv durch bereits konstituierte Größen. Farbe wird durch Energie, Energie durch Impuls, Impuls durch Raumzeit, die Raumzeit durch die Geometrie der Lichtstrahlen und diese durch die Wirkungsrelation[16] ausgedrückt, wobei in jedem Schritt vom Einfachheitsbegriff Gebrauch gemacht wird. Dies ist nur durch sehr starke Theorien und nicht innerhalb der Alltagssprache möglich. Am Ende bleibt jedoch die Wirkungsrelation, die nicht auf einen anderen Begriff zurückgeführt werden kann. Hier müssen wir nur voraussetzen, daß wir von den raumzeitlichen Ereignispunkten wissen, wie sie in der Wirkungsrelation zueinander stehen. Wir kennen sie jedoch nicht absolut, sondern nur bis auf eine Bijektion f, welche die Wirkungsrelation erhält. Gefordert wird: Die Funktion f darf jedoch die Physik nicht ändern, sondern nur verschiedene Beobachter beschreiben. Genau dies ist die Aussage des Zeeman-Theorems, welches wir im Anschluß an die Konstitution der Raumzeit, die letzten beiden Konstitutionsschritte in der Kette, behandeln.

[16] Die Wirkungsrelation verknüpft zwei Ereignisse, deren letzteres im Zukunftlichtkegel des ersten ist.

$$\vec{x} \preceq \vec{y} \leftrightarrow s(\vec{x},\vec{y}) \cdot \Theta(y^0 - x^0) \geq 0$$

Kapitel V

Theorierekonstruktion

V.1 Hyperraumstrukturalismus

V.1.a Entwicklung des Non-Statement-Views

In der Mitte des Buches soll nun, auf der Basis des bereits Erarbeiteten, eine Zusammenfassung und einen Ausblick in einem gegeben werden. Gleichzeitig werden einige Gründe für das Zustandekommens des Non-Statement-Views genannt und es wird das in dieser Arbeit entwickelte System mit dem der Strukturalisten verglichen. Wir orientieren uns dabei an der Einleitung des Lehrbuches von Stegmüller, welche das Programm des Strukturalismus kurz umreißt.

Unser Non-Statement-View ist ein pragmatischer und kein dogmatischer. Wir verwenden ihn nicht um aufzuzeigen, daß methodologische Konzepte, welche logische Beziehungen zwischen Sätzen darstellen, prinzipiell auf wissenschaftliche Theorien unanwendbar und somit Kategorienfehler sind. Wir sind vielmehr der Ansicht, daß sich unsere methodologischen Konzepte nur sehr hölzern und bar jeder Anschauung in den Statement-View übertragen lassen. Wenn der Prophet nicht zum Berg kommt, muß eben der Berg zum Propheten: Wir repräsentieren vielmehr umgekehrt Sätze durch mengentheoretische Objekte und modellieren deren logische Beziehungen.

1. Im Gegensatz zum Strukturalismus rekonstruieren wir Theorien nicht als mengentheoretische Prädikate der Form "x ist ein S", wobei S eine Menge komplexer Tupel der in der Theorie vorkommenden mathematischen Objekte darstellt, welche den Gesetzen der Theorie gehorchen. Wir stellen ihre Fundamentalstruktur nur durch ein einziges mathematisches Objekt, den topologischen Hyperraum, dar. Bei dieser Rekonstruktion geht möglicherweise Information verloren, dies läßt sich jedoch durch geringe Verallgemeinerungen leicht beheben. Viel wichtiger ist, daß Abhängigkeiten der Darstellung von Äußerlichkeiten konventioneller und sprachlicher Natur, wie beispielsweise Koordinatenwahl, gar nicht erst entstehen.

2. In noch stärkerem Maße als die Strukturalisten sind wir auf Kriterien zur Unterscheidung von theoretischen und observablen Größen angewiesen, da diese zwei verschiedenen mengentheoretischen Stufen zugewiesen werden; dem Grundraum und dem Hyperraum. Diese Unterscheidung führen wir nicht nur relativ zur Theorie, sondern auch zu intrinschen Eigenschaften der Größen selber.

3. An dieser Stelle muß auf ein häufiges Mißverständnis hingewiesen werden. Kriterien, welche der Unterscheidung von theoretischen und nichttheoretischen Größen dienen, stehen in der Regel nicht in einem eindeutigen Verhältnis zum klassischen metasprachlichen Begriff der Definierbarkeit. Die Resultate hängen stark von der Sprache ab, in der die Definition ausgedrückt werden soll, sowie vom Grad der Spezialisierung der Theorie (auf ersteres haben Kamlah und Schmidt, auf letzteres hat Gähde hingewiesen). Über die Art ihrer Verwendung innerhalb der Theorie oder gar über die Existenz einer unabhängigen Meßtheorie ist damit gar nichts gesagt. Ein Teilsatz einer Theorie kann eine Definition sein, wie das Zweite Newtonsche Gesetz, die Newtonsche Mechanik läßt sich jedoch ohne Gebrauch des Kraftbegriffs (als Hamiltonsche Mechanik) formulieren. Manchmal allerdings werden Naturgesetze als Konjunktion mehrerer, nicht logisch äquivalenter Definitionen eines Prädikatausdruckes formuliert (und sind dann kreativ, vgl. Satz 7 in [Essler(82), S. 99]).

4. In unserer Rekonstruktion wird ein Theoriebegriff verwendet, der bereits Spezialgesetze und Nebenbedingungen enthält. Er ist also enger als das strukturalistische Konzept des Fundamentalgesetzes. Gleichzeitig abstrahieren wir von paradigmatischen oder intendierten Anwendungen. Wenn also der Theoriebegriff spezialisierter wird, muß Theoriewahl häufiger vorkommen und zum täglichen Brot des Wissenschaftlers werden. Damit verblaßt aber der Kuhnsche Begriff des Normalwissenschaftlers, der seine Theorie zu immunisieren versucht.

5. Für unsere Zwecke genügt daher auch eine klassische Behandlung des Ramsey-Satzes. Er gibt in unzerlegbarer Weise den empirischen Gehalt einer Theorie samt Nebenbedingungen wieder.

6. Anstelle einer modelltheoretischen Betrachtungsweise, welche jeder Theorie seine eigenen, in keiner Weise eingeschränkten mathematischen Strukturen zuweist, gibt es hier nur einen Strukturtypos: den Hyperraum.

7. Die rein mathematische Grundstruktur, entsprechend dem Strukturrahmen im Strukturalismus, wird durch eine allgemeine (unendlichdi-

mensionale) Klasse von Kurven oder anderer geometrischer Objekte dargestellt, die eigentliche Theorie durch eine (endlichdimensionale) Teilmenge derselben.

8. Im Strukturalismus wird der propositionale Gehalt des zentralen empirischen Satzes wiedergegeben durch eine Aussage der Form "Die Menge der intendierten Anwendungen zum Zeitpunkt t ist ein Element der Klasse aller möglichen Anwendungsmengen des pragmatisch erweiterten Strukturkerns einer Theorie". In unserer Rekonstruktion läßt sich nicht sinnvoll von der Menge aller Anwendungen reden. Hyperräume können nur im Rahmen der typentheoretischen Mengenlehre dargestellt werden. Auf jeder Stufe n der Typenhierarchie gibt es mögliche Anwendungen als Hyperräume über Grundräumen der Stufe $n-1$. Eine Menge aller möglichen Anwendungen läßt sich nicht bilden.

9. Die Sprach- und Darstellungsunabhängigkeit der Hyperräume erlaubt auf natürliche Weise exakte oder approximative Reduktionsbegriffe zu formulieren. Im Rahmen des Strukturalismus ist es bisher ein Problem gewesen, vernünftige Topologien auf den Strukturen zu definieren.

10. Die These von der Theoriebeladenheit aller Beobachtungen läßt sich noch weiter präzisieren. Einerseits benötigt man zwar die Topologie der observablen Größen, um den Hyperraum konstruieren zu können. Andererseits spielen ihre wirklich essentiellen meßtheoretischen Eigenschaften wie die Symmetrien nur eine Rolle für die Frage nach der Unterscheidung zwischen observablen und theoretischen Größen, nicht jedoch für die Konstitution des Hyperraumes. Die einzelnen Theorien sind also wesentlich entkoppelter als im klassisch-modelltheoretischen Non-Statement-View.

11. Theoriendynamik ist in unserer Darstellung nicht beschränkt auf konservative Theoriespezialisierung und und revolutionären Paradigmawechsel. Viele Wissenschaftsverläufe lassen sich gerade durch variierende Kurvenklassen in feststehenden Theorierahmen rekonstruieren.

12. Eine intensionale Verwendung des Begriffes 'Paradigma' in Form von Beispielen ist nicht notwendig. Am besten lassen sich Paradigmen im Sinne Kuhns mit Klassen von Hyperräumen, den Theorierahmen, identifizieren. Ein Theorierahmen hat jedoch, im Gegensatz zum Paradigma im Strukturalismus, in der Regel keinen prüfbaren empirischen Gehalt.

13. Eine Subjektivierung der Methodologie durch Einführung eines Begriffes des Verfügens über eine Theorie, erst recht der Bezug auf alle damit verbundenen wissenschaftssoziologischen und psychologischen Attribute, entfällt. Hyperräume sind (nicht nur mengentheoretisch sondern auch) erkenntnistheoretisch extensional: zwei Hyperräume sind identisch genau dann, wenn sie die gleichen empirischen Sachverhalte beschreiben.

14. Der Normalwissenschaftler im Kuhnschen Sinne wird in unserem Modell entweder arbeitslos oder zum reinen Laborgehilfen. Theoriewahl in unserem umfassenderen Sinne ist Aufgabe jedes Naturwissenschaftlers.

15. Die These von der Nichtfalsifizierbarkeit von Theorien wird nicht schon vom Non-Statement-View impliziert (sie gilt auch nur für Vielteilchentheorien ohne Nebenbedingungen). Der Prüfbarkeitsbegriff, die mengentheoretische Entsprechung des Falsifizierbarkeitsbegriffs, ist nichttrivial, gibt es doch homogene, nicht homogene starke und schwache Prüfbarkeit. Hinreichend für die Prüfbarkeit (im schwachen Sinne) eines Hyperraumes ist seine Endlichdimensionalität.

16. Im Rahmen des Hyperraumformalismus können zunächst nur solche Theorien verglichen werden oder in Konkurrenz zueinander stehen, welche für die gleiche Menge intendierter Anwendungen erklärt sind. Der Konventionalismusstreit, ob es eine Autodeterminationsregel gibt, nach der die Theorie ihre Anwendungen bestimmt und sich so immunisiert, kann mit seinen Mitteln nicht geführt werden. Theorie*wahl* beleuchtet einen speziellen Aspekt der Theorien*dynamik*: Wird eine Theorie für eine intendierte Anwendung zurückgezogen, so wird sie für die Klasse der intendierten Anwendungen als Ganzes zurückgezogen. Für diese Klasse muß eine Ersatztheorie gefunden werden, auch wenn die Theorie auf anderen Anwendungen noch beibehalten wird.

17. Wie im Strukturalismus so ist auch hier jede Kritik immer konstruktiv und nicht, wie im naiven Falsifikationismus, absolut widerlegend. Dennoch ist das Wort "Verdrängung" in diesem Zusammenhang unpassend, suggeriert es doch einen soziologischen und keinen methodologischen Vorgang.

18. Der Schein der Irrationalität, der der Kuhnschen Konzeption des Normalwissenschaftlers und des Paradigmakampfes beiwohnt, verschwindet aber erst dann, wenn das Verhalten des Wissenschaftlers nicht nur formal beschrieben und rekonstruiert wurde, sondern wenn

(notwendige) Gründe für den Vorzug der gewählten Theorie vor anderen gegeben ist.

19. Erste Ansätze zu einer normativen Methodologie sind somit hiermit erstmals gegeben. Allerdings sind die Voraussetzungen für die Anwendung der Theoriewahlregeln sehr stark.

20. Eine schwache Duhem-Quine-These, nach der jede Prüfung einer Theorie die Meßtheorie ihrer Observablen voraussetzt (oder - logisch äquivalent - jede Theorie nur zusammen mit der Meßtheorie geprüft werden kann), gilt auch in unserer Rekonstruktion. Eine stärkere holistische Position gilt in der Methodologie nicht: selbstverständlich lassen sich umgekehrt die Meßtheorien der Observablen unabhängig von den Theorien prüfen (aber nicht alle Instanzen sind Prüfungen). Über die Bedeutung theoretischer Terme und ihrer Theorieabhängigkeit ist hierbei nichts ausgesagt.

21. Eine Kritik an der metamathematischen Behandlung von Theorien lassen wir nur in soweit zu, als daß Rekonstruktionen als Satzsysteme möglicherweise blind gegenüber dem methodologisch Wesentlichen machen.

22. In Bezug auf die observablen Größen und der dadurch ausgedrückten Sachverhalte ist unser Wissen akkumulativ, solange sich die Meßtheorien nicht ändern; in Bezug auf die theoretischen Größen ist es selbst dann nicht akkumulativ.

V.1.b Abstraktion zu Strukturspezien

Ähnlich wie der Strukturalismus unterteilen wir die Größen einer Theorie zunächst in observable und theoretische Größen. Für die ersten intendieren wir, daß eine von der Theorie logisch unabhängige und vorgängige Meßtheorie den Gebrauch der zur Bestimmung der Meßwerte nötigen Begriffe regelt. Die zweiten werden wir unter Verwendung von Nebenbedingungen durch Existenzquantifikation eliminieren. Der resultierende Ramsey-Satz repräsentiert den empirischen Gehalt der Theorie. Wir fassen jedoch hier alle Größen beider Arten, die wir uns als topologischen Raum gegeben denken, durch Produktraumbildung in jeweils einem (in der Regel mehrdimensionalen) Raum zusammen. $\langle \bigcup \mathcal{X}, \mathcal{X} \rangle$ bezeichne die Observablen und $\langle \bigcup \mathcal{T}, \mathcal{T} \rangle$ die theoretischen Größen.

Wir betrachten zunächst das dem Fundamentalgesetz entsprechende mengentheoretische Prädikat. Dies besteht aus Tupeln zweier Funktionen von einem gemeinsamen abzählbaren Grundbereich von Objekten in die beiden

Räume der observablen und theoretischen Größen, den sogenannten Anwendungen der Theorie. Wir sind nicht an einer genauen Repräsentation historischer Wissenschaftsverläufe durch Angabe konkreter Anwendungen interessiert, sondern betrachten die Menge aller möglichen Anwendungen, die Strukturspezies. Daher fordern wir, daß das Theorieprädikat nicht von den Individuenkonstanten selbst abhängt, gegebenenfalls ergibt sich die geforderte Symmetrie durch Übergang zu Tupeln von Gegenständen. Dies impliziert zugleich, daß alle für die Theorie bedeutsamen Eigenschaften auch durch Meßgrößen repräsentiert werden. Wir betrachten ferner wie in der Logik üblich[1] nur Sprachsysteme mit abzählbar vielen Individuenkonstanten.

Definition 124 $\mathcal{M}$ *heißt* **(symmetrisches) Theorieprädikat** *(***Strukturspezies***) auf* $\langle \mathcal{X}, \mathcal{T} \rangle$ *(mit Individuenklasse* Δ*) genau dann, wenn*

(i) $\langle \bigcup \mathcal{X}, \mathcal{X} \rangle$ und $\langle \bigcup \mathcal{T}, \mathcal{T} \rangle$ sind lokalkompakte Räume mit abzählbarer Basis

(ii) Jedes Element von $\mathcal{M}$ hat die Form $\langle D, x, t \rangle$ mit Individuen D und Funktionen $x : D \longmapsto \bigcup \mathcal{X}$ sowie $t : D \longmapsto \bigcup \mathcal{T}$, die jeweils auf ganz D definiert sind.

(iii) $\mathcal{M}$ ist symmetrisch unter Permutation der Individuenkonstanten:

$$\bigwedge \langle D, x, t \rangle \in \mathcal{M} \bigwedge D' \subseteq \Delta \bigwedge f \; f \in 1-1(D, D') \\ \rightarrow \langle D', x \circ f, t \circ f \rangle \in \mathcal{M}$$

(iv) Δ ist die abzählbare Klasse aller vorkommenden Individuen.

$$\Delta(\mathcal{M}) = \bigcup \left\{ D | \bigvee xt \;\; \langle D, x, t \rangle \in \mathcal{M} \right\}$$

Symmetrische Theorieprädikate sind allein durch die vorkommenden Werte bestimmt. Zu jedem endlichen $n \leq \#\Delta$ gibt es die Klasse aller $2n$-Tupel der auftretenden observablen und theoretischen Größen.

$$\mathcal{M}_n := \{ \langle x(a_1), \ldots, x(a_n), t(a_1), \ldots, t(a_n) \rangle \mid \langle \{a_1, \ldots, a_n\}, x, t \rangle \in \mathcal{M} \} \\ \subseteq X^n \times T^n$$
$$\mathcal{M}_\infty := \{ \langle x(a_1), \ldots, t(a_1), \ldots \rangle \mid \langle \{a_1, \ldots\}, x, t \rangle \in \mathcal{M} \} \subseteq X^\infty \times T^\infty$$

[1] Eine Ausnahme bilden z.B. die Nichtstandard-Modelle der Arithmetik der natürlichen Zahlen, die wir hier außer acht lassen. In Sprachen mit einem endlichen Alphabet lassen sich nur abzählbar viele Gegenstände benennen.

Aus diesen Mengen läßt sich leicht das ursprüngliche Theorieprädikat wiedergewinnen, indem man alle möglichen Gegenstandskonfigurationen zuläßt:

$$\mathcal{M} = \bigcup_{n \leq \infty} \left\{ \langle D, x, t \rangle \,\middle|\, \begin{array}{l} \bigvee f \in 1-1(\mathcal{N}, D) \bigvee \langle \underline{x}, \underline{t} \rangle \in \mathcal{M}_n \; : \#D = n \\ \wedge \bigwedge i \leq n \; x(a_{f(i)}) = \underline{x}_i \wedge t(a_{f(i)}) = \underline{t}_i \end{array} \right\}$$

Sei nun "$B(x, D)$" derjenige Satz, der unter Zuhilfename der vorgängigen Meßtheorie behauptet, daß den Objekten $a \in D$ der Meßwert $x(a)$ der nicht-theoretischen Größen bei einer der Messungen oder Präparationen zukommt. Der zentrale, den empirischen Gehalt der Theorie ausdrückende Ramsey-Satz hat dann die einfache Form

$$\bigwedge D \subseteq \Delta \bigvee t \bigwedge x \; B(x, D) \rightarrow \langle D, x, t \rangle \in \mathcal{M}$$

Dieser drückt gleichzeitig die Konstanz der theoretischen Größen über die verschiedenen Anwendungen aus. Einem zunächst nur als Prädikat $P(u_1, \ldots, u_m)$ vorliegenden Fundamentalgesetz können in der Regel mehrere Theorieprädikate und damit auch verschiedene Ramsey-Sätze zugeordnet werden, je nach Wahl der theoretischen Größen unter den u_i. Dies ist evident, falls das Prädikat symmetrisch unter gewissen Tupeln von Argumenten ist. Ein Beispiel dafür ist die weiter unten diskutierte Archimedische Statik.

Der Ramsey-Satz hängt aber auch von der Meßtheorie der nicht-theoretischen Größen ab, die in das Prädikat B eingeht. Diese ist aber logisch unabhängig vom Fundamentalgesetz. Möchte man daher von *der* Theorie unabhängig von meßtheoretischen Voraussetzungen an die vorgängigen Größen sprechen, so muß man Theorien als mengentheoretische Prädikate darstellen. Ihr empirischer Gehalt in der Form des Ramsey-Satzes läßt sich aus diesem Prädikat unter Zuhilfenahme der Meßtheorie wiedergewinnen. Indem wir diese Rekonstruktionsform eines 'Non-Statement-View' wählen, legen wir fest, daß die zu entwickelnden methodologischen Konzepte nicht von den meßtheoretischen Details der observablen Größen abhängen, sondern nur von deren Topologie.

V.1.c Skizze einer Hyperraumsemantik

Wir wollen im folgenden auch noch von dem absoluten Wert einer theoretischen Größe abstrahieren und fassen diejenigen Mengen nichttheoretischer Größen mit gleichen observablen Größen zusammen. Wir erhalten eine Menge geometrischer Objekte wie Kurven, Flächen oder Kegel, welche die möglichen Zustände der n-Teilchen-Systeme repräsentieren.

$$\text{(V.1)} \qquad \mathcal{K}_n := \left\{ F | \bigvee t \bigwedge x \; x \in F \leftrightarrow \langle x, t \rangle \in \mathcal{M}_n \right\}$$

Wie läßt sich dieses intuitiv einsichtige Verfahren semantisch begründen? In extensionalen Semantiken ist ein Modell einer Satzmenge gegeben durch eine Interpretationsfunktion über einem Universum, unter der die Satzklasse wahr ist. Eine Theorie kann dann auch als die Klasse aller ihrer Modelle angesehen werden. Man erhält hiermit eine stärkere metasprachliche Folgerungsbeziehung, denn jeder aus der Theorie ableitbare Satz ist nach dem Korrektheitssatz auch wahr in jedem Modell der Theorie. Die Umkehrung gilt nicht, da die Theorien in der höheren Quantorenlogik formuliert werden müssen, die nicht vollständig ist.

Enthält unsere Wissenschaftssprache nur endlich viele Begriffe

$$M = \{S_1^{\tau_1}, \ldots, S_n^{\tau_n}\},$$

so läßt sich die Interpretationsfunktion $I : S_j^{\tau_j} \mapsto I(S_j^{\tau_j}) \in U^{\tau_j}$ über dem Universum U auch als Tupel

$$\langle I(S_1^{\tau_1}), \ldots, I(S_n^{\tau_n}) \rangle$$

schreiben. Dies ist der Modellbegriff im Strukturalismus. Um zu einem Hyperraum zu gelangen, muß zunächst zu Strukturspezies übergegangen werden, wodurch die Kategorizität erzwungen wird. Das Universum der Stufe τ soll die Skalen sämtlicher Meßgrößen beinhalten. Diese müssen nicht nur kategorisch, also bis auf Isomorphie, sondern bis auf Homöomorphie eindeutig bestimmt sein (was durch das Dedekind-Axiom der jeweiligen Meßtheorie erreicht wird). Geht man wie im Strukturalismus zu den partiellen Modellen über, indem man die theoretischen Begriffe eliminiert, so kann man gemäß (V.1) das Fundamentalgesetz als Relation einer Stufe $> \tau$ über dem Grundraum interpretieren und so die Klasse aller partiellen Modelle repräsentieren.

So ist das Gleichgewichtsgesetz der Archimedischen Statik $P_{AS}(\underline{x}, \underline{g}) \leftrightarrow \underline{x} \cdot \underline{g} = 0$ symmetrisch in Ort $\underline{x}$ und Gewicht $\underline{g}$ der Elemente einer Balkenwaage.[2] Die zugehörigen n-Teilchen-Systeme werden durch die Hyperebenen $\mathcal{K}_n = \{\{\underline{x} | \underline{x} \cdot \underline{g} = 0\} | \underline{g} \in \Re^n \backslash \{\underline{0}\}\}$ durch den Nullpunkt repräsentiert. Sie sind

[2] Die bei Stegmüller zu findende Einschränkung der Gewichtsfunktion auf positive Werte ist künstlich und nicht zutreffend für Balkenwaagen in beliebigen flüssigen oder gasförmigen Medien, in welchen Körper mit geringerem spezifischen Gewicht einen Auftrieb erfahren, also ein negatives Gewicht besitzen.

durch $n-1$ Parameter festgelegt, da $\underline{g}$ und $a \cdot \underline{g}$ für $a \in \Re\backslash\{0\}$ dieselbe Hyperebene festlegen. Man kann die Zustandsklasse natürlich auch $\mathcal{K}_n = \{\{\underline{g}|\underline{x} \cdot \underline{g} = 0\}|\underline{x} \in \Re^n\backslash\{\underline{0}\}\}$ schreiben, dasselbe mengentheoretische Objekt kann also zwei verschiedene Nebenbedingungen repräsentieren. Im ersten Fall werden die Gewichte unverändert gelassen und nur entlang der Einkerbungen des Balkens verschoben, im zweiten Fall wird der Ort der Gewichte nicht verändert, hingegen die Gewichte aus kleinen gleichförmigen Scheiben beliebig zusammengesetzt. Im ersten Fall wird von einer Meßtheorie des Ortes, im zweiten Fall von einer Meßtheorie des Gewichtes Gebrauch gemacht.

Wenn aber das Fundamentalgesetz einer Theorie, wie etwa in der Mechanik, nicht Punkte, sondern Funktionen mit den theoretischen Termen verbindet, erhält man eine Relation einer Stufe $> \tau+1$ und muß zur Gewinnung des Hyperraumes erst hinreichend oft die Vereinigung über die Relation bilden. Wir haben gesehen, daß in solchen Beispielen, die Kurven über Differentialgleichungen bestimmen, schon in einfachen Fällen die Eigenschaft der positiven lokalen Observabilität verlorengeht. Dies scheint der Preis für die besondere Art der Elimination der theoretischen Terme zu sein.

Der Umgang mit dem Hyperraumformalismus ist besonders handlich. So kann die Konjunktion zweier unabhängiger Theorien $\langle\mathcal{X}_1, \mathcal{K}_1\rangle$ und $\langle\mathcal{X}_2, \mathcal{K}_2\rangle$ durch $\langle\mathcal{X}_1, \mathcal{K}_1\rangle \odot \langle\mathcal{X}_2, \mathcal{K}_2\rangle$, die Adjunktion zweier Theorien $\langle\mathcal{X}, \mathcal{K}_1\rangle$ und $\langle\mathcal{X}, \mathcal{K}_2\rangle$ auf gleichem Grundbereich durch $\langle\mathcal{X}, \mathcal{K}_1 \cup \mathcal{K}_2\rangle$ repräsentiert werden. Durch Restriktion von $\mathcal{K}$ können weitere Nebenbedingungen, wie die Übertragung einer theoretischen Größe in eine andere Theorie, eingebaut werden.[3]

[3] Der Strukturalismus unterscheidet verschiedene Nebenbedingungen, zu denen auch die in den Ramsey-Satz einfließende Unabhängigkeit der theoretischen Größen von der Anwendung zählt, die wir fest in die Rekonstruktion einbauen. Man muß jedoch beachten, daß nicht gleichzeitig Einzelpartikel und zusammengesetzte Systeme in der gleichen Anwendung auftreten, da dann die Komponenten irrtümlich mehrfach gezählt würden. Die Extensivität von Zustandsgrößen wird daher in unserer Rekonstruktion nicht explizit benötigt. Geht man zu Tupeln von Teilchen über, lassen sich Nebenbedingungen auch dem Fundamentalgesetz zuschlagen. Dies ist häufig auch notwendig, da nicht alle Nebenbedingungen allein theoretische Größen restringieren: Die Einführung starrer Körper in der klassischen Partikelmechanik erfolgt idealiter über die Forderung nach Konstanz der räumlichen Abstände der Massenpunkte im gewählten Bezugssystem.

V.2 Theoretizität

Wir kommen nun zurück zu unserer Ausgangsentscheidung, in der Rekonstruktion der Theorien zwischen observablen und theoretischen Größen zu unterscheiden. Wir untersuchen eine ganze Reihe von Aspekten der Theoretizität und betrachten zunächst die Kriterien des neueren Strukturalismus.

V.2.a Theoretizität und Definitionslehre

In der engeren Quantorenlogik läßt sich Definierbarkeit sowohl auf eine syntaktische Weise unter Verwendung des Ableitbarkeitsbegriffes, wie auch sematisch durch das Beth-Padoa-Kriterium erklären. Die Metasprache, in der die Definition von "definierbar" formuliert wird, besteht in der ersten Mengenstufe aus Sätzen, Begriffen, syntaktischen Relationen und den Mengen der Objektsprache. In ihr kann der syntaktische Definierbarkeitsbegriff ausgedrückt werden. Die zweite Mengenstufe erlaubt Quantifikation über Interpretationsfunktionen, also über Modelle und daher die Formulierung des Beth-Padoa-Kriteriums. Für die höhere Quantorenlogik der Objektsprache fallen beide Begriffe auseinander, wegen ihrer Unvollständigkeit ist der semantische Begriff echt reichaltiger. Im Peano-System ist etwa die Addition der natürlichen Zahlen nur semantisch definierbar, syntaktisch jedoch nicht mehr (oder nur "rekursiv"). Es ist daher nicht verwunderlich, daß die Wissenschaftstheorie sich meist auf den semantischen Begriff bezieht. In der Diskussion über die Definierbarkeit theoretischer Terme ist es aber wichtig, die Mengenstufe anzugeben, die für die Herleitung des Resultates verwendet wurde.

Gähde hat zwei notwendige Kriterien formuliert, die die Bedeutung theoretischer Ausdrücke charakterisieren sollen. Theoretische Terme sollen dann und nur dann semantisch definierbar sein, wenn zur Theorie Spezialgesetze oder Nebenbedingungen (Constraints) hinzugefügt werden. Diese beiden Kriterien - Nichtbestimmbarkeit der theoretischen Größen in der unspezialisierten Theorie (in jedem partiellen Modell [Gähde(90), S. 220, S. 228]) und Definierbarkeit in der spezialisierten Theorie - setzen voraus, daß jede Theorie in einen nichttrivialen kreativen Satz, dem Basisgesetz, und den Spezialgesetzen und Nebenbedingungen zerfällt. Aus dem Basisgesetz dürfen die theoretischen Größen nach Gähde insbesondere nicht definierbar sein, damit das Theorienetz flexibel genug bleibt, um zu allen denkbaren Daten eine kompatible Theorie zu liefern [Gähde(90), Kapitel 2]. Allerdings gilt Gähdes Argumentation nicht für einen unendlichen Theorierahmen oder -netz; endliche baumartige Theorienetze besitzen aber wiederum einen wohldefinierten empirischen Gehalt, der auch durch ein Theorieelement ausgedrückt werden kann [Gähde(95)]. Auch für ein Gesetz ohne Constraints folgt aus Definierbarkeit nicht Falsifizierbarkeit, wie das nachfolgende Beispiel zeigt. Dennoch könnte das Nichtdefinierbarkeitsprinzip vielleicht helfen, zwischen Materialgesetzen (Beispiel: "Ohm'scher Leiter", "Hooke'sche Feder"), Partikulargesetzen ("Harmonischer Oszillator", "Keplersche Planetenbewegung") und Fundamentalgesetzen ("Partikelmechanik") je nach der für die Definition benötigten Mengenstufe (1-3) der Metasprache zu unterscheiden.

Im Hyperraum haben wir immer hochspezialisierte Theorien rekonstruiert, die auch möglicherweise nie durch Spezialisierung aus einer anderen Theorie hervorgegeangen sind, daher ist das erste Kriterium schon aus formalen Gründen hier nicht anwendbar. Tut man es doch, erhält man kontraintuitive stark darstellungs- und sprachabhängige Resultate.[4] Nehmen wir ein einfaches Gesetz, wie das Ohmsche (t durchlaufe die Menge aller Experimente)

$$U(t) = R \cdot I(t) \tag{V.2}$$

Hierbei ist gewiß Widerstand R durch Spannung U und Strom I (syntaktisch) definierbar, kann also nach dem Nichtdefinierbarkeitsprinzip kein Kandidat für eine theoretische Größe sein, wenn Spannung und Strom als observabel angenommen sind. Gerade diese Definierbarkeit erlaubt es aber, den Ausdruck R wegzuquantifizieren. Das Ohmsche Gesetz ist logisch äquivalent zur Definition des Widerstandes $R(t)$

$$U(t) = R(t) \cdot I(t) \tag{V.3}$$

(es sei $I(t) \neq 0$ angenommen) und dem Identitätsconstraint

$$R(t) = R(t') \tag{V.4}$$

Es besteht also im Prinzip nur aus einem Spezialgesetz, dem Constraint. Es gibt kein kreatives Basisgesetz, (V.3) ist nur eine Definition und nicht falsifizierbar. Dennoch kann (V.2) ein möglicher Teil eines Theoriewahlproblems sein. Die Theoriewahl ist aber nicht vor der Wahl des Constraints beendet. Ersetzt man nun den Widerstand durch den spezifischen Widerstand ρ und die Länge l

$$U(t) = \rho \cdot l \cdot I(t)$$

[4] Eines der Gegenbeispiele in [Schurz(1990), Kapitel 12] basiert auf diesem Mißverständnis, andere auf der Verwendung einer zu schwachen Version des Nichtdefinierbarkeitskriteriums [Gähde(90), S. 222]. Insbesondere gibt es in Theorierahmen keine den Basiselementen vergleichbaren maximalen Elemente. Dennoch werden wir in Kapitel V.2.b Nichtdefinierbarkeitsresultate auf monadischen Sprachen erster Ordnung im Hyperraum erhalten.

bleibt die Ramsey-Eleminierbarkeit erhalten, aber keine der beiden Größen ist allein durch Spannung und Strom definierbar. Die Kurvenklassen sind aber in beiden Fällen sämtliche Geraden, die durch den Nullpunkt gehen, also (im Hyperraum-Non-Statement-View) dieselben Theorien. Der Unterschied liegt nur in der Darstellung, solange man für keine der Größen R, l, ρ eine externe Meßtheorie voraussetzt.

Eine Theorie impliziert aber nicht bloß eine Definition eines theoretischen Termes, sondern ist kreativ bezüglich der Größe[5], sagt also nicht nur etwas über sie, sondern mit ihrer Hilfe etwas über die Observablen aus. Dies wird nach einem bekannten Theorem [Essler(82), II.8 Satz 7] erreicht, wenn sie mindestens zwei nicht logisch äquivalente Definitionen abzuleiten gestatten. Die Kreativität ergibt sich allerdings, wie im Beispiel des Ohmschen Gesetzes, erst durch die Spezialgesetze und Constraints. Läßt man die Spezialgesetze und Constraints weg, ergibt sich ein unendlichimensionaler Hyperraum voll der merkwürdigsten Graphen. Er entspricht keiner prüfbaren Theorie mehr. Insbesondere sind die Constraints damit, wie der Strukturalismus schon festgestellt hat, Träger der empirischen Information.

In der klassischen Partikelmechanik hat die Diskussion um die Definierbarkeit der Masse eine lange Tradition. Einerseits wurden in der Folge von Mach und Helmholtz hinreichende Kriterien für die Definierbarkeit der Masse in der Lagrangeschen Mechanik gefunden, andererseits stehen dem die Nichtdefinierbarkeitsbeweise von Suppes, Sneed, Gähde und anderen entgegen. Nichtdefinierbarkeit der Massenverhältnisse folgt aus dem Padoa-Kriterium schon für das triviale Modell

$$m^1 \cdot \ddot{q}_i^1 = m^2 \cdot \ddot{q}_i^2 = 0$$

eines Zweilteilchensytem (untere Indizes sind die Kordinaten, obere die Partikel), hier sind die Massenverhältnisse beliebig wählbar. Aber beide Systeme interagieren nicht, diese wäre aber nach [Schmidt(93)] als Bedingung für die Eindeutigkeit von Massenverhältnissen in einem System von Teilchenbahnen zu fordern. Wir betrachten eine vereinfachte, spezielle Version der Theorie von Helmholtz, Havas und Schmidt aus [Kamlah(95)], um modellhaft das Prinzip zu erläutern.

Sei Q eine Menge von Funktionen $q : \Re \rightarrow \Re^{3N}$, $q_i^\mu(t) \in \Re$, $1 \leq i \leq 3$, $1 \leq \mu \leq N$, welche N-Teilchen-Partikelbahnen beschreiben. Es gelte die Lösungsbedingung, daß es zu jedem t_0 und jedem $x, v \in \Re^{3N}$ genau ein $q \in$

[5]Genauer: In jeder logisch äquivalenten Darstellung der Theorie als Konjunktion zweier Teile $T \dashv\vdash A \wedge B$, so daß der Term S in A nicht vorkommt, ist B bezüglich S kreativ; es gibt also Sätze C und D, in denen S nicht vorkommt, mit $B \wedge C \vdash D$ und $C \nvdash D$.

Q gibt mit $q(t_0) = x$ und $\dot{q}(t_0) = v$. Wir bezeichnen die so für t_0 definierte Funktion $\langle x, v, t\rangle \mapsto q(t)$ mit u_{t_0}, und erklären die Beschleunigungsfunktion $g(x, v, t) := \mathrm{d}^2 u_t(x, v, t)/\mathrm{d}t^2$. Dann gilt natürlich für jedes $q \in Q$

$$\ddot{q}(t) = g(q(t), \dot{q}(t), t).$$

Zwei Partikel μ, ν heißen unmittelbar wechselwirkend, wenn

$$\bigvee ij \; \frac{\partial g_i^\mu}{\partial \dot{q}_j^\nu} \neq 0 \vee \frac{\partial g_i^\mu}{\partial q_j^\nu} \neq 0;$$

sie heißen indirekt wechselwirkend, wenn es eine Kette $\mu = \mu_1, \ldots, \mu_m = \nu$ gibt, so daß μ_i und μ_{i+1} für jedes i, $1 \leq i < m$, unmittelbar wechselwirken. Wenn Größen $C_{\mu\nu}$ existieren mit

$$\begin{aligned} \frac{\partial g_i^\nu}{\partial \dot{q}_j^\mu} &= -C_{\mu\nu} \cdot \frac{\partial g_i^\mu}{\partial \dot{q}_j^\nu} \\ \frac{\mathrm{d}}{\mathrm{d}t} \frac{\partial g_i^\nu}{\partial \dot{q}_j^\mu} &= \frac{\partial g_i^\nu}{\partial q_j^\mu} - C_{\mu\nu} \cdot \frac{\partial g_i^\mu}{\partial q_j^\nu} \\ C_{\lambda\mu} C_{\mu\nu} C_{\nu\lambda} &= 1 \end{aligned}$$

für alle μ, ν, λ, i, j, dann können diese als Massenverhältnis $C_{\mu\nu} = m_\mu / m_\nu$ gedeutet werden. Wenn je zwei verschiedene Partikel indirekt wechselwirken, dann sind die Massenverhältnisse eindeutig. Sie sind dann also definierbar.

Schauen wir aber kurz, in welcher Sprache diese Argumentation geführt wurde. Sie ist offensichtlich von höherer mengentheoretischer Stufe, als die Sprache des Padoa-Kriteriums. Es wurde nicht nur über einzelne Modelle quantifiziert, wir verwendeten eine Parametrisierung $u_{t_0}(x, v, .)$ aller Modelle über einem gegebenem Universum, was nicht möglich ist, ohne über Mengen von Modellen zu quantifizieren. (Es handelt sich sogar um die Parametrisierung des Hyperraumes der Trajektoren in unserem Sinne.) Man mag eine solche Sprache nach Kamlah und Schmidt potentialistisch nennen, weil sie in einem gewissen Sinne gleichzeitig über alle möglichen empirischen Realisationen zu sprechen gestattet, solange man nicht vergißt, daß man die extensionale Semantik dazu nicht zu verlassen braucht. Im Gegensatz zur "faktischen" Beschleunigung $\ddot{q}(t)$ ist $g(q(t), \dot{q}(t), t)$ "potentiell" oder "dispositionell"; wie Essler gezeigt hat [Essler(Disp.)], lassen sich aber deterministische Dispositionsbegriffe vollständig extensional ohne Mögliche-Welten-Semantik ausdrücken. Der Massenbegriff scheint nur unter Zuhilfenahme aller (partiellen) Modelle definierbar zu sein, und nicht aus einem einzigen; vielleicht läßt sich dieser Grundgedanke erhärten und präzisieren.

Nicht zu verwechseln mit der Frage der Definierbarkeit von Masse ist der Nachweis, daß die Einzelkräfte und daher erst recht Kräfte und Massen zusammen als Paar nicht definierbar sind. Sneed und Gähde zeigen, daß solange mehrere Spezialgesetze für Kräfte in einer Summe mitwirken, keine eindeutige Zerlegbarkeit und damit Definierbarkeit gegeben ist. Im Falle nur eines Spezialgesetzes ist die Kraft definierbar, und zwar auch dann, wenn das Spezialgesetz unbekannt ist und durch eine Funktionskonstante repräsentiert wird. (Das Gesamtgesetz ist dann Konjunktion zweier logisch nicht äquivalenter Definitionen). Nichtdefinierbarkeit der Masse folgt auch für Abschwächungen der Partikelmechanik, etwa unter Weglassen des Impulserhaltungssatzes. Keine Antwort auf die Frage nach der kinematischen Definierbarkeit der Masse liefert auch Mackey [Mackey(63)], der die obige Beschleunigungsfunktion aus dem Energiepotential gewinnt; das Problem wird nur von der Masse auf die Energie verschoben.

V.2.b Syntaktische Definierbarkeit im Hyperraum

Nachdem am Beispiel des Massenbegriffs aufgezeigt wurde, daß zu einer Definition einiger Größen eine Sprache benötigt wird, in der über Mengen von Modellen quantifiziert werden kann, wollen wir nun untersuchen, welche Modellmengen im Hyperraum, also welche Teilmengen des Hyperraumes auf elementare syntaktische Weise durch Datenmengen definiert werden können. Dies sind gewiß nicht alle, man kann etwa die Menge aller Kreise eines Radius in der Menge aller Kreise nicht durch Festlegung endlich vieler Punktmengen bestimmen.

Sei $\mathcal{H} = \langle \mathcal{X}, \mathcal{M} \rangle$ ein Hyperraum, $\mathcal{A} \subseteq \mathcal{B}(\mathcal{X})$ eine Algebra borel-meßbarer Mengen. Die monadische Sprache erster Ordnung $\mathcal{L}^{\mathrm{O}}(\mathcal{A}, \mathcal{H})$ erklären wir durch

- Die einzigen Prädikate sind von der Form $P(x) \leftrightarrow x \in P$ für $P \in \mathcal{A}$.
- Es gibt Variable $x, x_i, y, \ldots$ und Quantoren $\bigwedge, \bigvee$ erster Ordnung über X.
- Es gibt eine einzige Variable zweiter Stufe F, die nur frei vorkommt und über $\mathcal{M}$ läuft. Die Ausdrücke der Form $x \in F$ sind in $\mathcal{L}^{\mathrm{O}}$.
- Sind $A, B \in \mathcal{L}^{\mathrm{O}}$, so auch $\neg A$, $A \wedge B$, $A \vee B$, $A \rightarrow B$, ...

Die Sprache ist partiell interpretiert, so daß die in $\mathcal{L}^{\mathrm{O}}$ unter der Interpretation $P() \mapsto P \subseteq X$ wahren Sätze auch unter allen damit verträglichen und hier allein intendierten Interpretationen ("logisch") wahr sind. Dazu gehören beispielsweise $P \subseteq Q$, $P \cap Q \neq \emptyset$, $P = \emptyset$, nicht jedoch $\bigwedge xy \in P : x = y$, da die Identität nicht in $\mathcal{L}^{\mathrm{O}}$ ausdrückbar ist. Die einzigen Sätze zweiter Stufe, die in $\mathcal{L}^O$ ausdrückbar sind, enthalten die Variable F frei. Sie definieren bestimmte Teilmengen des Hyperraumes.

Definition 125 *Eine Menge $\mathcal{K} \subseteq \mathcal{M}$ heißt genau dann* **in $\mathcal{L}^O(\mathcal{A},\mathcal{H})$ [von T] definierbar** , *wenn es einen Satz $A[F]$ gibt, in dem höchstens F frei vorkommt, mit*

$$[T \vdash] \bigwedge F \in \mathcal{M} : F \in \mathcal{K} \leftrightarrow A[F]$$

Theorem 126 *Eine Menge $\mathcal{K} \subseteq \mathcal{M}$ ist genau dann in $\mathcal{L}^O(\mathcal{A},\mathcal{H})$ definierbar, wenn sie ein Element der durch die Mengen*

$$\text{(V.5)} \qquad [P;]_{\mathcal{M}},\ \{F \in \mathcal{M} | P \subseteq F\},\ P \in \mathcal{A}$$

erzeugten Algebra über $\mathcal{M}$ ist. Gilt zusätzlich für kein $P \in \mathcal{A}\backslash\{\emptyset\}$ und kein $G \in \mathcal{M}$ $P \subseteq G$, so läßt sich $\mathcal{K}$ in der Form

$$\text{(V.6)} \qquad \mathcal{K} = \cup_{i=1}^{n}[P_1^i, \ldots, P_m^i; P_{m+1}^i]_{\mathcal{M}}$$

für $P_j^i \in \mathcal{A}$ und gewisse n, m darstellen.

Bew.: Die Mengen (V.5) lassen sich durch

$$\text{(V.7)} \qquad \begin{array}{lcl} F \in [P;]_{\mathcal{M}} & \leftrightarrow & \bigvee x\ x \in F \wedge x \in P \\ F \in \{F \in \mathcal{M} | P \subseteq F\} & \leftrightarrow & \bigwedge x\ x \in P \rightarrow x \in F \end{array}$$

in $\mathcal{L}^O$ definieren. Durchschnitt, Vereinigung und Komplement (in $\mathcal{M}$) entsprechen Konjunktion, Adjunktion und Negation des Definiens.

Umgekehrt orden wir den Definiens aus $\mathcal{L}^O$ rekursiv Teilmengen des Hyperraumes zu. Sei $A[F]$ ein Satz aus $\mathcal{L}^O$, in dem höchstens die Variable F frei vorkommt. Da er nur endlich viele monadische Prädikate erster Stufe enthält, und F ebenso behandelt werden kann, genügt es, die Konjunktionsglieder der Konstituenten der Hintikka-Normalform [Essler(70), S. 343]

$$\bigvee x \ \ ((\neg)x \in F) \wedge (\neg)P_1(x) \wedge \ldots \wedge (\neg)P_n(x)$$

($P_i \in \mathcal{A}$) zu betrachten. Falls F nicht vorkommt, ist es ein geschlossener Satz der engeren Quantorenlogik, der unter der gegebenen Interpretation über X entweder wahr oder falsch ist (Vollständigkeit der Prädikatenlogik erster Stufe). Im ersten Fall ordnen wir dem Satz die Menge $\mathcal{M} = [X;]$, im zweiten Fall $\emptyset = [\emptyset;]$ im Hyperraum zu. Da $\mathcal{A}$ eine Algebra ist, sind

$\emptyset, X \in \mathcal{A}$, und die Darstellungen haben die gewünschte Form (V.5). Falls F positiv vorkommt, läßt sich der Satz in der Form

$$\text{(V.8)} \qquad \bigvee x \; x \in F \wedge P(x) \quad (\leftrightarrow F \in [P;])$$

mit $P = (X\backslash)P_1 \cap \ldots \cap (X\backslash)P_n \in \mathcal{A}$ schreiben, und wir orden ihm die Menge $[P;]$ zu. Falls F negativ vorkommt, schreiben wir ihn in der Form

$$\text{(V.9)} \qquad \neg \bigwedge x \; P(x) \rightarrow x \in F \quad (\leftrightarrow P \not\subseteq F),$$

und ordnen die Menge $M\backslash\{F \in \mathcal{M} | P \subseteq F\}$ zu. Konjunktionen, Adjunktionen und Negationen von Sätzen entsprechen wiederum Durchschnitt, Vereinigung und Komplement von Mengen.

Um den zweiten Teil des Theorems zu erhalten, muß man nur einsehen, daß $\mathcal{M} = [X;]$, $\emptyset = [\emptyset;]$ und (V.8), sowie (V.9)$\longmapsto \mathcal{M}$ bereits die gewünschte Form (V.6) besitzen, und diese nach (III.7) abgeschlossen unter Durchschnitt, unter Vereinigung, und mit

$$\text{(V.10)} \qquad \mathcal{M}\backslash[P_1, \ldots, P_m; P_{m+1}]_{\mathcal{M}} = \cup_{i=1}^{m}[P_{m+1}; P_i]_{\mathcal{M}}$$

auch unter Komplement ist. □

Unter der sehr plausiblen Zusatzbedingung $P \not\subseteq F$, $P \in \mathcal{A}\backslash\{\emptyset\}$, $F \in \mathcal{M}$, die beispielsweise für eine von Intervallen erzeugte (einfache) Algebra $\mathcal{A}$ wegen $P^{\circ} \neq \emptyset$ für $P \neq \emptyset$ und für gewöhnliche geometrische Objekte mit $F^{\circ} = \emptyset$ gilt, lassen sich also die über den Grundraum definierbaren Teilmengen des Hyperraumes durch den üblichen Mechanismus (V.6) erzeugen, über den schon die Observationen und die Hyperraum-Basis definiert wurden.

Schon ein einfacher Kardinalitätsvergleich zeigt, daß es in $\mathcal{L}^{O}$ nichtdefinierbare offene wie abgeschlossene Mengen geben muß. Ist $\mathcal{A}$ abzählbar, so ist es auch die Klasse der von $\mathcal{A}$ erzeugten Mengen (V.6). Umgekehrt gibt es aber in Kontinua immer überabzählbar viele abgeschlossene (und gleichviele offene) Mengen, also auch in den meisten Hyperräumen. Diese können aber beliebig approximiert werden. Falls $\mathcal{A}$ zu jedem Punkt beliebig kleine (nicht notwendigerweise offene) Umgebungen besitzt, so gilt dies auch für die Mengen (V.6) im Hyperraum. Man vergegenwärtige sich, daß jede offene Menge durch eine abzählbare Vereinigung solcher Umgebungen dargestellt werden kann (Separabilität!). Somit enthält die von (V.6) erzeugte Sigma-Algebra sämtliche offene Mengen und damit sogar alle Borel-Mengen des Hyperraumes. Wenn nun physikalische Eigenschaften durch Borel-meßbare (reellwertige?) Funktionen auf dem Hyperraum repräsentiert werden, liegen alle relevanten Eigenschaften in der von der Algebra der definierbaren Mengen erzeugte Sigma-Algebra. Der Unterschied zwischen den definierbaren Eigenschaften und einer nichtdefinierbaren Eigenschaft kann also beliebig klein gemacht werden. Daß kontinuierliche Funktionen nicht in der engeren Quantorenlogik definierbar sind, folgt schon aus dem Satz von Skolem-Löwenheim.

Offen ist noch die Frage nach konkreten Beispielen. Ich vermute, daß die abgeschlossene Klasse der Kreise mit gegebenem Radius R im Hyperraum der Kreise in der Ebene nicht im obigen Sinne definierbar ist. Ähnlich wird es sich in den meisten mehrdimensionalen Hyperräumen verhalten, wenn man sich nichtleere abgeschlossene echte Teilmengen herausnimmt, deren Elemente den ganzen Raum überdecken. Definiert man eine Größe als reellwertigige stetige surjektive Abbildung auf dem Hyperraum, so können aus Kardinalitätsgründen nur die Urbilder abzählbar vieler Punkte definierbar sein, falls $\mathcal{A}$ abzählbar ist. Interessant wäre die Erforschung der in $\mathcal{L}^{O}(\mathcal{B}(\mathcal{X}),\mathcal{H})$ definierbaren "borel-definierbaren" Mengen, von denen es überabzählbar viele gibt.

V.2.c Zwei Induktionstheoreme für Hyperräume

Im Strukturalismus wird zwischen den Modellen einer Theorie und ihren partiellen Modellen unterschieden, aus denen die theoretischen Terme entfernt wurden. Der Übergang erfolgt durch eine Restriktionsfunktion. Im Hyperraum können wir diese Transformation nachmodellieren. Anstatt jedoch aus den Einzeltermen Tupel zu bilden, verwenden wir das Hyperraumprodukt, um die durch eigene Hyperräume repräsentierten Teilterme zu verketten. Dies macht nach Satz 70 keinen Unterschied für die Hyperraumtopologie, hat jedoch den Vorteil, daß die Verknüpfung wiederum ein Hyperraum ist, der einen Grundraum besitzt. Ganz analog zur strukturalistischen Vorgehensweise erklären wir:

Definition 127 *Seien $\mathcal{G}$ und $\mathcal{H}$ Hyperräume und $\mathcal{T}$ ein Teilraum von $\mathcal{G} \odot \mathcal{H}$. Dann wird die* **Restriktion von $\mathcal{T}$ auf $\mathcal{G}$** *erklärt durch*

$$\text{(V.11)} \qquad \begin{array}{c} \mathrm{r}_{\mathcal{G}}(G \times H) := G, \;\; G \times H \in \mathcal{G} \odot \mathcal{H} \\ \mathrm{r}_{\mathcal{G}}[\mathcal{T}] = \{G | \bigvee H \;\; G \times H \in \mathcal{T}\} \end{array}$$

Die Fragestellung, welches geeignete Bedingungen an die Topologien seien, so daß die Topologie auf den partiellen Modellen durch die Restriktionsfunktion induziert wird, wird in der strukturalistischen Literatur als "Induktionsproblem" bezeichnet (und ist mit dem gleichnamigen epistemologischen Problem nicht verwandt). Die initialen Konstruktionen existieren zwar sowohl für Topologien, als auch für uniforme Strukturen, sind aber nicht brauchbar, denn zwei empirisch gleiche Modelle mit verschiedenen theoretischen Ergänzungen sind nicht im Sinne von (UB_2) trennbar. Die Topologie ist also nicht Hausdorffsch. Interessant ist lediglich die Betrachtung der assoziierten separierten Räume [Schubert(75), II 2.3] oder der Vervollständigungen, welche beide diesen Mangel beheben. Die finale uniforme Struktur bezüglich der Restriktionsfunktion hingegen muß jedoch nicht immer existieren. Es gibt zwar stets eine feinste Uniformität unter denen, für welche die Restriktionsfunktion gleichmäßig stetig ist. Jedoch muß diese nicht die finale Topologie tragen. Moulines und Straub konnten eine hinreichende und praktisch anwendbare Bedingung angeben, unter denen die finale uniforme Struktur existiert.[6] Man könnte auch, an eine Idee von Bartelborth anknüpfend, die Klasse der Modellemengen mit gleichen nichttheoretischen Teilen, also die Fasern der Restriktionsfunktion, ihrerseits als Hyperraum ansehen und mit der Uniformität (III.22) versehen.[7]

Jedoch sagt der mathematische Existenzsatz noch nichts darüber aus, ob die induzierte Topologie auf den partiellen Modellen auch durch die nichttheoretischen Größen ausgedrückt werden kann. Dies ist selbst für den Spezialfall, daß die theoretischen Terme durch die Nichtheoretischen

[6] Moulines und Straub haben in [Moulines/Straub(94)] und [Moulines(96)] eine gegenüber [Stegmüller(86), Kap. 8] bedeutend verallgemeinerte und elaborierte Definition einer strukturalistischen Uniformität auf Modellen gegeben: Sei $\mathcal{V}$ eine uniforme Struktur auf M_{pp}, r die übliche Reduktionsfunktion $r : M_{\mathrm{p}} \to M_{\mathrm{pp}}$. Dann ist die initiale Uniformität $\mathcal{U} = r^{-1}[\mathcal{V}]$ auf M_{p} homogen in folgendem Sinne: $\mathcal{U}$ besitzt eine Basis von Elementen U mit

$$\bigwedge \langle x, y\rangle \in U \bigwedge x' \in M_{\mathrm{p}} : r(x) = r(x') \\ \to \bigvee y' \in M_{\mathrm{p}} : r(y) = r(y') \wedge \langle x', y'\rangle \in U.$$

Ist umgekehrt $\mathcal{U}$ eine homogene Uniformität auf M_{p}, so ist der finale Filter $r[\mathcal{U}]$ eine Uniformität auf M_{pp} und es ist $\mathcal{U} = r^{-1}[r[\mathcal{U}]]$ genau dann, wenn $\mathcal{U}$ eine "empirische" Uniformität ist, also empirisch gleichwertige Modelle nicht trennt: Für jedes $U \in \mathcal{U}$ und jedes $x, x' \in M_{\mathrm{p}}$ ist mit $r(x) = r(x')$ auch $\langle x, x'\rangle \in U$.

[7] Bartelborth hat in [Bartelborth(96), S. 295 f.] die Idee skizziert, aus einer Quasimetrik auf M_{p} eine Quasimetrik auf M_{pp} zu induzieren. Gemeint dürfte dabei folgendes sein: Sei ρ eine Quasimetrik auf M_{p}, dann wird durch die Hausdorff-Metrik (III.23) eine Quasimetrik $\rho'(x, y) = \mathrm{d}(r^{-1}[x], r^{-1}[y])$ für $x, y \in M_{\mathrm{pp}}$ erklärt. Falls die Fasern parallel sind, also $\rho(u, r^{-1}[y]) = \rho(r^{-1}[x], v)$ für alle $u \in r^{-1}[x]$ und $v \in r^{-1}[y]$ gilt, reduziert sich $\rho'(x, y)$ auf den minimalen Abstand zwischen den Fasern $r^{-1}[x]$ und $r^{-1}[y]$. Im allgemeinen erzeugt letzterer Ausdruck jedoch *keine* Quasimetrik, der Beweis a.a.O. ist falsch. Auf die Beispiele Bartelborths hat dies jedoch keinen Einfluß. Seine Quasimetriken sind stets als Summe von Abständen der einzelnen Terme erklärt, was stets zu Bündeln aus parallelen Fasern führt.

Dieses Konzept ist eng verwandt mit den strukturalistischen Topologien von Moulines. Uniforme Strukturen sind genau dann quasimetrisierbar, wenn sie eine abzählbare Basis besitzen [Schubert(75), II 2.8 Satz 1], was für alle relevanten Anwendungen zutrifft. Dann existiert auch immer eine endliche Quasimetrik [Schubert(75), II 2.6 Beisp.].

im Sinne des Padoa-Kriteriums eindeutig bestimmt sind, nicht ohne weiters beweisbar. In diesem Fall existiert die finale Konstruktion, und ihr Urbild ist gleich der ursprünglichen uniformen Struktur.[8] Ob die Restriktion mit dem ursprünglichen Raum topologisch gleichwertig ist, ob also die mit Hilfe der theoretischen Terme bestimmbaren Umgebungsfilter von Modellen/Hyperraumelementen auch ohne diese darstellbar sind, wurde noch nicht untersucht. Tatsächlich gilt das nur unter einer speziellen lokalen Kompaktheitsforderung; im Allgemeinen ist die Topologie der Restriktion gröber. Jedes Hyperraumelement muß eine durch die nichttheoretischen Terme ausdrückbare kompakte Umgebung besitzen, dann ist Definierbarkeit hinreichend für Restringierbarkeit. Gegenbeispiele konstruiere man analog zu dem in Satz 70.

Theorem 128 (Erstes Induktionstheorem) *Sei $\mathcal{H}$ ein Hyperraum, sei $\mathcal{G}$ ein epistemischer Hyperraum und $\mathcal{T}$ ein Teilraum von $\mathcal{G} \odot \mathcal{H}$, so daß das Padoa-Kriterium*

$$\bigwedge F \times G, F \times H \in \mathcal{T} : \; G = H \tag{V.12}$$

erfüllt ist. Weiterhin besitze jedes Element von $\mathcal{T}$ eine in $\mathcal{T}$ kompakte Umgebung, die in der lokalen Topologie zum Grundraum von $\mathcal{G}$ darstellbar ist. Dann sind $\mathcal{T}$ und seine Restriktion auf $\mathcal{G}$ auf natürliche Weise homöomorph.

Bew.: Mit Satz 70 gehen wir zunächst auf die Hyperraumsumme $\mathcal{G} \oplus \mathcal{H}$ über und betrachten $\mathcal{T}$ als deren Teilraum. Das Padoa-Kriterium garantiert die Bijektivität der (in die Hyperraumsumme übersetzen) Restriktion $F \cup G \mapsto F$. Sei X der Grundraum von $\mathcal{G}$, dann ist X eine offene Teilmenge des Grundraumes des Summenraumes. Jedes $H = F \cup G \in \mathcal{T}$ besitzt nach Voraussetzung eine kompakte Umgebung (ohne Einschränkung von der Form) $\mathcal{F}_H = [K_1, \ldots, K_n; O]_{\mathcal{T}}$ mit $K_i, O \subseteq X$. Die Zusatzbedingung $F \subseteq G \to F = G$ für epistemische Hyperräume ist äquivalent zu (IV.10) auf X, also kann Satz 111 auf jede Menge $\mathcal{F}_H$ angewendet werden. Für jede dieser Mengen ist die Restriktion ein Homöomorphismus. Da jedes $H \in \mathcal{T}$ eine Umgebung $\mathcal{F}_H$ besitzt, für die dies gilt, ist die Restiktion ein Homöomorphismus zwischen $\mathcal{T}$ und $\mathrm{r}_{\mathcal{G}}[\mathcal{T}]$, was zu zeigen war. □

Noch ist nicht gezeigt, in welcher Beziehung der Hyperraum selber zu den theoretischen Termen steht. Wenn nun der rechte Faktor selbst die theoretischen Terme darstellt, und diese wiederum durch den Grundraum

[8] Dies folgt sofort aus [Moulines/Straub(94)] Proposition 1.

gegeben sind, dann besteht also jedes seiner Elemente nur aus einem Punkt. In diesem Fall müßte sich die Topologie des Raumes $\mathcal{T}$ auf den Grundraum des rechten Faktors reduzieren. Unter Verwendung einer lokalen Kompaktheitsannahme ist dies die Aussage des zweiten Induktionstheorems.

Definition 129 *Ein* **einpunktiger Hyperraum** *ist ein Hyperraum, deren Elemente nur aus einem Punkt bestehen.*

Theorem 130 (Zweites Induktionstheorem) *Sei $\mathcal{G}$ ein Hyperraum, $\mathcal{H}$ ein einpunktiger Hyperraum und $\mathcal{T}$ ein Teilraum von $\mathcal{G} \odot \mathcal{H}$ so, daß die Eindeutigkeitsbedingung*

(V.13) $$\bigwedge F \times H, G \times H \in \mathcal{T} : \; F = G$$

erfüllt ist. Weiterhin besitze jedes Element von $\mathcal{T}$ eine in $\mathcal{T}$ kompakte Umgebung, die in der lokalen Topologie zum Grundraum von $\mathcal{H}$ darstellbar ist. Dann ist $\mathcal{T}$ auf natürliche Weise homöomorph zu dem Teilraum $\bigcup \mathrm{r}_{\mathcal{H}}[\mathcal{T}]$ des Grundraumes von $\mathcal{H}$.

Bew.: Wir wenden das erste Induktionstheorem auf $\mathcal{H}$ (mit Grundraum $\langle Y, \mathcal{Y} \rangle$) an. Für zwei Elemente $\{x\}$, $\{y\}$ aus $\mathcal{H}$ gilt natürlich immer $\{x\} \subseteq \{y\} \rightarrow x = y$. Die Eindeutigkeitsbedingung entspricht dem Padoa-Kriterium (V.12) für $\mathcal{G}$ und $\mathcal{H}$ vertauscht. Die letzte Voraussetzung des ersten Induktionstheorems ist wörtlich gegeben. Dann sind $\mathcal{T}$ und $\mathrm{r}_{\mathcal{H}}[\mathcal{T}]$ homöomorph. Einpunktige Hyperräume sind nach Lemma 74 immer stetige Disjunktionen, denn $\bigcup[O;] = O$ und $\bigcup[;K] = Y \backslash K$ sind immer offen für $O \in \mathcal{Y}$, $K \in \mathcal{C}(\mathcal{Y})$. Nach Lemma 75 hat dann jede in $\mathcal{H}$ offene Menge die Form $[O;]$ mit $O \in \mathcal{Y}$. Damit ist die Bijektion $\bigcup \mathrm{r}_{\mathcal{H}}[\mathcal{T}] \rightarrow \mathrm{r}_{\mathcal{H}}[\mathcal{T}]$, $x \mapsto x$ ein Homöomorphismus. □

Beide Induktionstheoreme lassen sich zusammenfassen.

Korollar 131 *Sei $\mathcal{G}$ ein epistemischer Hyperraum, $\mathcal{H}$ ein einpunktiger Hyperraum und $\mathcal{T}$ ein Teilraum von $\mathcal{G} \odot \mathcal{H}$ so, daß die Eindeutigkeitsbedingung*

(V.14) $$\bigwedge F \times \{t\}, G \times \{t'\} \in \mathcal{T} : \; F = G \leftrightarrow t = t'$$

erfüllt ist. Weiterhin besitze jedes Element von $\mathcal{T}$ jeweils in $\mathcal{T}$ kompakte Umgebung, die in der lokalen Topologie zu den Grundräumen von $\mathcal{G}$ und $\mathcal{H}$ darstellbar sind. Dann ist $\mathrm{r}_{\mathcal{G}}[\mathcal{T}]$ auf natürliche Weise homöomorph zu dem Teilraum $\bigcup \mathrm{r}_{\mathcal{H}}[\mathcal{T}]$ des Grundraumes von $\mathcal{H}$, und beide sind homöomorph zu $\mathcal{T}$.

V.2.d Theorieabhängigkeit von Messungen

Alle Messungen sind abhängig von irgend einer Theorie. Balzer unterscheidet zwischen archigonenen Meßmethoden, welche nur eine rudimentäre, von der zu rekonstruierenden Theorie unabhängige Meßtheorie voraussetzt, und theoriegeleiteten Messungen. Es ist aber nicht klar, wie man diesen Unterschied begrifflich fassen könnte. Die meisten, hauptsächlich die präziseren Meßmethoden sind offensichtlich theoriegeleitet. Die Atomuhr beispielsweise benötigt zur Begründung ihrer Funktionsfähigkeit quantenmechanische Aussagen über Spektrallinien gewisser Atomsorten. Die Pendeluhr fand schon vor Newton Verwendung, aber der harmonische Oszillator ist natürlich Lösung der Bewegungsgleichungen. Die als archigon eingestuften Sonnenuhren waren in der Antike gebräuchlich, die Konstanz der Rotationsgeschwindigkeit der Erde relativ zur Sonne ist aber Konsequenz der Drehimpulserhaltung. Letzthin ist jede Art von Zeitmessung ein zeitlich periodischer Vorgang, der den physkalischen Grundgesetzen gehorcht.

Aus der Theorieabhängigkeit der Messungen folgt nicht, daß es kein Regelsystem gibt, welches für einige Begriffe neutral gegenüber einigen Theorien ist. Metrik oder Topologie von Meßgrößen können zwischen konkurrierenden Theorien variieren. Stegmüller fordert als fundamentale Konsensebene für die Kommunikation eine theorieunabhängige Mereologie, eine ontologische Festlegung bestimmter Gegenstandsbegriffe. Problematisch ist dies spätestens auf der Ebene der Elementarteilchen. Die unabhängige Existenz einzelner Quarks war lange umstritten. Ein apriorisches begriffliches Fundament gibt es nicht im Allgemeinen. Für konkrete Theorierahmen wird man aber einen minimalen begrifflichen Konsens benötigen, um entscheidende Experimente formulieren zu können.

Betrachten wir die Positionsbestimmungen von Sternen mittels Parallaxemessung. Dazu werden in einem Abstand von einem halben Jahr zwei Messungen an den äußeren Punkten der großen Halbachse der Erdbahn getätigt. Die große Halbachse dient dann als Basis für eine Triangulation. Weiterhin muß der Aberrationseffekt durch die Relativbewegung der Erde berücksichtigt werden. Es wird also die Mechanik der Planetenbahnen benutzt. Ein epistemischer Zirkel ergibt sich dadurch nicht, denn die kinematischen Parameter können letztlich durch endlich viele Orts- und Zeitmessungen im Rahmen der Keplerschen Gesetze, der klassischen Geometrie der Lichtstrahlen und der Kinematik der Erdrotation bestimmt werden. Man muß also für bestimmte Ortsmessungen bereits andere Ortsmessungen voraussetzen. Diese letzteren sind innerhalb ihres Kontextes relativ fundamental.

Balzer hat in [Balzer(85)] ein neues Kriterium zu Theoretizität formuliert. Ein Term heißt T-theoretisch in Bezug auf eine Theorie T relativ zu einer Transformationsgruppe G genau dann, wenn er bei festgehaltenen übrigen Größen durch das Fundamentalgesetz der Theorie eindeutig bis auf eine Transformation aus G bestimmt ist. Üblicherweise sind für G nur lineare Transformationen zugelassen. Dies führt zu einer Reihe kontraintuitiver Resultate. Zunächst sind alle durch eine Funktion $y = f(x)$ als Fundamentalgesetz gegebenen Bildgrößen y theoretisch. Ist f injektiv, so gilt dies auch für die Urbildgröße x. Für den harmonischen Oszillator (Pendel) mit fester Phase $x = A \sin(\omega t)$ gibt es zu festgehaltenem A_0, x_0, $t_0 \neq 0$ mit $|x_0| \leq |A_0|$ unendlich viele Lösungen $\omega_n = \frac{1}{t_0}\left(\arcsin\left(\frac{x_0}{A_0}\right) + 2\pi \cdot n\right)$ für die Frequenz. Betrachen wir Modelle mit mindestens zwei Pendeln a und b, ohne Einschränkung mit $t_0(a) = t_0(b) = 1$. Es gibt dann ein Modell, das in allen Größen übereinstimmt, nur für die Frequenz $\omega_n(a)$ und $\omega_m(b)$ anstelle von $\omega_0(a)$ und $\omega_0(b)$ hat. Wäre die Frequenz theoretisch relativ zu linearen Transformationen, dann gäbe es Zahlen α und β mit

$$\begin{aligned}
\alpha \cdot \omega_0(a) + \beta &= \omega_n(a) &= \omega_0(a) + 2\pi \cdot n, \\
\alpha \cdot \omega_0(b) + \beta &= \omega_m(b) &= \omega_0(b) + 2\pi \cdot m,
\end{aligned}$$

was nicht für alle m und n erfüllbar ist. Somit ist also der Ort theoretisch relativ zur Identität[9] und die Frequenz nichttheoretisch - in Umkehrung der Intuition. Eine Reihe ähnlicher Beispiele findet sich in [Schurz(1990)].

Die Hauptschwäche des Balzer-Kriteriums auch gegenüber Gähdes Ansatz liegt in der Identifikation der eindeutigen Bestimmbarkeit einer Größe durch *alle* anderen Größen mit einer Meßmethode. Wenn es mindestens zwei theoretische Parameter gibt, ist nicht einzusehen, warum eine Bestimmung einer von ihnen unter Verwendung der anderen eine Messung durch die Theorie darstellen soll. Theoretisch soll eine Größe doch nur heißen, wenn sie unter ausschließlicher Verwendung der nichttheoretischen Größen bestimmt werden kann. Dies ist für die Festlegung eines Tupels von Werten (eines Punktes im Grundraum) nicht möglich, selbst endlich viele Tupel können im allgemeinen den Zustand nicht eindeutig auszeichnen, und damit erst recht nicht dessen Eigenschaften. Die approximative Bestimmung des Zustandes ist durch endlich viele Beobachtungen immer möglich, da diese in der Form $[A_1, \ldots, A_n; B_1, \ldots, B_m]$ beliebig kleine Umgebungen zu definieren gestatten. Damit ist aber keine Wahl ausgezeichnet. Zudem kann nie garantiert werden, daß für die nicht als theoretisch klassifizierten Größen auch tatsächlich eine außertheoretische Meßmethode existiert. Dies

[9] Für den allgemeinen harmonischen Oszillator ist der Ort theoretisch relativ zur Addition einer Konstanten [Schurz(1990), Theorem 4 S.176].

zu untersuchen ist durch die Abstraktion des Non-Statement-View ausgeschlossen worden.

V.2.e Symmetrien und Observabilität

Nachdem wir eingesehen haben, daß das Nichtdefinierbarkeitskriterium für unser Konzept spezialisierter Theorien auf Hyperräumen nicht oder nur stark eingeschränkt anwendbar ist, und andererseits das Padoa-Kriterium der Definierbarkeit uns noch einen großen Spielraum läßt, wenden wir uns wieder dem ursprünglichen Problem zu, aus den vorgegebenen Größen solche auszuwählen, deren Eliminierung zu einer sinnvollen Theorie führt. Sinnvoll, so wird jeder Physiker schon intuitiv anmerken, sind nur solche Theorien, die invariant unter den Symmetrieoperationen auf den Beobachtungsgrößen sind.

Betrachten wir als Beispiel noch einmal das archimedische Gleichgewichtsgesetz für $n \geq 2$ Gewichte. Wenn neben den Gewichten $m_1, \ldots, m_n$ auch noch der Abstand des n-ten Gewichtes x_n vom Mittelpunkt der Balkenwaage als theoretische Größe aufgefaßt wird, dann erhalten wir als Zustandsklasse

$$(\mathrm{V}.15)\quad \left\{ \left\{ \langle x_1, \ldots, x_{n-1} \rangle \mid \sum_{i=1}^{n} x_i m_i = 0 \right\} \middle| \, m_1, \ldots, m_n, x_n \in \Re \right\}$$

die Menge aller Hyperflächen durch einen beliebigen Punkt, also eine umfassendere Klasse als die der Hyperflächen durch den Nullpunkt. Falls die Hyperraumelemente wie hier gerade eine Dimension niedriger sind, als der Grundraum, fallen nach dem Geometriesatz geometrische und topologische Dimension zusammen. Die Klasse aller Hyperflächen im $\Re^{n-1}$ hat geometrische Dimension $n-1$, also ist die Dimension des Hyperraumes gegenüber der Standardtheorie mit $n-1$ gleichgeblieben, während der Grundraum eine Dimension kleiner wurde. Relativ zum Grundraum hat sich also die Dimension um eins erhöht. Die Existenzquantifikation über eine zusätzliche Variable entspricht der Reduktion auf einen Teilraum. Wenn keine vorher verschiedenen Zustände durch die Reduktion zusammenfallen, nimmt die Komplexität zu oder bleibt gleich.

Wird umgekehrt ein theoretische Größe m_n zur Observablen, erhält man die Klasse

$$(\mathrm{V}.16)\quad \left\{ \left\{ \langle x_1, \ldots, x_n, m_n \rangle \mid \sum_{i=1}^{n} x_i m_i = 0 \right\} \middle| \, m_1, \ldots, m_{n-1} \in \Re \right\}$$

mit genausovielen $(n-1)$ Parametern, wie die gewöhnliche Archimedische Statik, und einem um eine Dimension vergrößerten Grundraum. Zum Beweis der Behauptung betrachte man

$$\begin{array}{llcll} & \bigwedge x_1 \ldots x_n m_n & \sum_{i=1}^n x_i m_i = 0 & \leftrightarrow & \sum_{i=1}^n x_i m_i' = 0 \\ \leftrightarrow & \bigwedge x_1 \ldots x_{n-1} z & \sum_{i=1}^{n-1} x_i m_i = z & \leftrightarrow & \sum_{i=1}^{n-1} x_i m_i' = z \\ \leftrightarrow & \bigwedge x_1 \ldots x_{n-1} & \sum_{i=1}^{n-1} x_i m_i & = & \sum_{i=1}^{n-1} x_i m_i' \\ \leftrightarrow & \bigwedge i\ 1 \leq i \leq n-1 : & m_i & = & m_i' \end{array}$$

Relativ zum Grundraum hat sich die Dimension um eins erniedrigt. Die reine Einfachheitsanalyse kann also kein allgemeines Kriterium für die günstigste Wahl der theoretischen Größen liefern.

Eine Wahlmöglichkeit besteht nur für solche Größen, für die es eine externe Meßtheorie gibt. *Es vernünftig, nur solche Gesetze zuzulassen, welche die Symmetrien der Meßtheorien besitzen.* Für die Balkenwaage sind sowohl Ort als auch Gewicht (beispielsweise über eine Federwaage gemessen) ein Verhältnismaß, denn der Nullpunkt liegt in beiden Fällen fest. Ebenso sollte auch das Gesetz invariant gegenüber einer Multiplikation aller nichttheoretischen Größen mit einer positiven Konstanten sein. Das Gleichgewichtsgesetz $\sum_{i=1}^n x_i m_i = 0$ ist homogen in allen Ortsvariablen und allen Gewichtsvariablen jeweils gemeinsam, aber in keiner anderen Kombination wie (V.15) oder (V.16).

Anders liegt der Fall, wenn theoretische Größen redundant unter den nichttheoretischen Größen vorkommen, wie x_{n+1} im Fundamentalgesetz $P(x_1, \ldots, x_n, t_1, \ldots, t_m) \wedge x_{n+1} = t_k$. Dies entspricht dem Hinzufügen einer äußeren Meßtheorie. Dieser Fall kann grundsätzlich nicht durch Betrachtung von Invarianzen ausgeschlossen werden. Der Hyperraum zerfällt entlang der Achse x_{n+1} in disjunkte Scheiben $A_c = \{\langle x_1, \ldots, x_{n+1}\rangle \,|x_{n+1} = c\}$ mit $A_c = \bigcup[A_c;]$. Eine Theorie mit geometrischer Dimension m auf einem n-dimensionalen Grundraum mit der Dimension k der Zustände erhält dann den Einfachheitsgrad

$$(n-k)(m-1) + 1 \leq (n-k) \cdot m \tag{V.17}$$

Die Komplexität nimmt also ab auf Kosten der Dimension des Grundraumes. Man muß zwischen beiden Dimensionen abwägen. Für ein fundamentales Grundlagenexperiment wird man möglichst wenig Zusatzannahmen machen wollen und ist darum bestrebt, die Dimension des Grundraumes möglichst klein zu halten. Meist wird man aber soviel Vertrauen in die Meßmethoden haben, daß der Kompromiß zugunsten der Einfachheit ausfällt.

V.3 Topologische Grössen

Nachdem der Einfachheitsbegriff mit rein topologischen Mitteln definiert wurde, muß nun gezeigt werden, wie sich alle Eigenschaften der Theorie und ihrer Größen topologisch ausdrücken lassen. Wir kodieren zunächst stetige offene Funktionen durch Hyperräume und arbeiten uns dann über rein topologisch definierte Koordinaten zu Koordinatensystemen und topologischen Zustandsbeschreibungen vor. Die ist die Rechtfertigung gegenüber dem Einwand der Überidealisierung.

V.3.a Funktionen als Hyperräume

Stetige Funktionen lassen sich unter sehr allgemeinen Bedingungen als Hyperräume der Mengen aller Punkte mit gleichem Funktionswert auffassen. Bildlich gesprochen kann ein Berg ohne Überhänge und Spalten topologisch als Menge seiner Höhenlinien betrachtet werden.

Lemma 132 *Sei $\langle X, \mathcal{X} \rangle$ ein lokalkompakter Raum mit abzählbarer Basis, $\langle Y, \mathcal{Y} \rangle$ ein Hausdorffraum, $f : X \mapsto Y$ eine stetige offene Funktion. Dann ist der Hyperraum $\langle \mathcal{X}, \mathcal{K} \rangle$ mit*

$$\mathcal{K} = \left\{ f^{-1}[y] \middle| y \in Y \right\}$$

homöomorph zum Bild $f[X] \subseteq Y$ des Urbildraumes.

Bew.: Die Funktion $g : \mathcal{K} \mapsto f[X]$ ist bijektiv. Wir zeigen, daß g topologisch ist. Die Stetigkeit folgt aus

$$\begin{aligned} g^{-1}[O] &= \left\{ f^{-1}[y] \middle| y \in O \right\} \\ &= \left\{ f^{-1}[y] \middle| f^{-1}[y] \cap f^{-1}[O] \neq \emptyset \right\} \\ &= [f^{-1}[O];] \end{aligned}$$

für offenes $O \in \mathcal{Y}$, denn wegen der Stetigkeit von f ist auch $f^{-1}[O]$ offen. Für die Offenheit von g sehen wir zunächst ein, daß

$$\begin{aligned} f[O] &= \left\{ y \middle| f^{-1}[y] \cap O \neq \emptyset \right\} \\ f[X] \backslash f[K] &= \left\{ y \middle| f^{-1}[y] \cap K = \emptyset \right\} \end{aligned}$$

Ohne Einschränkung genügt es zu zeigen, daß das Bild eines Basiselementes

$$g([O_1, \ldots, O_n; K]) = \bigcap_{i=1}^{n} f[O_i] \backslash f[K]$$

für offene $O_1 \dots O_n$ und kompaktes K offen ist. Dies folgt aber aus der Offenheit von f und der Tatsache, daß das stetige Bild eines Kompaktums in einen Hausdorffraum kompakt, also erst recht abgeschlossen, ist. □

Die Funktion g ist eindeutig bis auf Homöomorphie des Bildraums bestimmt: Seien $g, h : \mathcal{K} \mapsto f[X]$ topologische Abbildungen, so auch $g^{-1} \circ h$. Durch zusätzliche mengentheoretische Strukturen lassen sich auch metrische Informationen topologisch kodieren. Beispielsweise läßt sich aus der Menge aller Paare mit gleichem Abstand die Metrik bis auf einen Faktor wiedergewinnen. Dies ist in der Regel nicht nötig, da in einer vollständigen Rekonstruktion einer empirischen Theorie der Bildraum als theoretische Größe eliminiert wird.

V.3.b Zusammenhang

Wir nennen zwei Mengen **separiert**, wenn sie einander nicht gegenseitig berühren.

Definition 133 $\langle A, B\rangle \in \mathrm{Sep} \leftrightarrow \overline{A} \cap B = A \cap \overline{B} = \emptyset$

Man muß die Separiertheit nicht auf den Unterraum relativieren, da zwei Mengen genau dann separiert sind, wenn sie in einem sie umfassenden Unterraum separiert sind. Man beachte (für $M \cup N \subseteq E$)

$$\begin{aligned} \overline{M}^E \cap N &= \overline{M} \cap E \cap N &= \overline{M} \cap N \\ M \cap \overline{N}^E &= M \cap E \cap \overline{N} &= M \cap \overline{N} \end{aligned}$$

Zwei separierte Mengen M und N sind im Unterraum $M \cup N$ abgeschlossen und so auch offen, da

$$\overline{M}^{M \cup N} = \overline{M} \cap (M \cup N) = (\overline{M} \cap M) \cup (\overline{M} \cap N) = M$$

Eine Menge heißt **zusammenhängend** genau dann, wenn sie sich nicht in zwei nichtleere separierte Mengen zerlegen läßt.

Definition 134 $M \in \mathrm{Zsh} \leftrightarrow \bigwedge AB : M = A \cup B \wedge \langle A, B\rangle \in \mathrm{Sep} \rightarrow A = \emptyset \vee B = \emptyset$

Die Hinzunahme von Häufungspunkten erhält die Zusammenhangseigenschaft.

Lemma 135 $N \in \mathrm{Zsh} \wedge N \subseteq M \subseteq \overline{N} \rightarrow M \in \mathrm{Zsh}$

Bew.: Seien N, M, A, B nach den Voraussetzungen oben und in 134, zu zeigen ist $A = \emptyset \vee B = \emptyset$. Wegen $N \subseteq M$ ist also $N = (N \cap A) \cup (N \cap B)$. Diese beiden Summanden sind separiert:

$$\begin{array}{lll} \overline{(N \cap A)} \cap (N \cap B) & \subseteq \overline{A} \cap B & = \emptyset \\ (N \cap A) \cap \overline{(N \cap B)} & \subseteq A \cap \overline{B} & = \emptyset \end{array}$$

und somit ist wegen $N \in \mathrm{Zsh}$ auch $N \cap A = \emptyset \vee N \cap B = \emptyset$.

Sei o.B.d.A. $N \cap A = \emptyset$, also $N \subseteq B \subseteq M \subseteq \overline{N}$ und weiter $\overline{B} = \overline{N}$. Da A und B separiert sind, ist B in M abgeschlossen, also $B = \overline{B} \cap M = \overline{N} \cap M = M$, also $A = \emptyset$. Den anderen Fall beweist man analog. □

Lemma 136 *Die Vereinigung paarweise nicht separierter zusammenhängender Mengen ist zusammenhängend.*

Bew.: Sei $\mathcal{M} \subseteq \mathrm{Zsh}$ und $\bigwedge MN \in \mathcal{M} : \langle M, N \rangle \notin \mathrm{Sep}$, $D \subseteq \bigcup \mathcal{M}$ offen und abgeschlossen in $\bigcup \mathcal{M}$. Wir zeigen $D = \emptyset \vee D = \bigcup \mathcal{M}$. D ist offen und abgeschlossen in jedem $M \in \mathcal{M}$, also $D \cap M = \emptyset \vee D \cap M = M$. Es kann nur einer der beiden Fälle vorkommen. Denn wäre $D \cap M = \emptyset$ und $D \cap N = N$, dann wären M und N als Teilmengen der separierten Mengen $\bigcup \mathcal{M} \backslash D$ und D separiert. Also ist $D \cap \bigcup \mathcal{M} = \emptyset \vee D \cap \bigcup \mathcal{M} = \bigcup \mathcal{M}$, somit ist $\bigcup \mathcal{M}$ zusammenhängend. □

Definition 137 *Für zwei Mengen F und G ist die* **(Zusammenhangs-) Komponente** *von G bezüglich F definiert als*

$$F \mid G = \bigcup \{M \in \mathrm{Zsh} \,|\, M \subseteq X \backslash F \wedge G \cap M \neq \emptyset\}$$

Die Komponente von G bezüglich der leeren Menge bezeichnen wir einfach als Komponente von G und schreiben $\mid G$.

Lemma 138 *Es gilt*

(i) Ist G zusammenhängend, so auch $F \mid G$.

(ii) Jeder Punkt von $X \backslash F$ liegt in einer Komponente bezüglich F, diese ist die größte zusammenhängende Teilmenge von X\F, in der jener Punkt liegt.

(iii) Jede Komponente ist abgeschlossen in $X \backslash F$.

(iv) Jede zusammenhängende Teilmenge von $X \backslash F$ liegt entweder in $F \mid G$ oder in dessen Komplement.

(v) Je zwei verschiedene Komponenten bezüglich F sind separiert.

Bew.:

(i) Mit zweifacher Anwendung von 136 zeigt man, daß mit G auch $F \mid G$ zusammenhängend ist. Dies rechtfertigt die Bezeichnung.

(ii) Weil $\{x\}$ zusammenhängend, ist $x \in F \mid G$ für $x \in X \backslash F$.

(iii) Nach Lemma 135 ist $\overline{F \mid G}^{X \backslash F}$ zusammenhängend und damit per Definitionem Teilmenge von $F \mid G$.

(iv) Seien $M \in \mathrm{Zsh}, M \subseteq X \backslash F$, $\neg(M \subseteq X \backslash (F \mid G))$. Es gibt also per Definitionem eine zusammenhängende Menge $N \subseteq X \backslash F$, die G und N schneidet. Mit 136 ist wiederum $M \cup N$ zusammenhängend Teilmenge von $X \backslash F$, die G schneidet. Die Voraussetzungen der Definition sind erfüllt und es folgt $M \subseteq F \mid G$.

(v) Wären $F \mid G$ und $F \mid H$ nicht separiert, so wäre nach 136 $F \mid G \cup F \mid H$ zusammenhängend und damit Teil sowohl von $F \mid G$ als auch von $F \mid H$, und darum identisch. □

V.3.c Abstrakte Koordinatenflächen

Eine Koordinatenfläche ist hier dargestellt als eine minimale Punktmenge, die den (als zusammenhängend angenommenen) Raum in zwei Teile teilt. Im Falle eines durch eine Quasiordnung gegebenen komparativen Begriffs sind dies die Mengen aller Punkte mit (echt) kleinerer respektive größerer Eigenschaft. Wir werden zeigen, daß sich nicht nur die komparativen, sondern auch die im üblichen Sinne der Zahlengeraden metrisierbaren Begriffe mit diesem Konzept charakterisieren lassen.

Definition 139 *Sei $\langle X, \mathcal{X} \rangle$ ein zusammenhängender Raum. Dann heißt F* **Poincaré-Menge** *($F \in \mathrm{Poi}$) genau dann, wenn*

(i) $X \backslash F$ hat zwei Komponenten ($\bigvee MN \in \mathrm{Zsh} : \langle M, N \rangle \in \mathrm{Sep} \wedge X \backslash F = M \cup N$)

(ii) F ist bezüglich dieser Eigenschaft irreduzibel ($\bigwedge G \subset F : X \backslash G \in \mathrm{Zsh}$)

Die beiden Mengen M und N heißen **Trennungskomponenten** von F.

Man wird zunächst intuitiv vermuten, daß die Ränder offener Mengen gerade solche Koordinatenflächen sind, da sie die offenen Mengen von ihrem Komplement trennen und dabei "dünn" und "glatt" aussehen, wie die Haut einer Seifenblase. Sie sind aber im allgemeinen nicht irreduzibel im obigen Sinne. Betrachten wir eine (massive) Kugel und nehmen als offene Menge den Kern (bezüglich des $\Re^3$) einer Halbkugel. Ihr Rand besteht aus der Hemisphäre zusammen mit der Kreisscheibe durch den Mittelpunkt. Die Kreisscheibe allein trennt schon die Kugel in zwei Hälften.

Vereinigt man den Kern der Halbkugel mit ihrer Hemisphäre (ohne Äquator), so ist die entstehende Menge immer noch offen im Raum der Kugel. Ihr Rand ist die Kreisscheibe, die gesuchte Poincaré-Menge. Sie läßt sich auch als Rand des Komplements des Abschlusses der Halbkugel darstellen. Tatsächlich läßt sich durch eine solche "Spiegelung" einer offenen Menge immer eine Poincaré-Menge gewinnen, wenn Ausgangsmenge und das Komplement nur zusammenhängend ist.

Lemma 140 $O \in \mathcal{X}$, $O, X \backslash \overline{O} \in \mathrm{Zsh} \rightarrow \delta(X \backslash \overline{O}) \in \mathrm{Poi}$.

Bew.: Sei $F = \delta(X \backslash \overline{O})$. Wir sehen sofort, daß $X \backslash F = M \cup N$ mit $M = X \backslash \overline{O}$ und $N = X \backslash \overline{X \backslash \overline{O}}$ ist. Die erste Menge ist zusammenhängend nach Voraussetzung, die zweite wegen II.14 und Lemma 135. Sie sind ferner separiert: $\overline{M} \cap N = \overline{M} \cap X \backslash \overline{M} = \emptyset$ und $M \cap \overline{N} = M \cap \overline{X \backslash \overline{M}} \subseteq M \cap X \backslash M = \emptyset$, letztere Inklusion folgt aus II.14.

Es bleibt zu zeigen, daß F minimal ist. Sei also $G \subset F$, $H = F \backslash G \neq \emptyset$. Mit Lemma 135 sind $M \cup H \subseteq \overline{M}$ und $N \cup H \subseteq \overline{N}$ zusammenhängend. Da sie H gemeinsam haben, ist ihre Vereinigung $M \cup N \cup H = X \backslash G$ zusammenhängend. □

Tatsächlich sind dies auch schon alle Poincaré-Mengen.

Lemma 141 *Jede Poincaré-Menge ist Rand einer offenen zusammenhängenden Menge. Diese kann immer in der Form $X \backslash \overline{O}$ (O offen) geschrieben werden.*

Bew.: Wir charakterisieren die Poincaré-Mengen schrittweise.

Sei F eine Poincaré-Menge mit $X \backslash F = M \cup N$ mit separiertem M und N, und für alle $G \subset F$ ist $X \backslash G$ zusammenhängend. Gäbe es ein $x \in F$, daß nicht in $\overline{N}$ liegt, dann wären auch $M \cup \{x\}$ und N separiert. Dies ist für $G = F \setminus \{x\}$ im Widerspruch mit $X \setminus G = M \cup \{x\} \cup N \in \mathrm{Zsh}$. Also ist $F \subseteq \overline{N}$, aus Symmetriegründen $F \subseteq \overline{M} \cap \overline{N}$.

Sei umgekehrt $x \in \overline{M} \cap \overline{N}$, aber $x \notin F$. Dann ist x entweder in N und somit in $N \cap \overline{M}$, oder x ist in M und somit in $M \cap \overline{N}$, ein Widerspruch zur Separiertheit von M und N. Also ist $F = \overline{M} \cap \overline{N}$.

M und N sind als Komponenten von $M \cup N$ in diesem Raum abgeschlossen und somit, da sie dort gegenseitiges Komplement sind, in ihm auch offen. Da das Komplement F des Teilraumes nach obiger Darstellung abgeschlossen ist, sind M und N in X offen. Jeder Punkt aus dem Rand einer der beiden Mengen muß in F liegen, denn sonst läge er in der anderen Menge, was ihrer Separiertheit widerspräche. Mit anderen Worten $\delta M \subseteq F \subseteq \overline{M} \cap X \setminus M = \delta M$, analog für N. Man kann somit verschärfen: $F = \delta M = \delta N$.

Für den zweiten Teil der Behauptung zeigen wir $M = X \setminus \overline{N}$. Dies ist trivial wegen $\overline{N} = \delta N \cup N = F \cup N = X \setminus M$. □

Wir haben die trennende Eigenschaft der Poincaré-Mengen über den globalen Zusammenhang definiert. Historisch älter und auf Poincaré selbst zurückgehend ist der Begriff der punktweisen Trennung. Eine Menge F trennt zwei Punkte x und y genau dann, wenn jeder Weg von x nach y F schneidet. Dieses Konzept ist leicht trivial erfüllt, wenn kein solcher Weg existiert, wenn also der Raum nicht wegezusammenhängend ist. Dies kann bekanntlich auch für zusammenhängende Räume der Fall sein.

Es läßt sich jedoch für die Poincaré-Mengen eine viel stärkere Eigenschaft beweisen:

Lemma 142 *Sei F eine Poincaré-Menge. Dann schneidet jede zusammenhängende, beide Trennungskomponenten berührende Menge auch F.*

Bew.: Sei F eine Poincaré-Menge mit Trennungskomponenten M und N, U eine zusammenhängende Menge mit $\langle U, M\rangle \notin \mathrm{Sep}$ und $\langle U, N\rangle \notin \mathrm{Sep}$. Mit Lemma 136 ist $M \cup U, N \cup U \in \mathrm{Zsh}$, nochmals angewendet auch $V = M \cup N \cup U \in \mathrm{Zsh}$. Es ist $X \setminus V \subseteq F$; da V zusammenhängend ist, gilt nach Definition 139 (ii) sogar $X \setminus V \subset F$, mit anderen Worten $U \cap F \neq \emptyset$. □

V.3.d Anordnung abstrakter Koordinatenflächen

Wir wollen nun untersuchen, wie mehrere Poincaré-Mengen zueinander im Raum angeordnet sein können. Besondere Bedeutung kommt dabei den zusammenhängenden Poincaré-Mengen zu, denn nach dem letzten Lemma müssen zwei disjunkte zusammenhängende Poincaré-Mengen in jeweils einer der Trennungskomponenten der anderen Menge liegen, sonst würden sie sich schneiden. Damit teilen zwei solche Mengen den Raum in drei separierte Teile: die Punkte, die zwischen ihnen liegen und zwei außen liegende Mengen. Eine von zwei Trennungskomponenten einer abstrakten Koordinatenfläche liegt in einer der anderen Fläche, sie bilden die beiden außen liegenden Mengen. Der Durchschnitt der beiden übrig gebliebenen Trennungskomponenten bildet die zwischen den Flächen liegende Punktmenge.

Damit folgt aber noch nicht, daß drei Poincaré-Mengen sich im Sinne einer Hilbertschen Relation 'H liegt zwischen F und G' ordnen lassen. Dies gilt noch nicht einmal für eine vollständige Zerlegung des Raumes in Poincaré-Mengen. Denn es kann vorkommen, daß H 'zwischen' F und G und gleichzeitig F 'zwischen' H und G liegt. Wir werden unten ein Beispiel betrachten. Zunächst betrachten wir die Menge aller Punkte, die auf derselben Seite einer Poincaré-Menge F liegen, wie eine gegebene Menge G. Sie ist einfach die Zusammenhangskomponente $F \mid G$ von G bezüglich F und eine der beiden Trennungskomponenten von F. Zwischen $F \mid G$ und $G \mid F$ besteht ein einfacher Zusammenhang.

Lemma 143 $F \in \text{Poi} \wedge F \cap G = \emptyset \rightarrow X \backslash (F \mid G) \subseteq G \mid F$

Bew.: Sei $x \notin F \mid G$. Falls $x \in F$ ist auch $x \in G \mid F$. Betrachten wir also den Fall $x \notin F$ und definieren $K = F \mid \{x\}$, eine der beiden Trennungskomponenten von F. Sie ist als solche zusammenhängend. Mit der Charakterisierung 141 ist $\overline{K} = K \cup F$. $\overline{K}$ ist ebenfalls zusammenhängend und von G separiert, letzteres, da sonst mit 136 $x \in F \mid G$ wäre. Alle Konjunktionsglieder der Definition sind erfüllt und es ist $x \in \overline{K} \subseteq G \mid F$. □

Wir charakterisieren nun die verschiedenen Anordnungsmöglichkeiten disjunkter Poincaré-Mengen.

Lemma 144 *Es seien F, G und H paarweise disjunkte zusammenhängende Poincaré-Mengen. Für die Aussagen*

(i) $H \subseteq F \mid G$

(ii) $F \mid G = F \mid H$

(iii) $F \mid G \cap F \mid H \neq \emptyset$

(iv) (iv.i) $H \mid F \cap H \mid G = \emptyset \vee$ (iv.ii) $G \mid F \cap G \mid H = \emptyset$

(v) (v.i) $H \mid G \subseteq F \mid G \vee$ (v.ii) $G \mid H \subseteq F \mid G$

gilt: (i)$\leftrightarrow$(ii)$\leftrightarrow$(iii)$\leftarrow$(iv)$\leftrightarrow$(v) sowie (iv.i)$\leftrightarrow$(v.i), (iv.ii)$\leftrightarrow$(v.ii).

Bew.: (i)$\rightarrow$(iii): $H \subseteq F \mid G$ bedeutet auch $\emptyset \neq H \subseteq F \mid G \cap F \mid H$.

(iii)$\rightarrow$(ii): $F \mid G$ und $F \mid H$ sind sich schneidende zusammenhängende Mengen, also ist $F \mid G \cup F \mid H \in \mathrm{Zsh}$. Per Definition sind dann die beiden Mengen gleich.

(ii)$\rightarrow$(i): Trivial.

(iv.i)$\rightarrow$(v.i): Es ist $H \mid G \subseteq X \backslash (H \mid F) \subseteq F \mid H$ und weiter $G \subseteq F \mid G \cap F \mid H \neq \emptyset$. Wegen (iii)$\rightarrow$(ii) ist dann $H \mid G \subseteq F \mid H = F \mid G$, also (v.i).

(iv.ii)$\rightarrow$(v.ii): Analog zu obigem Fall folgt für $G \mid H \subseteq X \backslash (G \mid F) \subseteq F \mid G$ entsprechend (v.ii).

(v.i)$\rightarrow$(iv.i): Wir gehen indirekt vor und behaupten (v.i)$\wedge\neg$(iv.i). Dann ist mit (iii)$\rightarrow$(ii) $H \mid F = H \mid G$ und weiter $X \backslash (H \mid G) \subseteq X \backslash (H \mid F) \subseteq F \mid H$. Dann ist nach Voraussetzung $X \subseteq H \mid G \cup X \backslash (H \mid G) \subseteq F \mid G \cup F \mid H \subseteq X \backslash F$, ein Widerspruch zu $F \neq \emptyset$.

(v.ii)$\rightarrow$(iv.ii): Aus (v.ii)$\wedge\neg$(iv.ii) folgt wie oben über $G \mid F = G \mid H$ die Inklusion $X \backslash (G \mid H) \subseteq X \backslash (G \mid F) \subseteq F \mid G$ und weiter $X \subseteq G \mid H \cup X \backslash (G \mid H) \subseteq F \mid G \subseteq X \backslash F$, was absurd ist.

(v)$\rightarrow$(i)$\vee$(ii): Aus (v.ii.) folgt sofort $H \subseteq G \mid H \subseteq F \mid G$, also (ii). Wir behaupten (v.i)$\wedge\neg$(iii) und haben $H \mid G \subseteq F \mid G \subseteq X \backslash (F \mid H) \subseteq F \mid G$. Mit (iii)$\rightarrow$(ii) folgt dann sofort $F \subseteq H \mid F = H \mid G \subseteq F \mid G \subseteq X \backslash F$, ein Widerspruch. □

V.3.e Topologische Koordinaten

Läßt sich der Raum in disjunkte Poincaré-Mengen zerlegen, bedarf es nur eines einzigen Anordnungsaxioms um sicherzustellen, daß diese sich mit der Topologie der reellen Zahlengeraden anordnen lassen und somit eine Additionsgruppe im Sinne der Hölder-Axiome besitzen. Es muß lediglich verlangt werden, daß jede zwischen zwei anderen Poincaré-Mengen liegende Poincaré-Menge diese trennt. Abbildung V.1 zeigt rechts ein Beispiel, welches (V.18) erfüllt, während dies in der linken Seite verletzt ist.

Definition 145 $\mathcal{F}$ *heißt* **topologische Koordinate** *genau dann, wenn $\mathcal{F}$ eine Disjunktion zusammenhängender Poincaré-Mengen ist (also $\mathcal{F} \subseteq$*

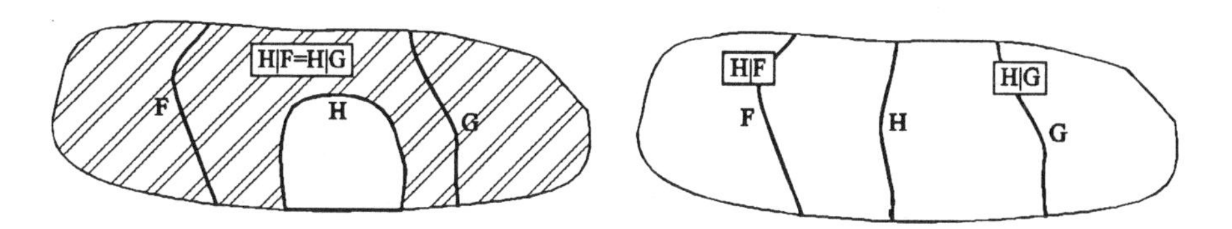

Abbildung V.1: Ordnungsaxiom für topologische Koordinaten

Poi$\cap$Zsh, $\bigcup \mathcal{F} = X$, $\bigwedge FG \in \mathcal{F} : F \cap G \neq \emptyset \rightarrow F = G)$ *mit*

$$\text{(V.18)} \quad \bigwedge FGH \in \mathcal{F} : H \subseteq F \mid G \wedge H \subseteq G \mid F \rightarrow H \mid F \neq H \mid G$$

Theorem 146 *Jede topologische Koordinate eines separablen zusammenhängenden Raumes läßt sich im Sinne der reellen Zahlengeraden anordnen. Ist der Raum lokalkompakt und lokalzusammenhängend, so ist die Ordnungstopologie gerade die Hyperraumtopologie des Mengensystems. Die Ordnung ist dann eindeutig bis auf Invertierung bestimmt.*

Bew.: Wir konstruieren eine Reihe Cantorscher Stetigkeit, dies ist eine lineare Ordnung mit abzählbar dicht liegender Teilmenge ohne Anfangs- oder Endglied, welche dedekind-stetig ist. Ihre Ordnungstopologie ist bekanntlich die der reellen Zahlen.

Seien I und J verschiedene Poincaré-Mengen aus $\mathcal{F}$. Mit $L = I \mid J$ definieren wir eine Relation durch

$$\bigwedge FG \in \mathcal{F} : F \sqsubseteq_L G \leftrightarrow L \subseteq G \mid F \vee G \mid F \subseteq L$$

Im weiteren halten wir L fest und lassen den Index der Übersicht halber weg. Zunächst sehen wir ein:

Lemma 147 $H \mid K \nsubseteq F \mid G \cap G \mid F$

Bew.: Nehmen wir das Gegenteil an, so folgt mit V.18 $H \mid F \neq H \mid G$, also mit 144 $\neg$(ii)$\rightarrow$ $\neg$(iii) $H \mid F \cap H \mid G = \emptyset$. Also muß $H \mid K$ entweder mit $H \mid F$ oder mit $H \mid G$ übereinstimmen, obwohl nach Voraussetzung weder F noch G in $H \mid K$ sind. □

Nun beweisen wir die Reiheneigenschaften.

- Reflexivität: $F \mid F = \emptyset \subseteq L$.
- Antisymmetrie: Aus $F \sqsubseteq G$ und $G \sqsubseteq F$ folgt

$$\begin{array}{lclclcl} F \sqsubseteq G & \rightarrow & \alpha.) & L \subseteq G \mid F & \vee & \beta.) & G \mid F \subseteq L \\ G \sqsubseteq F & \rightarrow & \gamma.) & L \subseteq F \mid G & \vee & \delta.) & F \mid G \subseteq L \end{array}$$

In allen Fällen ergeben sich Widersprüche:

$$\begin{array}{lcll} \alpha.) \wedge \gamma.) & \rightarrow & L \subseteq F \mid G \cap G \mid F & \perp \ 147 \\ \alpha.) \wedge \delta.) & \rightarrow & F \mid G \subseteq G \mid F & \perp \ 143 \\ \beta.) \wedge \gamma.) & \rightarrow & G \mid F \subseteq F \mid G & \perp \ 143 \\ \beta.) \wedge \delta.) & \rightarrow & X = F \mid G \cup G \mid F \subseteq L & \perp \ L \subset X \end{array}$$

- Konnexivität: Falls $L \cap F = \emptyset$ folgt mit 138 (iv) $L \subseteq F \mid G$ oder $L \subseteq X \backslash (F \mid G) \subseteq G \mid F$, also $G \sqsubseteq F$ oder $F \sqsubseteq G$. Im anderen Falle ist $F \subseteq L$ und mit dem gleichen Lemma $X \backslash L \subseteq F \mid G$ oder $X \backslash L \subseteq X \backslash (F \mid G)$, letzteres impliziert aber schon $G \sqsubseteq F$. Diese Argumentation wiederhole man mit G und F vertauscht, so bleibt zuletzt der Fall $X \backslash L \subseteq F \mid G \cap G \mid F$, ein Widerspruch zu 147, da auch $X \backslash L$ eine Trennungskomponente enthält.

Wir haben nun genug Eigenschaften bewiesen, um die Lage der Poincaré-Mengen durch die Ordnung zu charakterisieren.

Lemma 148 *Sei $F \sqsubset G$, dann gilt*

$$\begin{array}{lllcl} \text{A.)} & H \subseteq G \mid F & \leftrightarrow & H \sqsubset G \\ \text{B.)} & H \subseteq F \mid G & \leftrightarrow & F \sqsubset H \\ \text{C.)} & H \subseteq X \backslash (F \mid G) & \leftrightarrow & H \sqsubseteq F \\ \text{D.)} & H \subseteq X \backslash (G \mid F) & \leftrightarrow & G \sqsubseteq H \\ \text{E.)} & H \mid F \neq H \mid G & \rightarrow & F \sqsubseteq H \end{array}$$

Weiterhin gilt allgemein

$$H \subseteq F \mid G \rightarrow G \sqsubseteq F \leftrightarrow H \sqsubseteq F \tag{V.19}$$

Bew.: Die letzte Zeile folgt sofort mit Lemma 144 (i)→(ii) aus der Definition von $\sqsubseteq$.

- E.): Sei o.B.d.A. $H \neq F$ und $H \neq G$. Aus $H \mid F \neq H \mid G$ folgt mit Lemma 144 (iii)→(ii) $H \mid F \cap H \mid G = \emptyset$ und mit (iv.i)→(ii) $F \mid G = F \mid H$. Per Definitionem folgt $F \sqsubseteq G \leftrightarrow F \sqsubseteq H$.

- A.)→: Unmittelbar aus $V.19$.
- A.)←: Wegen Lemma 144 (iii)→(i) genügt es, $G \mid F \cap G \mid H \neq \emptyset$ zu zeigen.

$$\begin{array}{lcllcl} F \sqsubset G & \rightarrow & \alpha.) & L \subseteq G \mid F & \vee & \beta.) \quad G \mid F \subseteq L \\ H \sqsubset G & \rightarrow & \gamma.) & L \subseteq G \mid H & \vee & \delta.) \quad G \mid H \subseteq L \end{array}$$

$$\left.\begin{array}{lcl} \alpha.) \wedge \gamma.) & \rightarrow & \emptyset \neq L \subseteq G \mid F \cap G \mid H \\ \alpha.) \wedge \delta.) & \rightarrow & \emptyset \neq G \mid H \subseteq L \subseteq G \mid F \\ \beta.) \wedge \gamma.) & \rightarrow & \emptyset \neq G \mid F \subseteq L \subseteq G \mid H \\ \beta.) \wedge \delta.) & \rightarrow & G \mid F \cup G \mid H \cup G \subseteq L \cup G \subset X \end{array}\right\} G \mid F \cap G \mid H \neq \emptyset$$

- B.)→: Unmittelbar aus $V.19$.
- C.)→: $H \subseteq X \backslash (F \mid G) \subseteq G \mid F$, mit A.) also $H \sqsubset G$. Desweiteren ist für $F \neq H$ auch $H \subseteq F \mid H \neq F \mid G \subseteq X \backslash H$, aus beiden Resultaten folgt mit E.) $H \sqsubseteq F$.
- B.)←: Wäre $H \subseteq X \backslash (F \mid G)$, so mit C.) auch $H \sqsubseteq F$, im Widerspruch zur Voraussetzung. Mit Lemma 138 (iv) folgt die Behauptung.
- C.)←: Direkt aus Wendung von B.)→ mit Antisymmetrie und Lemma 138 (iv).
- D.)→: $H \subseteq X \backslash (G \mid F) \subseteq F \mid G$, mit B.) also $F \sqsubset H$. Der Fall $G = H$ ist trivial, ansonsten gilt mit 144 ¬(i)→ ¬(iv.i) $H \mid F \cap H \mid G \neq \emptyset$, also mit (iii)→(i) $G \subseteq H \mid F$. Jetzt ist A.) anwendbar und liefert $G \sqsubset H$.
- D.)←: Analog wie C.)← aus der Wendung von A.)→. □

Wir fahren fort im Beweis des Hauptsatzes.

- Transitivität: Es muß nur der Fall $F \sqsubset G \wedge G \sqsubseteq H$ betrachtet werden. Mit D.) folgt $H \subseteq X \backslash (G \mid F) \subseteq F \mid G$ und weiter mit B.) $F \sqsubset H$.
- $\sqsubset$ ist dicht und hat keine Anfangs- oder Endglieder: Wir zeigen

$$\bigwedge FG \in \mathcal{F} : F \sqsubset G \rightarrow \bigvee HH'H'' \in \mathcal{F} : H' \sqsubset F \sqsubset H \sqsubset G \sqsubset H''$$

Wir zerlegen den Raum in zusammenhängende Teile

$$X = \overbrace{\underbrace{X \backslash (F \mid G \cup F)}_{\text{offen}} \cup \underbrace{F}_{\text{abg.}}}^{\underbrace{X \backslash (F \mid G)}_{\text{abg.}}} \cup \underbrace{F \mid G \cap G \mid F}_{\text{offen}} \cup \overbrace{\underbrace{X \backslash (G \mid F \cup G)}_{\text{offen}} \cup \underbrace{G}_{\text{abg.}}}^{\underbrace{X \backslash (G \mid F)}_{\text{abg.}}}$$

H: $F \mid G \cap G \mid F \neq \emptyset$, denn sonst wäre X als Summe zweier abgeschlossener disjunkter Mengen nicht zusammenhängend. Also gibt es eine Poincaré-Menge H, die diese Menge schneidet; nach Lemma 138 (iv) ist sie sogar Teilmenge. Mit obigem Lemma A.) und B.) folgt $F \sqsubset H \sqsubset G$.

H': $X \backslash (F \mid G \cup F)$ ist Trennungskomponente von F und damit nichtleer. Also schneidet ein $H' \in \mathcal{F}$ diese (zusammenhängende) Menge und ist sogar Teilmenge. Mit obigem Lemma C.) folgt $H' \sqsubset F$.

H": Wie oben mit D.)

- Dedekind-Stetigkeit: Sei also $\mathcal{G} \cup \mathcal{H} = \mathcal{F}$ mit $\mathcal{G} \sqsubseteq \mathcal{H}$. Zu zeigen ist: es gibt ein F$\in \mathcal{F}$ mit $\mathcal{G} \sqsubseteq F \sqsubseteq \mathcal{H}$. Die beiden Mengen enthalten zu jedem Element jeden Vorgänger respektive Nachfolger. Enthielten weder $\mathcal{G}$ ein größtes, noch $\mathcal{H}$ ein kleinstes Element, so wären ihre Vereinigungen mit A.) und B.) darstellbar als

$$\bigcup \mathcal{G} = \bigcup_{G \in \mathcal{G}} \bigcup \{F | F \sqsubset G\} = \bigcup_{\substack{G \in \mathcal{G} \\ F \sqsubset G}} G \mid F$$

$$\bigcup \mathcal{H} = \bigcup_{H \in \mathcal{H}} \bigcup \{F | H \sqsubset F\} = \bigcup_{\substack{H \in \mathcal{H} \\ H \sqsubset F}} F \mid H$$

und damit offen und als gegenseitige Komplemente auch abgeschlossen, ein Widerspruch zu $X \in$ Zsh. Also muß in einer der Mengen ein F liegen, das die beiden Mengen trennt.

- Separabilität: Sei $X' \subseteq X$ mit $\overline{X'} = X$. Wir zeigen: $\overline{[X';]_{\mathcal{F}}} = \mathcal{F}$ im Sinne der Ordnungstopologie. Sei $F \sqsubset G$, dann ist analog zu obigem Fall H $F \mid G \cap G \mid F$ offen und nichtleer, enthält also Elemente aus X'. Also gibt es wie oben ein H mit $F \sqsubset H \sqsubset G$ und $H \cap X' \neq \emptyset$. $\mathcal{F}$ enthält eine abzählbare Zwischenklasse und ist separabel.

- Ordnungstopologie: Die Disjunktion der Poincaré-Mengen ist mit der Ordnungstopologie der reellen Zahlen versehen. Dies folgt aus den bereits bewiesenen Teilschritten: Die Ordnung ist eine dichte Dedekind-stetige Reihe mit abzählbarer Zwischenklasse (separabel) ohne Anfangs- und Endglieder.

- Hyperraumtopologie: Die Funktion vom Grundraum auf die Disjunktion der Poincaré-Mengen ist stetig, da das Urbild eines offenen Intervalls $(F, G)_{\sqsubset}$ die offene Menge $F \mid G \cap G \mid F$ ist. Falls der Grundraum lokalzusammenhängend ist, folgt auch ihre Offenheit: Sei x aus der Poincaré-Menge H und O eine nach Vorgabe beliebig kleine offene zusammenhängende Umgebung von x. Dann ist H auch Poincaré-Menge bezüglich O und es gibt ferner zwei Poincaré-Mengen F und G, welche die beiden Trennungskomponenten bezüglich H schneiden. Dann schneiden alle Elemente des offenen Intervalls $(F, G)_{\sqsubset}$ auch O und das Bild der offenen Menge $F \mid G \cap G \mid F \cap O \subseteq O$ ist das offene Intervall. Ist der Grundraum weiterhin lokalkompakt, so hat er mit der Separabilität auch eine abzählbare Basis. Die Poincaré-Mengen sind abgeschlossen und bilden einen Hyperraum. Dieser ist nach Lemma 132 homöomorph zur Odnungstopologie.

- Eindeutigkeit: Sei $\sqsubset'$ eine Ordnung mit den bisher bewiesenen Eigenschaften, die Voraussetzungen des vorigen Punktes gelten alle. Dann definieren $\sqsubset$ und $\sqsubset'$ jeweils einen Homöomorphismus vom Hyperraum der Poincaré-Mengen auf die Zahlengerade. Die Verkettung von beiden ist ein Homöomorphismus der reellen Zahlen auf sich selbst. Dieser ist entweder ordnungserhaltend oder ordnungsumkehrend. Also ist $\sqsubset'=\sqsubset$ oder $\sqsubset'=\sqsubset^{-1}$, was zu zeigen war. □

Wir können nun Koordinatensysteme definieren. Ein **cartesisches topologisches Koordinatensystem** ist ein n-Tupel topologischer Koordinaten, so daß für je n Poincaré-Mengen $F_1, \ldots, F_n$ aus den verschiedenen Koordinaten $F_1 \cap \ldots \cap F_n$ genau einen Punkt enthält. Die resultierende Topologie ist euklidisch oder feiner. Sie ist euklidisch, wenn man zusätzlich fordert, daß die (offenen) Quader

$$(F_1|G_1 \cap G_1|F_1) \cap \ldots \cap (F_n|G_n \cap G_n|F_n), \tag{V.20}$$

welche von je zwei Poincaré-Mengen $F_i \neq G_i$ der Koordinate $i = 1, \ldots, n$ aufgespannt werden, relativ kompakt sind.[10] Analog lassen sich sphärische

[10] Der Beweis ist einfach. Jeder Punkt des Raumes liegt bezüglich jeder der n topologischen Koordinaten in genau einer Poincaré-Menge. Man metrisiere jede topologische Koordinate und bilde so den Raum bijektiv auf den $\Re^n$ ab. Das Urbild jedes offenen Quaders des $\Re^n$ ist von der Form (V.20) und daher offen. Somit ist die Abbildung stetig. Die Topologie ist somit euklidisch oder feiner.

Sei $y_i \longrightarrow y$ eine konvergente Folge im $\Re^n$. Jeder Häufungspunkt der Urbildfolge ist identisch mit dem Urbild x von y. Um dies zu sehen, konstruiere man eine eine Folge von Quadern, deren Bilder im $\Re^n$ die Kantenlänge $< 1/i$ besitzen. Allein x liegt in allen Quadern, jeder andere Punkt hat verschiedene Koordinaten. Die Existenz eines Häufungspunktes folgt jedoch erst mit der Kompaktheitsforderung. Dann ist die Urbildfolge konvergent und die Umkehrung der Bijektion ist folgenstetig.

Dies genügt aber auch schon, denn auf jedem kompakten Quader ist die Bijektion bereits ein Homöomorphismus, der ihn in den $\Re^n$ einbettet. Mit abzählbar vielen Quadern läßt sich der ganze Raum überdecken. Da jeder Quader eine abzählbare Basis hat, besitzt der ganze Raum eine abzählbare Basis. Dann ist die Folgenstetigkeit mit der gewöhnlichen Stetigkeit äquivalent und die Bijektion ist in beiden Richtungen stetig.

Koordinatensysteme durch einen Mittelpunkt charakterisieren, welchen alle sphärischen Koordinaten gemein haben, der aber in einer Disjunktion von Poincaré-Mengen, der Radialkoordinate, nicht vorkommt.

Wir können topologische Koordinatensysteme sowohl auf dem Grundraum, als auch auf dem Hyperraum erklären. Dann müssen wir nicht mehr, wie sonst üblich, den Zustand eines Systems dadurch definieren, daß wir Zustände als Menge von Funktionen des Systems und des Grundraumes (wie Raum und Zeit) in die Zustandsgrößen (wie Energie, Temperatur, Ortskoordinate) explizit angeben. Sie sind aus dem Hyperraumelement, welches den Zustand des Systems allein beschreibt, und den topologischen Koordinaten *definierbar*. Damit sind die Schwierigkeiten überwunden, die sich mit festen Zahlenzuweisungen an Größen ergeben, die vom Koordinatensystem abhängen (wie die relativistische Masse oder Geschwindigkeit). Wir haben eine, zwar absolut gesehen unterbestimmte, aber im jeweiligen Kontext ergänzbare Beschreibung gefunden, die von keinen konventionellen Elementen wie Koordinatenwahl und Beobachterstandpunkt mehr abhängt.

Kapitel VI

Die relativistische Raumzeit

VI.1 Die Wirkungsrelation

Es hat viele Versuche gegeben, Axiome der relativistischen Raumzeit aufzustellen. Unter den kategorischen Systemen kommen allein die von Robb und Mundy [Mundy(86)] mit einer zweistelligen Wirkungsrelation aus, andere benötigen noch Systeme spezieller Weltlinien. Doch die Axiome von Robb und Mundy sind sehr kompliziert und nur mit Mühe im Standardmodell beweisbar. Zudem benötigen sie zu ihrer Formulierung eine Unmenge von Definitionen. Für unsere Zwecke wird eine Formulierung gesucht, die mit gut operationalisierbaren Begriffen arbeitet. Dieser Forderung kommt das topologische Axiomensystem von Carnap [Carnap(25)] [Essler(79)] nach, es erlaubt jedoch keine Aussagen über die Geometrie und es sind nicht alle Axiome unabhängig. Auch ist die Topologie lokal nicht eindeutig bestimmt. Daher werden wir es entsprechend modifizieren.

Für unsere methodologischen Untersuchungen sind vor allem zwei Fragen wichtig: Was zeichnet die relativistische Raumzeit von der klassischen aus, inwiefern ist sie einfacher oder komplexer? Und wie kann die Minkowski-Raumzeit als einfachste Wahl unter anderen relativistischen Raumzeiten ausgezeichnet werden? Um die erste Frage zu beantworten, werden die Axiome so formuliert, daß die meisten von ihnen auch von der newtonschen Raumzeit (trivial) erfüllt werden. Sie konstituieren einen hinreichend allgemeinen Theorierahmen. Wir werden das übliche Dimensionsaxiom durch ein schärferes Einfachheitsaxiom ersetzen und damit die Topologie lokal eindeutig festlegen, was die zweite Frage beantwortet. Um ein kategorisches Axiomensystem zu erhalten, werden noch Kongruenzaxiome hinzugefügt.

Abbildung VI.1 zeigt eine Weltlinie mit ihren lokalen Lichtkegeln, die nicht durchbrochen werden können, und zwei ineinanderlaufende Weltlinien. Die Koordinaten des hier zweidimensinalen Raumes sind x und y und erstrecken sich in die Bildebene. Die Zeitkoordinate t zeigt nach oben.

VI.1.a Grunddefinitionen und Winkelaxiome

Als Grundrelation zur Beschreibung der relativistischen Raumzeit sei eine einzige transitive asymmetrische Relation $\prec$ gegeben, welche die licht- und zeitartige Beziehung zwischen zwei Ereignissen in Richtung der Eigenzeit angibt. Eine Relation heißt dicht genau dann, wenn für je zwei ver-

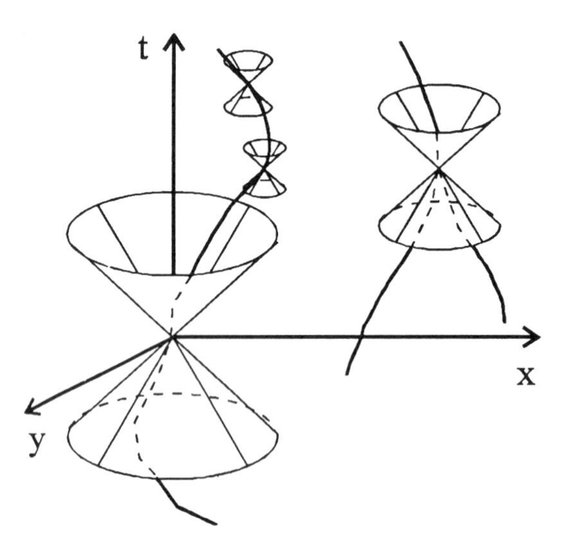

Abbildung VI.1: Weltlinien mit Lichtkegeln

schiedene, durch die Relation verbundene Punkte einer dritter von beiden verschiedener Punkt existiert, der zwischen beiden liegt. Für asymmetrische Relationen ist dies äquivalent zu

$$\text{(VI.1)} \qquad \bigwedge xy \; x \prec y \rightarrow \bigvee z \; x \prec z \wedge z \prec y$$

Axiom der Grundrelation: $\prec$ *ist eine transitive, asymmetrische und dichte Relation*

Unter dem Nachkegel eines Ereignispunktes verstehen wir die Menge aller nachgeordneten Punkte ($\mathrm{nk}(s) := \{x | s \preceq x\}$). Ebenso ist der Vorkegel die Menge aller vorgängigen Raumzeitpunkte ($\mathrm{vk}(s) := \{x | x \preceq s\}$). Der Nachkegel wird auch als Zukunft, der Vorkegel als Vergangenheit des Punktes bezeichnet.

Aus der Grundrelation lassen sich die Relationen **lichtartiger Vergangenheitswinkel** und **lichtartiger Zukunftswinkel** definieren. Zwei Punkte x und y im Vorkegel von z bilden einen maximalen Vergangenheitswinkel mit z ($(x, y) \prec\!\!(z$) genau dann, wenn es kein Ereignis vor z gibt, das noch von x und y erreichbar ist (Abb. VI.2). Analog definiert man $(x, y) \succ\!\!(z$ als lichtartigen Zukunftswinkel.

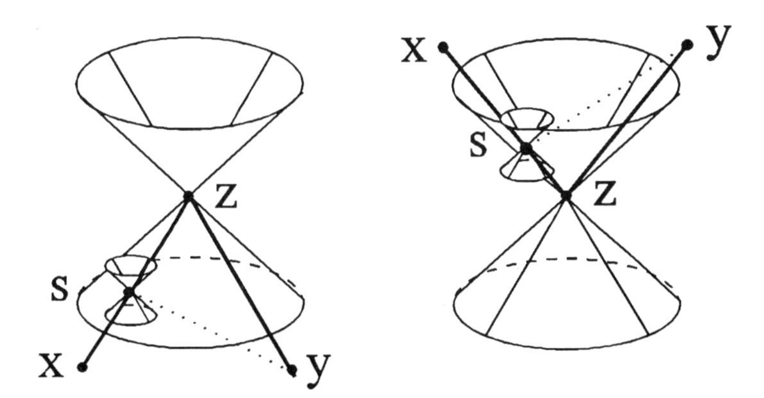

Abbildung VI.2: Vergangenheits- (links) und Zukunftslichtwinkel

$$
\begin{array}{lcl}
(x,y) \mathrel{-\!\!\!\prec} z & \leftrightarrow & x \prec z \wedge y \prec z \wedge \bigwedge s\; x \prec s \prec z \rightarrow \neg y \prec s \\
(x,y) \mathrel{\succ\!\!\!\prec} z & \leftrightarrow & x \succ z \wedge y \succ z \wedge \bigwedge s\; x \succ s \succ z \rightarrow \neg y \succ s
\end{array}
$$

Diese Definitionen sind gerechtfertigt, da sie nicht von der speziellen Wahl der Punkte x und y abhängen:

Lemma 149

$$
\text{(VI.2)} \quad
\begin{array}{lcl}
(x,y) \mathrel{-\!\!\!\prec} z & \rightarrow & \bigwedge uv\; x \preceq u \prec z \wedge y \preceq v \prec z \rightarrow (u,v) \mathrel{-\!\!\!\prec} z \\
(x,y) \mathrel{\succ\!\!\!\prec} z & \rightarrow & \bigwedge uv\; x \succeq u \succ z \wedge y \succeq v \succ z \rightarrow (u,v) \mathrel{\succ\!\!\!\prec} z
\end{array}
$$

Bew.: Sei $(x,y) \mathrel{-\!\!\!\prec} z$, $x \preceq u \prec z$ und $y \preceq v \prec z$, ferner s beliebig zwischen u und z, also zwischen x und z und daher per Definition $\neg y \prec s$. Wäre $v \prec s$, so auch $y \prec s$. Widerspruch. Die zweite Aussage folgt analog. □

Mit Hilfe der Winkel lassen sich die lichtartigen Beziehungen (Verknüpfung mit maximaler Geschwindigkeit) erklären: x ist mit y lichtartig verbunden genau dann, wenn x mit keinem Punkt bezüglich y einen lichtartigen Winkel bildet.

$$
\text{(VI.3)} \qquad x \prec^- y \leftrightarrow x \prec y \wedge \bigvee r\; (x,r) \mathrel{-\!\!\!\prec} y
$$

Wir fordern, daß diese Definition nicht von der Zeitrichtung abhängt (Abb. VI.3):

Axiom der zeitlichen Isotropie der Lichtkegel:

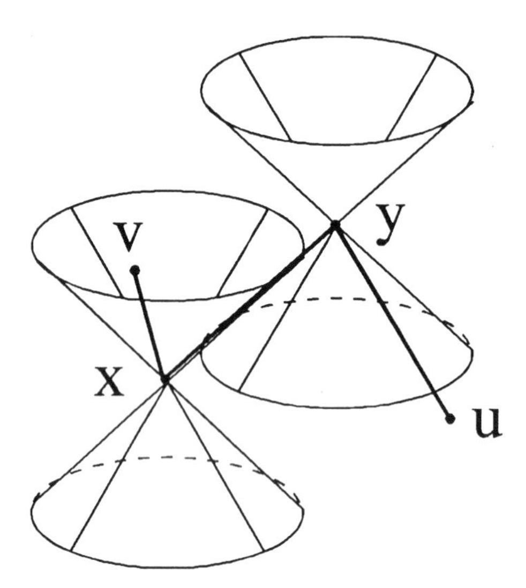

Abbildung VI.3: Zeitliche Isotropie der Lichtkegel

(VI.4) $$\bigwedge xy \left(\bigvee u \ (x,u) -\!\!\!\!\prec y \right) \leftrightarrow \left(\bigvee v \ (y,v) \succ\!\!\!\!- x \right)$$

Lichtartige Beziehungen bilden also immer Wechselwinkel.

Wir nennen zwei Ereignispunkte **raumartig** oder **unverbunden** ($x \sim y$) genau dann, wenn sie nicht in der Wirkungsrelation zueinander stehen.

$$x \sim y \leftrightarrow \neg x \preceq y \wedge \neg y \preceq x$$
$$x \simeq y \leftrightarrow x = y \vee x \sim y$$

Lichtartige Winkel mit gemeinsamen Schenkelpunkten haben raumartige Spitzen.

Lemma 150

(VI.5) $$\begin{array}{lcl} (x,y) -\!\!\!\!\prec u \wedge (x,y) -\!\!\!\!\prec v & \rightarrow & u \simeq v \\ (x,y) \succ\!\!\!\!- u \wedge (x,y) \succ\!\!\!\!- v & \rightarrow & u \simeq v \end{array}$$

Bew.: Wäre $u \prec v$ im ersten Fall, so auch $x, y \prec u \prec v$ im Widerspruch zu $(x,y) -\!\!\!\!\prec v$. Der andere Fall geht analog. □

Lichtartige Winkel bilden zwei zueinander raumartige, in sich lichtartige Ereignislinien:

Lemma 151

$$\text{(VI.6)} \qquad \begin{array}{lcl} (x,y) \prec\!\!(z & \rightarrow & x \sim y \wedge x,y \prec^- z \\ (x,y) \succ\!\!(z & \rightarrow & x \sim y \wedge z \prec^- x,y \end{array}$$

Bew.: Im ersten Fall genügt es, $x \sim y$ zu beweisen. Sei $x \preceq y$, dann gibt es mit Dichtheit ein s zwischen y und z, also auch $x \prec s$ im Widerspruch zu $(x,y) \prec\!\!(z$. $y \preceq x$ genauso. Im zweiten Fall folgt $z \prec^- x,y$ direkt aus (VI.4). Der Rest folgt wie oben. □ Die Umkehrung ist nicht beweisbar, wir fordern sie als Axiom. Es besagt, daß die Definition (VI.3) unabhängig von der Wahl des zweiten Schenkels $r - y$ ist.

Axiom der räumlichen Isotropie der Lichtkegel:

$$\text{(VI.7)} \qquad \begin{array}{lcl} x \sim y \wedge x,y \prec^- z & \rightarrow & (x,y) \prec\!\!(z \\ x \sim y \wedge z \prec^- x,y & \rightarrow & (x,y) \succ\!\!(z \end{array}$$

Die zu $\prec^-$ komplementäre, für topologische Untersuchungen wichtige offene oder **zeitartige Relation** ist definiert als

$$\text{(VI.8)} \qquad x \prec^\circ y \leftrightarrow x \prec y \wedge \bigwedge r \, \neg(x,r) \prec\!\!(y$$

$\prec$, $\prec^\circ$ und $\prec^-$ sind kodefinierbar. Es ist leicht zu zeigen, daß $\prec^\circ$ transitiv und asymmetrisch ist.

Eine Relation R heißt konnex genau dann, wenn

$$\bigwedge xy \; x \neq y \rightarrow xRy \vee yRx$$

Eine transitive, asymmetrische und konnexe Relation heißt Reihe. Eine Menge F heißt $\prec$-Kette genau dann, wenn $\prec$ eingeschränkt auf den Bereich F eine Reihe ist. Zur Vereinfachung wird im folgenden, wenn kein Mißverständnis möglich ist, F auch Kette genannt.

Das folgende Lemma zeigt, daß für dichte Reihen die Bedingung der Offenheit (VI.8) keine Einschränkung ist.

Lemma 152 *Sei $\prec$ eine Reihe. Dann ist $\prec^\circ \doteq \prec$ genau dann, wenn $\prec$ dicht.*

Bew.:

$\rightarrow$ **:** Setze $r = x$ in (VI.8), dann existiert ein s zwischen x und y. Also ist $\prec$ dicht.

$\leftarrow$: Sei $x, r \prec y$. Wähle s mit der Dichtheit zwischen dem jeweils größeren von x und r. □

VI.1.b Weltlinien und Stetigkeit

Unter einer Wirkungs- oder Weltlinie verstehen wir eine maximale $\preceq$-Kette, also eine Kette, zu der es keine sie echt enthaltende Kette gibt. Wir benötigen an einigen Stellen das **Auswahlaxiom** in der Form des Hausdorffschen Maximalitätsprinzips um die Existenz von Weltlinien zu zeigen. Das Hausdorffsche Maximalitätsprinzip besagt, daß es in jeder Relation eine maximale Teilkette gibt.

Definition 153 *Eine Relation $\prec$ heißt* **Dedekind-stetig** *wenn*

$$(\text{VI.9}) \quad F, G \neq \emptyset \wedge F \cup G = \text{br}(\prec) \wedge F \prec G \rightarrow \bigvee s \ F\backslash\{s\} \prec s \prec G\backslash\{s\}$$

Die Dedekind-Stetigkeit ist, auf die ganze Relation angewendet, eine zu starke Forderung, da sie eine Verbandsstruktur impliziert, die nur bei ein- oder zweidimensionalen euklidischen Vektorräumen vorliegt[1]. Es genügt andererseits nicht, sie auf Teilketten zu anzuwenden. Aus der Dedekind-Stetigkeit aller Teilketten folgt zwar die Existenz einer minimalen oberen Schranke für jede nach oben beschränkte Kette, so daß keine kleinere obere Schranke existiert, jedoch nicht deren Eindeutigkeit, die Existenz des Supremums. Dieses wird erst, wie das Infimum, durch ein verschärftes Axiom definierbar, das auf drei äquivalente Arten dargestellt werden kann:

Theorem 154 *Für eine asymmetrische, transitive und dichte Relation $\preceq$ sind äquivalent*

a.) *Der nichtleere Durchschnitt ineinandergeschachtelter Vorkegel (Nachkegel) ist ein Vorkegel (Nachkegel).*

$$(\text{VI.10}) \quad \begin{array}{l} \bigwedge F \in \prec -\text{Kette}: \\ \bigcap_{x\in F} \text{nk}(x) \neq \emptyset \rightarrow \bigvee s \ \ \text{nk}(s) = \bigcap_{x\in F} \text{nk}(x) \\ \bigcap_{x\in F} \text{vk}(x) \neq \emptyset \rightarrow \bigvee s \ \ \text{vk}(s) = \bigcap_{x\in F} \text{vk}(x) \end{array}$$

b.) *Jede nach oben (unten) beschränkte Kette hat ein Supremum (Infimum)*[2].

[1] Einen entsprechenden Hinweis verdanke ich Frau C. Eicheler.

[2] Supremum (Infimum) sind hier im starken Sinne einer Schranke gemeint, die alle anderen Schranken über (unter) sich hat.

c.) *(Erweitertes Dedekind-Axiom mit Eindeutigkeit)*

$$\bigwedge FG \neq \emptyset : \quad F \cup G \text{ maximale } \prec -\text{Kette} \wedge F \prec G \rightarrow$$
$$\bigvee s \; F\backslash\{s\} \prec s \prec G\backslash\{s\}$$
$$\wedge \; \mathrm{nk}(s) \supseteq \bigcap_{x \in F} \mathrm{nk}(x) \wedge \mathrm{vk}(s) \supseteq \bigcap_{x \in G} \mathrm{vk}(x)$$

Ist darüberhinaus $\prec$ eine Reihe, so sind alle drei Fälle untereinander äquivalent und zum Dedekind-Axiom (VI.9).

Bew.:

a.) $\rightarrow$ b.) : Ist F nach oben beschränkt, also $F \preceq u$ für ein u, dann ist $\emptyset \neq \{u\} \subseteq \bigcap_{x \in F} \mathrm{nk}(x)$. Nach Voraussetzung existiert ein s mit $\mathrm{nk}(s) = \bigcap_{x \in F} \mathrm{nk}(x)$. Wegen $s \in \mathrm{nk}(s)$ ist $F \preceq s$, also s obere Schranke. Sei nun $F \preceq u$, dann ist $\mathrm{nk}(s) = \bigcap_{x \in F} \mathrm{nk}(x) \supseteq \mathrm{nk}(u) \ni u$, also $s \preceq u$. s ist also kleinste obere Schranke im obigen Sinne. Der Beweis für das Infimum erfolgt analog.

b.) $\rightarrow$ a.) : Sei F eine $\prec$-Kette mit $\bigcap_{x \in F} \mathrm{nk}(x) \neq \emptyset$. Dann ist jedes Element dieser Menge auch obere Schranke von F; das Supremum s existiert nach Voraussetzung mit $\bigwedge v \; (F \preceq v \leftrightarrow s \preceq v)$ oder $\mathrm{nk}(s) = \bigcap_{x \in F} \mathrm{nk}(x)$. Die zweite Aussage beweist man analog.

a.) $\rightarrow$ c.) : Sei $F \prec G$, $F \cup G$ eine maximale $\prec$-Kette. Dann sind nach Voraussetzung s und u wählbar mit

$$\mathrm{nk}(s) = \bigcap_{x \in F} \mathrm{nk}(x) \supseteq G, \qquad \mathrm{vk}(u) = \bigcap_{x \in G} \mathrm{vk}(x) \supseteq F$$

also $F \preceq s \preceq u \preceq G$. Wäre $s \prec u$, so gäbe es mit der Dichtheit ein $v \notin F \cup G$ mit $s \prec v \prec u$ im Widerspruch zur Maximalität

der Kette. Also $s = u$ und $F\backslash\{s\} \prec s \prec G\backslash\{s\}$.

c.) $\rightarrow$ a.) : Sei $H \neq \emptyset$ eine nach oben beschränkte Kette. Mit dem Auswahlaxiom wählen wir aus $B := H \cup \{z | \bigvee H' \subseteq H : H' \prec z \prec H\backslash H'\}$ eine maximale Kette K. Sei $G := \{x \in K | H \prec x\}$ und $F := K\backslash G$, dann ist $G \neq \emptyset$ wegen der Beschränktheit von H, $F \neq \emptyset$ wegen $H \neq \emptyset$, $F \prec G$ und $F \cup G$ eine maximale Kette. N. V. existiert ein s mit $H \supseteq F \preceq s \preceq G$ und $\bigcap_{x \in F} \mathrm{nk}(x) \subseteq \mathrm{nk}(s)$ und somit $\bigcap_{x \in F} \mathrm{nk}(x) = \mathrm{nk}(s)$. Nach Konstruktion von F ist $H \preceq z$ genau dann, wenn $F \preceq z$, woraus die Behauptung über die Nachkegel folgt. Der zweite Teil folgt genauso.

Stetigkeitsaxiom: *Die Relation $\prec$ besitzt auf jeder nach oben (unten) beschränkten Teilkette ein Supremum (Infimum)*

VI.1.c Geometrie der Lichtstrahlen

Wenn zwei Punkte lichtartig verbunden sind, so auch alle zwischen ihnen liegenden Punkte mit ihnen:

Lemma 155

(VI.11) $$x \prec^{-} y \rightarrow \bigwedge z \; x \prec z \prec y : x \prec^{-} z \prec^{-} y$$

Bew.:

$z \prec^{-} y$: $x \prec^{-} y$ läßt sich auch schreiben: $\bigvee r \prec y \bigwedge s \; x \prec s \prec z \preceq y : \neg r \prec s$. Hieraus folgt für jedes z zwischen x und y $\bigvee r \prec y \bigwedge s \; x \prec s \prec z : \neg r \prec s$ oder $z \prec^{-} y$.

$x \prec^{-} z$: Es gibt ein r, das mit x bezüglich y einen lichtartigen Vergangenheitswinkel bildet. Mit (VI.4) ist also $(y, s) \succ\!\!(x$ für ein s. Mit (VI.2) ist für jedes z zwischen x und y $(z, s) \succ\!\!(x$, oder mit (VI.4) $(x, u) \prec\!\!(z$ für ein u, mithin $x \prec^{-} z$. □

Insbesondere ist $\prec^{-}$ also dicht.

Wenn zwei Punkte zeitartig verbunden sind, so auch alle Vorfahren des ersten mit allen Nachfahren des zweiten.

Lemma 156

(VI.12) $$u \preceq x \prec^{\circ} y \preceq v \rightarrow u \prec^{\circ} v$$

Bew.: Mit der Definition folgt sofort $u \prec^{\circ} y$. Wäre $u \prec^{-} v$, so auch mit (VI.11) $u \prec^{-} y$, also $u \prec^{-} v$. Mit der Transitivität folgt die Behauptung. □

Wir müssen nun noch festlegen, wie der Schnitt eines Zukunfts- mit einem Vergangenheitskegel aussieht. Im Minkowski-Raum gibt es zwei Möglichkeiten: Entweder, die Kegel berühren sich nur im lichtartigen Rand, dann ist der Durchschnitt eine Lichtgerade; oder zum Durchschnitt zählen mindestens zwei raumartige Punkte, dann überschneiden sie sich so, daß man von jedem Punkt des einen Kegels ausgehend auf jedem Weg den anderen schneidet. Man muß nur den letzten Teil fordern, um den anderen beweisen zu können: Bilden drei Punkte ein nach unten gerichtetes Tetraeder mit lichtartigen Winkeln, so bildet kein Punkt, von dem aus zwei Punkte erreichbar sind, einen lichtartigen Winkel mit dem dritten (Abb. VI.4).

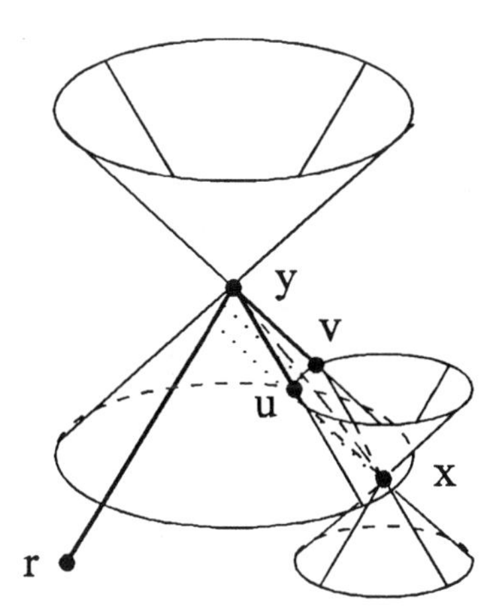

Abbildung VI.4: Kegelschnittaxiom

Kegelschnittaxiom:

(VI.13) $(r,v) \mathrel{-\!\!\!\prec} y \wedge (r,u) \mathrel{-\!\!\!\prec} y \wedge (u,v) \mathrel{-\!\!\!\prec} y \rightarrow \bigwedge x \prec u, v : \neg(r,x) \mathrel{-\!\!\!\prec} y$

Das folgende Lemma zeigt, wie man Punkte gewinnen kann, die zeitartig verbunden sind. Gelangt man vom Punkt u durch zwei raumartig getrennte Punkte x und y jeweils zum Punkt v, so können u und v nicht auf einem Lichtstrahl liegen, da schon v und x bzw. v und y auf verschiedenen Geraden liegen.

Lemma 157

(VI.14) $$\bigwedge uv\; u \sim v \rightarrow \bigwedge xy\; x \prec u, v \prec y : x \prec^{\circ} y$$

Bew.: Wir nehmen an, es wäre $x \prec^{-} y$. Mit (VI.11) ist dann $x \prec^{-} u, v \prec^{-} y$ und erst recht $(u,v) \mathrel{-\!\!\!\prec} y$. Zu zeigen ist: für jedes $r \prec y$ gibt es eine s mit $x, r \prec s \prec y$. Falls $x \preceq r$ wähle man s beliebig zwischen r und y, falls $r \preceq x$ zwischen x und y. Ist $r \sim x$ sowie $r \prec^{\circ} y$, existiert schon ein s zwischen r, x und y. Ist hingegen $r \prec^{-} y$, so gilt $(r,u) \mathrel{-\!\!\!\prec} y$ und $(r,v) \mathrel{-\!\!\!\prec} y$ nach dem räumlichen Isotropieaxiom (VI.7). Mit dem Kegelschnittaxiom (VI.13) folgt dann $\neg(r,x) \mathrel{-\!\!\!\prec} y$, was zu zeigen war. □

Man kann nun zeigen, daß die Menge der Punkte, die zwischen zwei lichtartigen Punkten liegt, eine lichtartige Kette bildet.

Lemma 158

$$x \prec^- y \wedge x \prec u, v \prec y \rightarrow u = v \vee u \prec^- v \vee v \prec^- u \tag{VI.15}$$

Bew.: Mit (VI.11) ist $x \prec^- u, v \prec^- y$. Wäre $u \sim v$, so auch mit (VI.7) $(u, v) \mathrel{-\!\!\{} y$ und $(u, v) \mathrel{\succ\!\!\{} y$, woraus mit (VI.14) $x \prec^\circ y$ folgt, im Widerspruch zur Annahme. Sei also o.B.d.A. $u \prec v$, dann ist mit (VI.11) auch $u \prec^- v$. □

Mit den Definitionen von lichtartiger Kollinearität, Lichtstrecke und Lichtgerade

$$\begin{array}{rcl} z\,\mathrm{Co}(x, y) & \leftrightarrow & x \prec^- y \vee y \prec^- x \\ & & \wedge (x \preceq^- z \preceq^- y \vee y \preceq^- z \preceq^- x \\ & & \vee\, x, y \prec^- z \vee z \prec^- x, y) \\ \overline{xy} & := & \{z | x \preceq^- z \preceq^- y \vee y \preceq^- z \preceq^- x\} \\ \mathrm{L}(x, y) & := & \{z | z\,\mathrm{Co}(x, y)\} \end{array} \tag{VI.16}$$

kann man das obige Lemma auf den ganzen Lichtstrahl ausdehnen.

Lemma 159

$$u\,\mathrm{Co}(x, y) \wedge v\,\mathrm{Co}(x, y) \rightarrow u = v \vee u \prec^- v \vee v \prec^- u \tag{VI.17}$$

Bew.: Sei o.B.d.A. $x \prec^- y$.

i.) $x \prec^- u, v, \prec^- y$: s.o. (VI.15)

ii.) $u, v \prec^- x, y$: Wäre $u \sim v$ so folgt mit (VI.7) $(u, v) \mathrel{-\!\!\{} x$ und $(u, v) \mathrel{-\!\!\{} y$, also mit (VI.5) $x \simeq y$, im Widerspruch zu $x \prec^- y$. Sei also o.B.d.A. $u \prec v$. Wäre $u \prec^\circ v$, so auch $u \prec^\circ x$ nach (VI.12) im Widerspruch zu $u \prec^- x$, also $u \prec^- v$.

iii.) $x, y \prec^- u, v$: Wäre $u \sim v$ so wie oben mit (VI.7) $(u, v) \mathrel{\succ\!\!\{} x$ und $(u, v) \mathrel{\succ\!\!\{} y$, also mit (VI.5) $x \simeq y$, im Widerspruch zu $x \prec^- y$. Sei also o.B.d.A. $u \prec v$. Wäre $u \prec^\circ v$, so auch $x \prec^\circ v$ nach (VI.12) im Widerspruch zu $x \prec^- x$, also $u \prec^- v$.

iv.) $u \prec^- x \prec^- v \prec^- y \wedge u \prec^- y$: Wäre $u \prec^\circ v$, so mit (VI.12) $u \prec^\circ y$ im Widerspruch zu $u \prec^- y$, also $u \prec^- v$ wegen der Transitivität.

v.) $x \prec^- u \prec^- y \prec^- v \wedge x \prec^- v$: Wie oben. □

Die Kollinearitätsrelation ist offensichtlich symmetrisch bezüglich der beiden hinteren Parameter. Sie ist aber symmetrisch bezüglich aller Parameter.

Lemma 160

(VI.18) $$z\,\mathrm{Co}(x,y) \leftrightarrow x\,\mathrm{Co}(y,z)$$

Bew.: In beiden Fällen ist x und y bzw. y und z lichtartig verbunden.

i.) $x \prec^- y \prec^- z \vee z \prec^- y \prec^- x$: $z\,\mathrm{Co}(x,y)$ genau dann, wenn x und z lichtartig verbunden. $x\,\mathrm{Co}(y,z)$ reduziert sich auf $x \prec^- y, z \vee y, z \prec^- x$, was äquivalent ist wegen $x \prec^- z \rightarrow x \prec^- y$ und $z \prec^- x \rightarrow y \prec^- x$.

ii.) $z, x \prec^- y$: $z\,\mathrm{Co}(x,y) \leftrightarrow x \prec^- z \prec^- y \vee z \prec^- x, y$, $x\,\mathrm{Co}(y,z) \leftrightarrow z \prec^- x \prec^- y \vee x \prec^- y, z$. Beide Sätze sind äquivalent zu $x \prec^- z \vee z \prec^- x$.

iii.) $y \prec^- z, x$: Wie oben. □

Theorem 161 *Lichtgeraden sind eindeutig durch zwei Punkte bestimmt.*

(VI.19) $$z\,\mathrm{Co}(x,y) \wedge w\,\mathrm{Co}(x,y) \wedge z \neq w \rightarrow \mathrm{L}(x,y) = \mathrm{L}(z,w)$$

Bew.: Zunächst zeigen wir

(VI.20) $$z\,\mathrm{Co}(x,y) \wedge w\,\mathrm{Co}(z,y) \rightarrow w\,\mathrm{Co}(x,y)$$

Im Falle $w = x \vee w = y \vee w = z$ ist es bereits bewiesen. Andernfalls folgt $x\,\mathrm{Co}(z,y) \wedge w\,\mathrm{Co}(z,y)$, also sind mit (VI.15) x, y und w untereinander verbunden. Daraus aber folgt schon $w\,\mathrm{Co}(x,y)$. Nun zum Beweis der Behauptung.

$\supseteq$: Nach Voraussetzung ($x\,\mathrm{Co}(z,y) \wedge w\,\mathrm{Co}(x,y)$) mit (VI.20) ist $w\,\mathrm{Co}(z,y)$. Sei $p\,\mathrm{Co}(w,z)$, dann wiederum mit (VI.20) $p\,\mathrm{Co}(y,z)$. Dies zusammen mit $z\,\mathrm{Co}(x,y)$ ergibt mit Hilfe desselben Lemmas $p\,\mathrm{Co}(x,y)$.

$\subseteq$: Mit $p\,\mathrm{Co}(x,y)$ sind auch z und w mit p lichtartig verbunden (VI.15), daher $p\,\mathrm{Co}(z,w)$. □

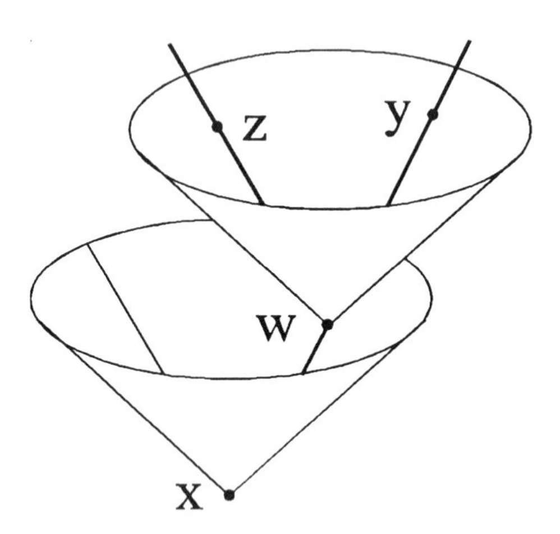

Abbildung VI.5: Homogenitätsaxiom

Bisher wurde nur die Isotropie der Lichtkegel festgelegt, wir benötigen auch noch eine Homogenitätsforderung. Jeder Zukunftslichtkegel kann entlang einer seiner Achsen verschoben werde, so daß er einen vorgegebenen Punkt, wenn dieser überhaupt erreichbar ist, auch lichtartig schneidet. In Abbildung VI.5 wird der Lichtkegel von x durch ein gegebenes z, welches vom Scheitelpunkt x erreichbar ist, entlang der Geraden $\mathrm{L}(x, y)$ verschoben (und eventuell gedreht). Der Scheitelpunkt des Kegels liegt dabei auf der Geraden.

Homogenitätsaxiom:

(VI.21)
$$x \prec^- y \wedge \neg z \sim x \rightarrow \bigvee w \; w \,\mathrm{Co}(x, y) \wedge (w \prec^- z \vee z \prec^- w \vee z = w)$$

Homogenitätsaxiome dienen dazu, Zerrüttungen zu vermeiden. In diesem Fall wird beispielsweise vermieden, daß der Raum teilweise Minkowski- und teilweise Galilei-Struktur besitzt. Gibt es überhaupt Strahlen mit Grenzgeschwindigkeit, so gibt es sie überall. Die Ortsangabe für w läßt sich verschärfen: Liegt z oberhalb von x, so auch w.

Lemma 162

(VI.22)
$$x \prec^- y \wedge x \preceq z \rightarrow \bigvee w \; w \,\mathrm{Co}(x, y) \wedge x \preceq^- w \preceq^- z$$

Bew.: Es seien die Voraussetzungen gegeben. Nehmen wir an, es wäre $w \prec x(\preceq z)$, dann ist auch $w \prec z$, nach (VI.21) schärfer $w \prec^- z$ und weiter $w \prec^- x \prec^- z$ (VI.11). Mit $w\,\mathrm{Co}(x,y)$ folgt daraus $z\,\mathrm{Co}(x,y)$. Damit erfüllt z selbst anstelle von w den Nachsatz. □

Wir zeigen nun den wichtigen Hilfssatz, daß gegenüberliegende Strecken in einem lichtartigen Viereck (das kein Parallelogramm sein muß) zweier Lichtwinkel durch Lichtstrahlen eineindeutig aufeinander abgebildet werden.

Lemma 163 *Gegenüberliegende Seiten eines lichtartigen Vierecks werden eineindeutig und ordnungserhaltend aufeinander abgebildet.*

(VI.23) $$(u,v) \prec\!\!\!\{ x \wedge (u,v) \succ\!\!\!\{ y \;\rightarrow\; \prec^- \in 1-1(\overline{yu}, \overline{vx})$$

Bew.:

Inj.: Es sei v' gegeben mit $v \prec^- v' \prec^- x$, es ist dann $y \prec^- u$ und $y \preceq v$. Nach (VI.22) gibt es dann ein y' mit $y \preceq^- y' \preceq^- v'$ und $y'\,\mathrm{Co}(y,u)$, schärfer $y' \in \overline{yu}$, denn im Falle $u \preceq^- y'$ wäre $y' \sim x$, was $y' \preceq^- v' \preceq^- x$ widerspräche. Es genügt, $y' \succ y$ zu zeigen, dann folgt die Injektivität durch Anwendung des Bewiesenen auf $v'' \in \overline{v'x}$ in dem durch $(u,v') \prec\!\!\!\{ x$ und $(u,v') \succ\!\!\!\{ y'$ gegebenen neuen Viereck. Nehmen wir an, $y = y'$. Dann ist mit $y, v \prec^- v'$ auch $v'\,\mathrm{Co}(y,v)$, also $y\,\mathrm{Co}(v',v)$ (VI.18). Wegen $v \prec^- v' \prec^- x$ (VI.11) ist ebenso $x\,\mathrm{Co}(v',v)$, mithin $\neg y \prec^\circ x$ nach (VI.15). Nach Voraussetzung ist aber $y \prec^\circ x$ (VI.14). Widerspruch.

Surj.: Sei y_{max} das Supremum aller mit einem $v' \in \overline{vx}$ lichtartig verbundenen $y' \in \overline{yu}$. Nehmen wir an $y_{\mathrm{max}} \prec u$, dann ist $(y_{\mathrm{max}}, v) \prec\!\!\!\{ x$ und mit $(u,v) \prec\!\!\!\{ x$ $u \sim y_{\mathrm{max}}$ nach dem Axiom der räumlichen Isotropie.

Ordn.: Wir nehmen an, es wären $y', y'' \in \overline{yu}$ und $v', v'' \in \overline{vx}$, $y' \preceq^- v'$, $y'' \preceq^- v''$, aber $y' \prec^- y''$ und $v'' \preceq v'$. Dann ist $(y'', v') \succ\!\!\!\{ y'$, was per Definitionem $y'' \preceq v'' \preceq v'$ widerspricht. □

Bevor wir die Dichtheit der zeitartigen Wirkungsrelation zeigen, führen wir einige Abkürzungen für Intervalle wie allgemein gebräuchlich ein:

(VI.24)
$$\begin{aligned}
[x,y] &:= \{z \mid x \preceq z \wedge z \preceq y\} \\
(x,y) &:= \{z \mid x \prec z \wedge z \prec y\} \\
(x,y] &:= \{z \mid x \prec z \wedge z \preceq y\} \\
[x,y) &:= \{z \mid x \preceq z \wedge z \prec y\}
\end{aligned}$$

Lemma 164 *Die zeitartige Wirkungsrelation ist dicht*

$$x \prec^\circ y \rightarrow \bigvee z \; x \prec^\circ z \prec^\circ y \tag{VI.25}$$

Bew.:

(i) $[x,y]$ ist konnex: Wähle z beliebig aus (x,y).

$x \prec^\circ z$: Nehmen wir an, $x \prec^- z$, also $(x,r) \prec\!\!(z$ für ein r. Mit dem Axiom der Zeitlichen Isotropie gibt es einen Wechselwinkel $(z,r') \succ\!\!(x$, mit anderen Worten $\bigwedge s \in (x,z) \neg r' \succ s$. Wegen der Konnexivität ist jedes $s \in (x,y)$ mit z vergleichbar und es ist $(x,y) = (x,z) \cup [z,y)$. Für $s \in [z,y)$ muß aber ebenfalls $\neg r' \succ s$ gelten, denn sonst wäre $r' \succ s \succ s'$ für $s' \in (x,z)$. Also kann man verschärfen zu $\bigwedge s \in (x,y) \neg r' \succ s$, oder $(y,r') \succ\!\!(x$. Mit dem Axiom der Zeitlichen Isotropie zeigt man wieder $(x,r'') \prec\!\!(y$ oder $x \prec^- y$. Widerspruch.

$z \prec^\circ y$: Beweist man analog, jedoch ohne den Umweg über das Axiom der Zeitlichen Isotropie direkt mit dem Vergangenheitswinkel.

(ii) $[x,y]$ ist nicht konnex: Es gibt also $u,v \in (x,y)$ mit $u \sim v$. Unter Verwendung des Auswahlaxioms wählen wir maximale Ketten $F \subseteq \mathrm{nk}(u) \cap \mathrm{nk}(v) \ni y$ sowie $G \subseteq \mathrm{vk}(u) \cap \mathrm{vk}(v) \ni x$ und bilden $\widetilde{y} = \inf_\prec F$ sowie $\widetilde{x} = \sup_\prec G$ mit dem Stetigkeitsaxiom. Dann ist aus Stetigkeitsgründen für $\widetilde{x}, \widetilde{y}, u, v$ die Prämisse des vorherigen Lemmas erfüllt. Zu einem $u' \in (\widetilde{x}, u)$ gibt es also genau ein $v' \in (v, \widetilde{y})$ mit $u' \prec^- v'$. Wir wählen z beliebig aus (u', v').

$x \prec^\circ z$: Nehmen wir an, $x \prec^- z$, also $z\,\mathrm{Co}(\widetilde{x}, u')$, dann sind mit $u\,\mathrm{Co}(\widetilde{x}, u')$ auch $\mathrm{L}(\widetilde{x}, u') = \mathrm{L}(z, u')$ (VI.19) und wegen $v'\,\mathrm{Co}(z,u')$ auch u und v' lichtartig verbunden. Umgekehrt folgt aus $(u,v) \prec\!\!(\widetilde{y}$ und $v \prec v' \prec \widetilde{y}$ auch $(u,v') \prec\!\!(\widetilde{y}$ (VI.2), also mit (VI.6) $u \sim v'$, ein Widerspruch. Daher ist $x \preceq \widetilde{x} \prec^\circ z$, aus () folgt die Behauptung.

$z \prec^\circ y$: Analog. □

VI.2 Topologie

VI.2.a Metrisierbarkeit und Zusammenhang

Die Topologie des Raumes erklären wir, indem wir festsetzen, daß die offenen Zukunfts- und Vergangenheitskegel

$$\begin{aligned} \mathrm{nk}^\circ(x) &:= \{y \mid x \preceq^\circ y\} \\ \mathrm{vk}^\circ(x) &:= \{y \mid x \succeq^\circ y\} \end{aligned} \tag{VI.26}$$

offen sind.[3] Nimmt man diejenigen Punkte aus, die minimale bzw. maximale Punkte in $\prec^\circ$ sind, also (lokale) Weltursprünge und Weltkollapse, so bilden die offenen Intervalle

$$(x,y)^\circ := \{z | x \prec^\circ z \land z \prec^\circ y\} \tag{VI.27}$$

eine Basis des Raumes.

Bisher haben wir aber nicht genug vorausgesetzt, um überhaupt eine Topologie mittels der Wirkungsrelation zu erklären, die von einer Metrik erzeugt werden kann. Tatsächlich erfüllt die klassische nichtrelativistische Raumzeit nicht einmal die elementarsten Trennungsaxiome in dieser Topologie, kann also unter alleiniger Verwendung des Wirkungsbegriffs nicht axiomatisiert werden, denn die Punkte x sind nur durch ihre Zeitkoordinate x_0 kausal geordnet. Jeder Raumpunkt wirkt auf jeden anderen mit beliebig[4] großer Geschwindigkeit. Punkte mit gleicher Zeitkoordinate sind kausal unvergleichbar. Es gilt

$$\begin{array}{lcl} x \prec y & \leftrightarrow & x_0 < y_0 \\ x \simeq y & \leftrightarrow & x_0 = y_0 \end{array}$$

Die Relationen $(x,y) \prec\!\!\{ z$ und $(x,y) \succ\!\!\{ z$ sind nirgends erfüllt, es gibt also keine Lichtgeraden. Die vorherigen Axiome sind alle trivial erfüllt.

Wir zeigen, daß tatsächlich die Forderung nach einer lokal begrenzten Geschwindigkeit notwendig und hinreichend für die Existenz einer Metrik ist (falls der Raum eine abzählbare dichte Teilmenge hat) und somit für die kausale Axiomatisierbarkeit der Topologie ist.

Lemma 165 *Jeder Punkt habe einen zeitartigen Vorgänger und Nachfolger. Dann sind folgende Eigenschaften äquivalent:*

a.) Jeder Punkt besitzt zu jedem raumartig zu ihm liegenden Punkt einen zeitartigen Vorgänger (Nachfolger), der nicht Vorgänger (Nachfolger)

---

[3] Äquivalent wäre die Forderung, daß die Intervalle $[x,y]$ abgeschlossen sind, falls man zusätzlich das Haussdorffaxiom voraussetzt. Dann sieht man aber den Zusammenhang zwischen letzterem und dem Axiom der lokalen Grenzgeschwindigkeit nicht. Die Intervalle $[x,y]$ sind in jedem Fall nur für solche z Umgebung, für die $x \prec^\circ z \prec^\circ y$ gilt, denn sonst liegt z auf dem Rand des Intervalls. Entsprechendes gilt für die Vor- und Nachkegel. Die Definition der Umgebung bei Carnap (auch bei Essler zitiert) wäre so zu ändern, daß entweder Mengen nur für bestimmte Punkte Umgebungen sind oder nur offene Umgebungen berücksichtigt werden.

[4] Aber nicht mit unendlich großer Geschwindigkeit, wie man oft in Lehrbüchern unpräzise formuliert findet, denn dann wäre die Asymmetrie der Wirkungsrelation $\prec$ verletzt.

des anderen Punktes ist, hat also lokal begrenzte Geschwindigkeit.

(VI.28)
$$\begin{aligned} x \sim y \quad \rightarrow \quad & \bigvee u \; u \prec^{\circ} x \wedge \neg u \prec y \\ \wedge \quad & \bigvee v \; x \prec^{\circ} v \wedge \neg y \prec v \end{aligned}$$

b.) Die licht-zeitartigen Intervalle

$$[x, y] := \{z | x \preceq z \wedge z \preceq y\}$$

sind abgeschlossen.

c.) Der Raum erfüllt das T_1-Axiom (je zwei Punkte besitzen Umgebungen, in denen der andere Punkt nicht liegt).

d.) Der Raum ist regulär

Ist der Raum weiterhin separabel, so hat er eine abzählbare Basis und ist metrisierbar.

Bew.:

a.)→b.) Ist $z \notin [x, y]$, so ist $\neg x \preceq z$ oder $\neg z \preceq y$. Wir zeigen, daß um z eine zu $[x, y]$ disjunkte offene Umgebung U liegt. Ohne Einschränkung aus Symmetriegründen betrachten wir den ersten Fall. Gilt $z \prec^{\circ} x$, so ist $z \in U = \text{vk}^{\circ}(x)$; die gesuchte Umgebung. Ist andererseits $z \prec^{-} x$, so gibt es per Definitionem ein r mit $(z, r) \prec\!\!\!\!(x$, also $r \sim z$. Aus a.) folgt dann die Existenz eines v, das von z aus lichtartig, von r aber gar nicht erreichbar ist. Dann kann aber auch nicht $x \preceq v$ sein, denn sonst wäre mit $r \prec x$ auch $r \prec v$. Somit ist $U = \text{vk}^{\circ}(v)$ die gesuchte Umgebung. Es bleibt noch der Fall $z \sim x$. Aus a.) folgt analog die Existenz eines v mit $\neg x \preceq v$ und $z \in U = \text{vk}^{\circ}(v)$. In allen drei Fällen ist $U \cap \text{nk}^{\circ}(x) = \emptyset$. Für den Fall $\neg z \preceq y$ benötigt man im Unterfall $y \prec^{-} z$ das Axiom der Zeitlichen Isotropie.

b.)→c.) Nach b.) ist jeder Punkt $\{x\} = [x, x]$ eine abgeschlossene Menge. Deren Komplement enthält $y \neq x$ und ist somit eine offene Umgebung von y, die x nicht enthält. Analog für y.

c.)→a.) a.) ist ein Spezialfall des T_1-Axioms in dieser Topologie.

d.)→c.) Per Definitionem.

b.)∧c.)→d.) Es genügt zu zeigen: Die Intervalle $[x,y]$ bilden für $z \in (x,y)^\circ$ abgeschlossene Umgebungsbasen.

$$\bigwedge z \in (x,y)^\circ \bigvee uv \; z \in (u,v)^\circ \wedge [u,v] \subseteq (x,y)^\circ$$

Denn dann folgt mit Lemma 1 schon die Regularität des Raumes. Wegen (VI.25) können wir $u \in (x,z)^\circ$ und $v \in (z,y)^\circ$ wählen. Für $w \in [u,v]$ gilt dann $x \prec^\circ u \preceq w \preceq v \prec^\circ y$, also mit (VI.12) $x \prec^\circ w \prec^\circ y$, was zu zeigen war.

Metrik: Existiert eine abzählbare dichte Teilmenge Q, so gibt es auch eine abzählbare Basis[5]. Wäre für $x \prec^\circ y$ auch $(x,y)^\circ \cap Q = \emptyset$, dann $\overline{Q} \subseteq \overline{X \backslash (x,y)^\circ} = X \backslash (x,y)^\circ$, ein Widerspruch zu $\overline{Q} = X$. Dieses Argument wenden wir auf $(x,z)^\circ$ und $(z,y)^\circ$ für gegebenes $z \in (x,y)^\circ$ an und erhalten $u, v \in Q \cap (x,y)^\circ$ mit $z \in (u,v)^\circ$. Also bilden die $(u,v)^\circ$ für $u, v \in Q$ eine abzählbare Basis. Ein regulärer Raum mit abzählbarer Basis ist auch metrisierbar. □

Wir fordern den Fall a.) als Axiom.

Axiom der Grenzgeschwindigkeit: Jeder Punkt besitzt zu jedem raumartig zu ihm liegenden Punkt einen zeitartigen Vorgänger (Nachfolger), der nicht Vorgänger (Nachfolger) des anderen Punktes ist (VI.28).

Definition 166 *Unter einer* **Wirkungslinie** *verstehen wir eine maximale Kette in der Wirkungsrelation.*

Lemma 167 *Jede Wirkungslinie ist homöomorph zur reellen Achse.*[6]

Bew.: Die Relation $\prec$ ist auf den Wirkungslinien asymmetrisch, konnex und wegen der Maximalität auch dicht und Dedekind-stetig und ohne Anfangs- oder Endpunkte. Eine abzählbar dichte Teilmenge beschaffen wir uns mit Hilfe des Auswahlaxioms, indem wir jedem Basiselement $(u,v)^\circ$, welches die Wirkungslinie schneidet, einen Punkt aus der Schnittmenge zuordnen. Zwischen zwei verschiedenen Punkten der Linie liegt mindestens ein Punkt dieser Teilmenge, denn jeder Zwischenpunkt besitzt eine zu beiden Punkten disjunkte Umgebung, welche wiederum einen Punkt der Teilmenge enthält. □

---

[5] Dies gilt natürlich nicht allgemein, vgl. [Grotemeyer(69), S. 32], Beispiel zu Satz 13.

[6] Gemeint ist: unter den Voraussetzungen des vorigen Lemmas (Separabilität, jeder Punkt hat zeitartige Vorgänger und Nachfolger).

Korollar 168 *Die Raumzeit ist lokalwegezusammenhängend.*[7]

Bew.: Jedes $(u,v)^\circ$ ist zusammenhängend: $x, y \in (u,v)^\circ$ haben auch ein $z \in (u,v)^\circ$ mit $z \preceq x, y$. Durch $[z,x]$ und $[z,y]$ geht jeweils ein zum abgeschlossenen Intervall homöomorphes Stück einer Wirkungslinie. Ihre Vereinigung ist der gesuchte Weg. □

Die globale (Wege-)Zusammenhangseigenschaft gilt zunächst nicht, wie die Vereinigung zweier Paralleluniversen zeigt. Für sie muß man verschärft fordern, daß je zwei Punkte gemeinsame Vorgänger und Nachfolger besitzen.

Zusammenhangsaxiom:

(VI.29) $$\bigwedge xy \bigvee uv \; u \prec x \wedge y \prec v$$

Lemma 169 *Zwei Punkte haben einen gemeinsamen zeitartige Vorgänger und Nachfolger*

(VI.30) $$\bigwedge xy \bigvee uv \; x, y \in (u,v)^\circ$$

Bew.: Wir betrachten nur den Vorgänger, der Nachfolger wird analog bewiesen. Seien also x, y beliebig, dann gibt es nach (VI.29) einen gemeinsamen Vorgänger $z \prec x, y$. Nochmalige Anwendung liefert ein $z' \prec z$. Falls $z' \prec^\circ z$, setzen wir $u = z'$. Ansonsten existiert ein z'' mit $(z', z'') \prec\!(z$ und wiederum ein $u \prec z', z''$. Mit (VI.14) ist dann $u \prec^\circ z$ und daher mit (VI.12) $u \prec^\circ x, y$. □

Korollar 170 *Jeder Punkt hat einen zeitartigen Vorgänger und Nachfolger.*

Mit diesem Korollar sind die Voraussetzungen von Lemma 165 gegeben und wir können die Raumzeit (falls separabel) als metrisierbar auffassen. Erst jetzt können wir beweisen, daß auch die Lichtgeraden topologisch den Zahlengeraden entsprechen.

Lemma 171 *Jede Lichtgerade ist eine Wirkungslinie.*

---

[7] Voraussetzungen wie vor.

Bew.: Da die Lichtstrahlen dicht und Dedekind-stetig sind, bleiben nur eventuelle Schranken auszuschließen. Wäre $z \succ \mathrm{L}(x,y)$, dann gäbe es nach (VI.22) ein $w \in \mathrm{L}(x,y)$ mit $w \preceq^- z$. Wäre nun $w \prec^- y$, dann bleibt wegen $y \prec z$ nur $y \prec^- z \in \mathrm{L}(x,y)$, im Widerspruch zur ersten Annahme. Also ist $y \preceq^- w$, womit w das Supremum der Kette ist. Wir wählen nun ein $z' \succ^\circ w$ mit (VI.30) und erhalten ganz analog ein $w' \in \mathrm{L}(x,y)$ mit $w \preceq^- w' \prec^- z'$. Mit der Supremumseigenschaft ist $w = w'$, im Gegensatz zu $w \prec^\circ z'$. Widerspruch. □

VI.2.b Räume

Definition 172 *Als* **Raum** *definieren wir eine Menge paarweise zueinander raumartig liegender Punkte, die von jeder Wirkungslinie geschnitten wird.*

Diese Definition folgt Reichenbach. Trivialerweise ist jede raumartige Poincaré-Menge ein Raum, denn sie muß auch jede der Wirkungslinien trennen. Es gilt auch die Umkehrung.

Lemma 173 *Die Raumzeit sei separabel. Dann ist jeder Raum eine Poincaré-Menge.*

Bew.: Wir erklären für einen Raum F die beiden Trennungskomponenten

$$\begin{aligned} F_- &:= \{x \mid \bigvee y \in F : x \prec y\} \\ F_+ &:= \{x \mid \bigvee y \in F : y \prec x\} \end{aligned}$$

- $F_+ \cup F_- \cup F$ ist die ganze Raumzeit: Für $x \notin F_+ \cup F_-$ ist für alle $y \in F$ auch $x \simeq y$. Ferner schneidet jede Wirkungslinie durch x den Raum in x, es ist also $x \in F$.
- F_+, F_- sind zusammenhängend: Je zwei Elemente von F_- haben nach (VI.30) einen gemeinsamen zeitartigen Vorgänger $\notin F$; durch ihn geht - wie vorhin gezeigt - ein Weg von dem einen Punkt zum anderen. Für F_+ genauso.
- F_- ist offen: Sei $x \in F_-$, es gibt also ein $y \in F$ mit $x \prec y$. Wir konstruieren durch x eine zu x zeitartige Wirkungslinie durch Anwendung des Auswahlaxioms auf $\{x\} \cup \mathrm{vk}^\circ(x) \cup \mathrm{nk}^\circ(x)$. Per Definition schneidet sie den Raum in einem Punkt $z \in F$. Wäre $z \prec^\circ x$, so auch $z \prec y \in F$, ein Widerspruch zur Unverbundenheit der Elemente von F. Es ist also $x \prec^\circ z$ und $\mathrm{vk}^\circ(z) \subseteq F_-$. Ein beliebiges

$u \prec^{\circ} x$, das nach (VI.30) existiert, liefert die gesuchte offene Umgebung $(u, z)^{\circ} \subseteq F_{-}$ von x.

- F_{+} ist offen: Analog.
- F trennt F_{-} und F_{+}: F_{-} und F_{+} sind disjunkte (sonst wären per Definitionem in F zwei Punkte verbunden) offene Mengen und als solche separiert.
- Irreduzibilität: Sei $x \in F$ und $(u, v)^{\circ}$ eine offene Umgebung von x. Dann ist $(x, v)^{\circ} \subseteq F_{+}$ und $(u, x)^{\circ} \subseteq F_{-}$, somit $x \in \overline{F_{-}} \cap \overline{F_{+}}$. Also ist $F_{-} \cup F_{+} \cup \{x\}$ zusammenhängend. □

Korollar 174 *Jede Disjunktion zusammenhängender Räume wird kausal im Sinne der reellen Zahlen geordnet.*

Bew.: Es ist klar, daß für zwei Räume F und G $F \prec G$ gilt, wenn schon zwei Punkte aus ihnen diese Beziehung erfüllen. Diese verschafft man sich über eine beliebige Wirkungslinie. □

Die Frage, ob jeder Punkt in einem Raum liegt, kann erst später im metrischen Modell positiv beantwortet werden.

VI.2.c Dimension und Einfachheit

Bisher haben wir nur sehr allgemeine Forderungen aufgestellt, welche die Topologie des Raumes wenig einschränken, jedoch methodologisch gut begründbar erscheinen: Die beiden Isotropieaxiome sichern die Gleichförmigkeit der Lichtkegel, das Kegelschnittaxiom die Definierbarkeit von Lichtgeraden, die Dedekind-Stetigkeit ist als rationale Konstruktion erzwingbar, das Zusammenhangsaxiom schließt Paralleluniversen aus und das Axiom der lokalen Grenzgeschwindigkeit sichert die Definierbarkeit der Topologie aus der Wirkungsrelation. In der Relativitätstheorie werden aber nur lokaleuklidische Räume betrachtet. Außer dem pragmatischen Vorteil, jeden Punkt wenigstens lokal durch ein Tupel von Zahlen auszeichnen und damit besser rechnen zu können, ist bisher kein erkenntnistheoretischer Vorzug dieser Topologien angegeben worden. Wir können jedoch die Lokaleuklidizität mittels eines Einfachheitsarguments gewinnen: Wir betrachten die Lichtkegel als geometrische Objekte und stellen fest, daß sie durch vier (paarweise nicht lichtartig verbundene) Punkte eindeutig bestimmt werden.

Dimensionsaxiom: Die lichtartigen Kegel

$$\begin{aligned} \mathrm{vk}^{-}(x) &:= \{y \mid y \prec^{-} x\} \\ \mathrm{nk}^{-}(x) &:= \{y \mid x \prec^{-} y\} \end{aligned}$$

besitzen in der Lichtkegeltopologie $\langle X, \mathcal{X}\rangle$ die geometrische Dimension vier.

(VI.31) $\mathrm{gdim}(\{\mathrm{vk}^-(x)|x \in X\}, \mathcal{X}) = \mathrm{gdim}(\{\mathrm{nk}^-(x)|x \in X\}, \mathcal{X}) = 4$

Theorem 175 *Falls separabel, so ist der Raum lokaleuklidisch.*

Bew.: Sei v ein beliebiger Punkt der Raumzeit, zu konstruieren ist eine Umgebung, die zu einer Umgebung im $\Re^4$ homöomorph ist. Nach (VI.31) existieren per Definitionem (III.12) offene Mengen $O_1, \ldots O_4$, welche den Vergangenheitslichtkegel schneiden, so daß durch je vier Punkte aus je einer der O_i genau ein Vergangenheitslichtkegel geht.

Wir zeigen zunächst die Existenz von vier paarweise raumartigen Punkten $x_1 \in O_1, \ldots, x_4 \in O_4$ auf dem Vergangenheitslichtkegel von v. Gäbe es sie nicht, so wären in zwei der offenen Umgebungen $O_1, \ldots O_4$ zwei Punkte enthalten, sagen wir $x_k \in O_k$ und $x_j \in O_j$, die lichtartig verbunden sind (ohne Einschränkung $x_k \prec^- x_j$). Man halte den einen davon fest und verschiebe den anderen in seiner Umgebung zeitartig, dann kann durch beide kein Lichtkegel mehr gehen, ein Widerspruch zur Behauptung von (III.12).

Unter Verwendung des Homogenitätsaxioms zeigt man leicht, daß jedes $u \prec^\circ v$ alle Halbgeraden von v durch die x_i schneidet. Insbesondere muß es nach Gleichung (VI.31) für die Vorkegel ein $u \prec^\circ v$ geben, welches die Halbgeraden auch innerhalb der O_i schneidet. Seien $y_i \in O_i$ diese Schnittpunkte. Wir betrachten die Zusammenhangskomponenten von y_i in O_i, diese müssen offen sein, da der Raum und somit jeder offene Teilraum lokalzusammenhängend ist. In diesen Komponenten sind dann Lichtsegmente $\overline{w_i z_i} \ni y_i$ auf den Lichtgeraden $\mathrm{L}(u, y_i)$ ganz enthalten.

Zu jedem Quadrupel $x_i \in \overline{w_i z_i}$ gibt es genau einen Vergangeheitslichtkegel eines Punktes $f(x_1, \ldots, x_4)$, auf dem sie liegen. Ist $y_i \prec^- x_i$, so ist auch $v \prec^\circ f(x_1, \ldots, x_4)$. Die $\overline{w_i z_i}$ sind homöomorph zum Einheitsintervall. Man zeigt leicht, daß f einen Homöomorphismus von dem vierdimensionalen Einheitswürfel auf die Umgebung $[f(w_1, \ldots, w_4), f(z_1, \ldots, z_4)]$ von v ist. Dies ist die Behauptung. □

Die Bestimmung der Topologie nach obiger Methode enthält eine scheinbare Willkürlichkeit: Die Wahl der zeitartigen Kegel als Subbasis folgt (genauer: ist logisch äquivalent zu) der Definition von Alexandroff. Wenn aber die Topologie (lokal) mit der newtonschen Raumzeit übereinstimmt, so spiegelt sie die Trennung raumartiger Punkte durch Lichtkegel nicht wieder. In der Folge wurden, von Steven Hawking als prominentestem

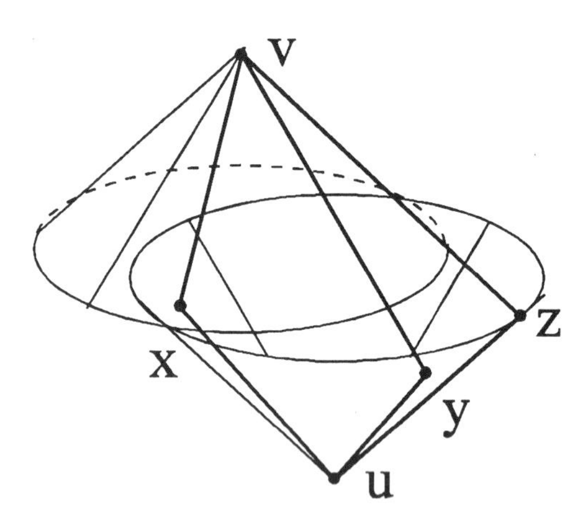

Abbildung VI.6: Geometrische Dimension der Lichtkegel (Folgerung)

Vertreter, alternative Topologien vorgeschlagen [Heathcote(88)]. Alle diese Topologien sind feiner, enthalten also mehr offene Mengen. Sie enthalten die kausale Struktur wie eingebrannt, denn jeder Homöomorphismus des Raumes auf sich selbst ist eine Lorentz-Tranzformation, Translation, Dilatation oder Kombination hiervon. Es gibt also keine physikalisch nicht interpretierbaren Automorphismen.

Die feine Topologie von Zeeman ist die feinste Topologie, welche auf zeitartigen Linien und auf Räumen mit der des Minkowski-Raumes ü-bereinstimmt. Sie besitzt als Subbasis die zeitartigen Intervalle, denen ein Lichtkegel (ohne Mittelpunkt) herausgeschnitten wurde.

$$(x, y)^{\circ} \backslash (\mathrm{vk}^{-}(z) \cup \mathrm{nk}^{-}(z))$$

Die Lichtstrahlen tragen diskrete Topologie. Die Topologie ist hausdorffsch und zusammenhängend, aber nicht metrisierbar, separabel, parakompakt oder lokalkompakt.[8]

Noch feiner sind die Pfadtopologien, sie geben auch die Übereinstimmung in den Räumen auf. Zu einer gegebenen Klasse zeitartiger Kurven wird die feinste Topologie erklärt, so daß jede Kurve homöomorph zur reellen Zahlengeraden ist. Hawking, King und McCarthy (HKM) setzen für sie die Klasse aller zeitartigen stetigen Kurven, Göbel verlangt zusätzlich stetige

[8] Die zeitartige Wirkungsrelation der Zeeman-Topologie erfüllt alle Axiome des Systems von Essler und Carnap und zeigt daher, daß die Bestimmung der Topologie von Raum und Zeit nicht hinreichend ist für die Bestimmung der Raumzeit.

Differenzierbarkeit. Die HKM-Topologie ist hausdorffsch und lokal wie global wegezusammenhängend und besitzt eine abzählbare Basis. Sie ist nicht metrisierbar, parakompakt oder lokalkompakt. Da die Räume nicht mehr zusammenhängend sind, fällt die Relation der zeitartigen Verbundenheit mit der Wegeverknüpftheit zusammen und wird damit definierbar.

Auf den ersten Blick erscheint die explizite Einführung einer Wirkungsrelation nun überflüssig, was einem Gewinn von Einfachheit gleichkäme. Dies ist, in unserem methodologischen Sinn von Einfachheit, beides nicht der Fall. Stattdessen erheben sich schwere Einwände.

- Keine dieser Topologien ist mehr lokalkompakt. Damit ist Hyperraumtopologie in unseren Sinne nicht mehr durchführbar. Es verschwindet nicht nur der wichtige Unterschied zur Vietoristopologie, auch können die Hypermengen ihre Zusammenhangsstruktur lokal verlieren. Dann ist entweder die Raumzeit keine Basis mehr für die Konstitution unzerrütteter Größen, oder die Nichteuklidizität pflanzt sich auf die theoretischen Größen fort, wie makroskopisch sie auch seien mögen. Die Standardtopologie der Meßgrößen wäre schlechthin in Frage gestellt.

- Diese Topologien sind nicht durch ein Einfachheitsargument herleitbar. Es gilt zwar noch die Aussage (VI.31) über die geometrische Dimension, aus ihr läßt sich aber die Topologie nicht mehr eindeutig bestimmen. Dies liegt daran, daß die Abbildung von den vier Lichtachsen auf die gegebene Umgebung zwar bijektiv und stetig ist, aber nicht mehr offen. Damit läßt sich kein lichtartiges Koordinatensystem einführen, das die Topologie repräsentiert. Keine solche Topologie ist methodologisch ausgezeichnet.

- Höhere Strukturen auf der Raumzeit sind keineswegs unverzichtbar. Zwar sind aus der HKM-Topologie die kausale und konforme Struktur gewinnbar, nicht jedoch die affine Struktur, der affine Zusammenhang oder gar der metrische Tensor. Hat man aber umgekehrt eine dieser Strukturen gegeben, so bestimmt sie eindeutig die Topologie. Die Automorphismen müssen nun auch diese Strukturen erhalten; im Falle der Wirkungsrelation zeigen wir, daß sie alle physikalisch sind.

- Es besteht keine operationale Motivation. Exakt eindimensionale Wirkungslinien sind nicht präparierbar und jede dreidimensionale "Näherung" ist schon wieder einem Basiselement (VI.27) des Minkowskiraumes homöomorph. Auch mit der fehlenden Lokalisierbarkeit von Photonen in Ausbreitungsrichtung läßt sich keine Verfeinerung der

Topologie begründen, im Gegenteil. Die Dichtheit lichtartiger Wirkungslinien wird nicht aufgegeben und hat man diese, so kann man sich über die Dedekind-Schnitte die reelle Achse besorgen.

VI.2.d Relativitätstheorie

Mit der topologischen Struktur ist die affine Struktur noch nicht festgelegt. Um zum Standardmodell der speziellen Relativitätstheorie zu gelangen, muß man fordern, daß sich jedes lichtartige Segment durch eine Kette von Parallelogrammen eindeutig auf ein zu einem gegeben Punkt gehörendes lichtartiges Segment abbilden läßt. Dabei heißen zwei Lichtgeraden parallel, wenn sie sich bijektiv durch Lichtstrahlen direkt oder indirekt über eine andere Lichtgerade aufeinander abbilden lassen. Damit lassen sich für ein System von vier Lichtstrahlen durch einen gemeinsamen Ursprung die Hölder-Axiome beweisen.

Die Kausale Struktur allein legt bereits die Physik der Relativitätstheorie fest. Jede durch die Wirkungsrelation definierbare Relation ist kausalitätserhaltend im folgenden Sinne.

Definition 176 *Ein* **kausaler Automorphismus** *ist eine bijektive Funktion der Raumzeit auf sich selbst, für die gilt*

$$x \prec y \leftrightarrow f(x) \prec f(y)$$

Man kann im Standardmodell der speziellen Relativitätstheorie zeigen, daß jeder kausale Automorphismus eine Translation, Dilatation, ein Element der ortochronen Lorentzgruppe, oder eine Kombination hiervon ist [Zeeman(64)], [Schmidt(94)]. Damit ist gezeigt, daß je zwei Modelle der Axiome nicht nur gleichzahlig, sondern auch strukturgleich sind und sich nur bis auf Koordinatenwahl unterscheiden.

Weiterhin hat Malament (siehe [Hogarth(92)]) gezeigt, daß die Einstein-Konvention zur Gleichzeitigkeit die einzige kausal definierbare nichttriviale Äquivalenzrelation ist, die eine gegebene gerade Wirkungslinie mit Elementen außerhalb von ihr verbindet.

Kapitel VII

Quantenphysik

VII.1 Beispiel: Das Bohrsche Forschungsprogramm

Wir folgen der Rekonstruktion des Bohrschen Forschungsprogrammes von Zoubek und Lauth in [Zoubek(92)], welche diese im Rahmen des Strukturalismus durchführten und betrachten die Entwicklung der Theorien unter dem Aspekt der Einfachheit. Es geht hierbei weniger um eine historisch genaue Darstellung des Forschungsprogrammes, als mehr um die Folge der Theorien und die Gründe für ihre Wahl.

Schon früh wurden Frequenzen der Atomspektren vermessen, im sichtbaren Bereich wurden für das Wasserstoffatom 1868 vier Linien gefunden. Später kamen weitere Serien hinzu. Von Ritz wurde ein Bildungsgesetz vorgeschlagen. Hätte man damalsch schon Bohrs Deutung der beobachtbaren Frequenzen als Energieunterschiede von Elektronenzuständen verwendet, hätte man logisch äquivalent formulieren können: Es gibt eine Konstante R (die Rydberg-Konstante) derart, daß die Energieniveaus für wasserstoffähnliche Atome und Ionen der Kernladungszahl Z mit einem Elektron die Werte

$$E_n = -hcRZ^2\frac{1}{n^2} \tag{VII.1}$$

für $n = 1, 2, \ldots$ annehmen kann, wobei c die Lichtgeschwindigkeit und h das Plancksche Wirkungsquantum sind. Die beobachtbaren Frequenzen bestimmen sich nach der Einsteinschen Lichtquantenhypothese zu $\nu_{nm} = (E_n - E_m)/h$ (Zweites Bohrsches Postulat, hier bereits antizipiert). Für die Alkaliatome gilt eine ähnliche Beschreibung mit $(n + \mu)^2$ im Nenner, wobei $\mu = \mu_s, \mu_p, \mu_d, \mu_f$ Korrekturterme sind. Die erste Theorie besitzt einen kontinuierlichen (R) und zwei diskrete (Z, n) Parameter.

Bohr erzielte 1913 einen Teilerfolg durch sein mechanisches Atommodell, welches Bahnen nur mit einem Drehimpuls von dem Vielfachen des Wirkungsquantums zuläßt (Erstes Bohrsches Postulat). Damit wird axiomatisch ein Abstürzen des Elektrons in den Kern verhindert, weil es Strahlung emittieren müßte. Beide Postulate und die Coulomb-Gleichung für die Elektronenbahn $\mathbf{x}(t)$ im Zentralfeld werden erfüllt von VII.1 und dem Bohrschen Atommodell:

$$|\mathbf{x}_n(t)| = \frac{h^2 n^2}{4\pi^2 e_0^2 Z m_0}, \qquad R = \frac{2\pi^2 m_0 e_0^4}{h^3 c}$$

Streng genommen erfüllt es nicht die Bewegungsgesetze der klassischen Mechanik. Analog zur Keplerbewegung bewegt sich das Elektron um den gemeinsamen Schwerpunkt von Kern und Elektron. Ersetzt man in den obigen Gleichungen die Elektronenmasse m_0 durch die reduzierte Masse $m_0 \cdot m_K/(m_0 + m_K) \approx 0.999\, m_0$, wobei m_K die Kernmasse ist, so finden sich zugehörige Lösungen der mechanischen Gleichungen.[1] Das so modifizierte Modell paßt besser auf das Spektrum des Helium-Ions ($Z = 2$). Die Rydbergkonstante hängt nun von der Kernmasse ab, die ein weiterer, aber extern bestimmbarer Parameter der Theorie wird. Diese Abhängigkeit liefert aber auch umgekehrt eine spektroskopische Meßmethode der Kernmasse. Die Bahn des Elektrons selbst ist keine direkt beobachtbare Größe, weshalb ohne Beeinflussung der Energiewerte die Exzentrizität Null, also Kreisbahnen, gewählt wird. Diese Zusatzannahme erhöht die Einfachheit der Theorie. Problematisch ist, daß der (normale) Zeeman-Effekt, die Aufspaltung der Spektrallinien im Magnetfeld, nicht mehr mit dem Modell verträglich war, obwohl er schon 1897 eine klassische Erklärung gefunden hatte.

Auch Sommerfelds Neuformulierung von 1915, für die in den drei sphärischen Raumkoordinaten getrennte Quantenbedingungen formuliert wurden, brachte keine Abhilfe. Anstatt durch die Einführung neuer Parameter mehr Spielraum zur Erklärung der verschiedenartigen Spektren zu erhalten, erwies sich die Energie als von ihnen unabhängig. Dies änderte sich erst mit der relativistischen Variante, die durch die Periheldrehung der Ellipsenbahnen die Feinstruktur erklären konnte. Sie führt zu einer neuen Quantenzahl k und den Energien ($\alpha = 2\pi e_0^2/hc$ ist die Sommerfeld'sche Feinstrukturkonstante)

$$E_{nk} = E_n \left(1 + \left(\frac{Z\alpha}{n} \right)^2 \left(\frac{n}{k} - \frac{3}{4} \right) + \cdots \right)$$

Allerdings ist diese Formulierung noch an ein festes Koordinatenensystem gebunden, welches seinen Mittelpunkt im Kern hat. Es ließe sich

[1] Da die ursprüngliche Theorie kein mechanisches Gesetz im Newtonschen Sinn war, kann man sie auch nicht als Vorgängertheorie des modifizierten Modells ansehen. Es ist bestenfalls eine Überschlagsrechnung. Das modifizierte Modell ist die eigentlich korrekte Anwendung der Bohr'schen Postulate.

zwar ein analoges Modell für die Schwerpunktkoordinaten formulieren, doch zunächst ging die Erklärbarkeit des Helium-Spektrums wieder verloren. Ähnlich wie Bohr führt auch Sommerfeld zuerst eine eigenständige Theorie ein, die keine Lösung der exakten Gleichungen der Mechanik sind, dafür aber weniger Parameter benötigt. Wiederum wird Genauigkeit für Einfachheit geopfert. Dies ist auch vernünftig, da man zunächst bestrebt ist, die neuen Eigenschaften der Theorie zu erforschen und eventuelle Möglichkeiten der Bestätigung oder Widerlegung klar herauszuarbeiten. Ein Erfolg, wie Bohrs Bestimmung der Rydbergkonstante, wurde hier aber nicht erzielt.

Die Bohr-Sommerfeldsche Theorie von 1916 verallgemeinert die Quantenbedingungen für beliebige separierte Koordinaten, also Beschreibungen, in denen die Hamiltonsche Energiefunktion eine Summe von Energien der Einzelkoordinaten ist. Dies ist immer noch eine starke Einschränkung gegenüber der klassischen Mechanik, sie erlaubt aber jetzt Untersuchungen von Atomspektren in magnetischen (Zeeman-Effekt) und elektrischen (Starck-Effekt) Feldern. Die experimentellen Befunde waren in guter Übereinstimmung, nur die Aufspaltung mancher Linien im magnetischen Feld in mehr als drei Linien (anomaler Zeeman-Effekt, 1897) konnte nicht erklärt werden. Eine Erweiterung durch ein zusätzliches phänomenologisches Potential, welches die Wirkung innerer Elektronen simuliert, konnten die Spektren der Alkaliatome 1920 befriedigend reproduziert werden. Dafür wurde eine zusätzliche Quantenzahl j, der Gesamtdrehimpuls, benötigt.

Man kann die Bohr-Sommerfeldschen Theorie nicht diskreditieren, weil sie den anomalen Zeemaneffekt nicht erklären konnte. Dies wurde erst durch die Einführung eines zusätzlichen Parameters l des Elektronenspins durch Pauli möglich. Zwischenzeitlich hatte Heisenberg bereits seine Quantenmechanik entwickelt, mit deren Hilfe Übergangswahrscheinlichkeiten und damit die Intensitäten der Spektren berechnet werden konnten. Ob eine Erklärung im Rahmen einer modifizierten Bohr-Sommerfeld-Theorie möglich wäre, muß offen bleiben.

Die folgende Tabelle zeigt eine Aufstellung der Theorien der Atomspektren mit denen für die Energie wichtigen Parametern (ohne die außertheoretischen Konstanten h, c, e_0 und m_0). Die mit einem (+) versehenen Theorien sind Lösungen von klassischen oder relativistischen Bewegungsgleichungen, die mit einem (−) gekennzeichneten sind mit der bisherigen Mechanik unverträglich. Die beiden ältesten Beschreibungen der Spektrallinien implizieren keine Aussagen über Teilchenbahnen und sind somit logisch unabhängig von der Mechanik.[2]

Forscher	Jahr	Dim	Alkali 1889	Feinst. 1891	Zeeman 1896	He^+ 1912	Starck 1913
Ritz		3			√	≈	
Rydberg	1896	7	√		√	≈	
Bohr^-	1913	2				≈	
Bohr^+	1913	3				√	
Sommerfeld^-	1915	2				≈	
Sommerfeld^-	1915	3		√		≈	
$\text{B.\&S.}^+$	1916	4		√	√	√	√
Sommerfeld^+	1920	5	√	√	√	√	√
Heisenberg^- Pauli	1925	6	√	√	√	√	√

Reduziert man die Kernmasse auf eine diskrete theoretische Größe, die Massenzahl M ($m_K = Z \cdot m_p + (M - Z) \cdot m_n$, m_p Protonenmasse, m_n Neutronenmasse), wird der Hyperraum der Energiefunktionen für die Atomtheorien trivial. Es ist nur noch die Energie beobachtbar und diese macht allein den Grundraum aus. Die Hyperraumpunkte sind die möglichen Energieniveaus aller atomarer Elektronen, eine nulldimensionale Menge. Die Atomtheorien sind also alle nulldimensional. Sie haben die höchstmögliche Qualität, da sie durch eine einzige Messung einer Spektrallinie prüfbar sind. Lediglich die beiden ältesten phänomenologischen Gleichungen besitzen kontinuierliche Parameter, die Rydberg-Konstante R und die Korrekturterme $\mu_s, \ldots, \mu_f$. Sie sind ein- respektive fünfdimensional. Möchte man die feineren Einfachheitsunterschiede in der Zahl der diskreten Parameter dimensionstheoretisch unterscheiden können, so muß man die Quantenbedingungen eliminieren und die Bahnkurven für kontinuierliche Werte der

[2] Die einzelnen Parameter sind

Forscher	Jahr	Parameter
Ritz		R, n, Z
Rydberg	1896	$R, n, Z, \mu_s, \mu_p, \mu_d, \mu_f$
Bohr^-	1913	n, Z
Bohr^+	1913	n, Z, m_K
Sommerfeld^-	1915	n, Z
Sommerfeld^-	1915	n, k, Z
$\text{B.\&S.}^+$	1916	n, k, Z, m_K
Sommerfeld^+	1920	n, k, j, Z, m_K
Heisenberg^- Pauli	1925	n, k, j, l, Z, m_K

Quantenzahlen betrachten. Identifiziert man entartete Zustände (Zustände mit gleicher Energie), so reproduziert man exakt die (Zahl der) diskreten Parameter in obiger Tabelle.

Mit Ausnahme der rein phänomenologischen Beschreibung der Alkalispektren durch Rydberg sind alle Theorien durch eine kleine Zahl von Parametern und damit einen hohen Einfachheitsgrad augezeichnet. Die Erklärung jedes einzelnen Effektes benötigte nicht mehr als einen neuen Parameter. Bohrs erster Ansatz eleminierte sogar einen theoretischen Term, die Rydbergkonstante. An keiner Stelle des Programmes kann ein methodologischer Fehler gefunden werden, insbesondere ist nicht einzusehen, warum das anfangs konstruktive Programm nach 1916 plötzlich degenerativ werden soll [Zoubek(92), S. 268]. Das erste Bohrsche Postulat steht nicht, wie Lakatos und Zoubek behaupten [Zoubek(92), S. 232], im Widerspruch zur Möglichkeit von Übergängen, diese werden lediglich in den Modellen nicht behandelt.

Eine Rekonstruktion dieses Forschungsprogrammes im Rahmen des Einfachheitskonzeptes bringt eine Reihe von Vorteilen gegenüber einer konventionellen strukturalistischen Analyse. Die Atomtheorien sind zeitlich in einer Folge zunehmender Komplexität geordnet. Im Rahmen des Strukturalismus gibt es bisher keine einheitliche Relation, in der diese Theorien stehen. Insbesondere gehen sie nicht durch Spezialisierung oder Erweiterung auseinander hervor, sie sind nicht einmal allesamt Spezialisierungen der klassischen oder der relativistischen Mechanik. Warum die von der Mechanik abweichenden Modelle zeitlich bevorzugt wurden, findet keine strukturalistische Erklärung. Es gibt nicht einmal einen strukturalistischen Grund dafür, überhaupt nach Atommodellen zu suchen, zumal sich alle deren kinematische Größen der Beobachtung entziehen. Wäre die Zahl der Parameter gänzlich unerheblich, so hätte man auch die Rydbergsche Spektralzoologie mit immer mehr Korrekturtermen weiter treiben können, bis alle Spektralreihen beschrieben und klassifiziert sind. Bohrs größter Erfolg ist nicht die Reproduktion der Wasserstoff- und Heliumlinien in einem mechanischen Modell, sondern die Elimination der Rydbergkonstante.

VII.2 Quantenmechanik im Hyperraum

Es besteht die Notwendigkeit aufzuzeigen, daß sich quantenmechanische Zustände durch Hyperräume repräsentieren lassen. Daß dies für lineare Funktionenräume möglich ist, wurde bereits gezeigt. Im Gegensatz zu den klassischen Beispielen, in denen die Funktionen Trajektorien irgendwelcher

Teilchen darstellen, ist die quantenmechanische Wellenfunktion selber nicht direkt beobachtbar. Messen lassen sich nur die Erwartungswerte $\langle A \rangle_w$ einiger Operatoren A für gewisse Zustände w.

Der lineare Raum aller (beschränkten) Operatoren kann jedoch nicht als Grundraum gewählt werden, da er, außer für endlichdimensionale Hilberträume, nicht lokalkompakt ist (man betrachte eine beliebige Nullumgebung). Für die empirische Rekonstruktion ist hierbei allein die schwache Topologie bedeutsam. Man muß also eine endliche Auswahl treffen, welche alle Informationen über die Zustände enthält. Dies führt zum Begriff der vollständigen Observablen. Jeder Borelmenge eines lokalkompakten Raumes mit abzählbarer Basis wird additiv ein Effektoperator im Sinne Ludwigs zugeordnet. Effekte entsprechen verallgemeinerten, unscharfen stochastischen Messungen. Der Begriff der vollständigen Observablen liefert zugleich eine präzise Definition eines quantenmechanischen Datenraums.

Definition 177 *Für einen (separablen) Hilbertraum $\mathcal{H}$ bezeichne $\mathcal{E}(\mathcal{H})$ die Menge der* **Effekte**, *also der Operatoren O mit $0 \leq \langle O \rangle_w \leq 1$ für jeden Zustand $w \in \mathcal{H}$. Sei $\langle X, \mathcal{X} \rangle$ ein lokalkompakter Raum mit abzählbarer Basis, $\mathcal{B}(\mathcal{X})$ seine Borelmengen, $\mathcal{S} \subseteq \mathcal{H}$ eine ausgezeichnete Menge von Zuständen. Eine Funktion $F : \mathcal{B}(\mathcal{X}) \to \mathcal{E}(\mathcal{H})$ heißt* **Observable**, *falls*

$$\begin{aligned} & F(\emptyset) = \mathbf{0}, \; F(X) = \mathbf{1}, \\ \text{(VII.2)} \qquad & B_i \in \mathcal{B}, \; \bigwedge i \neq j : \; B_i \cap B_j = \emptyset \\ \to \; & F(\textstyle\bigcup_{i=1}^{\infty} B_i) = \lim_{n \to \infty} \sum_{i=1}^{n} F(B_i), \end{aligned}$$

wobei der Limes im Sinne der schwachen Operatorkonvergenz

$$\bigwedge w \in \mathcal{H} : \; \left\langle \lim_{n \to \infty} A_n \right\rangle_w = \lim_{n \to \infty} \langle A_n \rangle_w$$

zu verstehen ist. F heißt **vollständig in $\mathcal{S}$**, *falls für je zwei Zustände $w, v \in \mathcal{S}$*

$$\text{(VII.3)} \qquad \left(\bigwedge B \in \mathcal{B}(\mathcal{X}) \; \langle F(B) \rangle_v = \langle F(B) \rangle_w \right) \to v = w.$$

Auf $\mathcal{S}$ wird die **schwache Topologie bezüglich** *F erklärt durch*

$$\text{(VII.4)} \qquad w_n \to w \leftrightarrow \bigwedge B \in \mathcal{B}(\mathcal{X}) \; \langle F(B) \rangle_{w_n} \to \langle F(B) \rangle_w$$

Schließlich nennen wir $\langle F, \rho, \lambda, \mu, X, \mathcal{X}, \mathcal{S} \rangle$ eine **Hyperraumdarstellung** *der Zustandsmenge $\mathcal{S} \subseteq \mathcal{H}$, falls $F : \mathcal{B}(\mathcal{X}) \to \mathcal{E}(\mathcal{H})$ eine in $\mathcal{S}$ vollständige Observable, $\langle X, \mathcal{X} \rangle$ wie oben, μ ein Maß auf $\mathcal{B}(\mathcal{X})$ und $\rho : \mathcal{S} \times X \to \Re^{+}$ eine nichtnegative stetige Funktion ist (wobei $\mathcal{S}$ mit der schwachen Topologie* *bezüglich F versehen wurde), so daß für jedes $w \in \mathcal{S}$ $x \mapsto \rho(w,x)$ eine μ-integrable Funktion darstellt mit*

$$\text{(VII.5)} \qquad \langle F(B)\rangle_w = \int \lambda_B(x)\rho(w,x)\,\mathrm{d}\mu(x),$$

wobei jedem $B \in \mathcal{B}(\mathcal{X})$ eine meßbare Funktion $\lambda_B : X \to [0,1]$ zugeordnet wurde, für welche gilt

$$\text{(VII.6)} \qquad F(B)^2 = F(B) \to \lambda_B = \chi_B$$

Es genügt ohne Beschränkung, nur eine Observable zu betrachten. Für endlich viele Observablen F_i, $i = 1,\ldots,n$ auf $\langle X_i, \mathcal{X}_i\rangle$ kann man auf dem Summenraum $\oplus_{i=1}^n \mathcal{X}_i$ durch

$$F(B) := \frac{1}{n}\sum_{i=1}^{n} F_i(B \cap X_i)$$

eine Observable mit gleichem Informationsgehalt erklären. Die Gleichung (VII.5) ist selbsterklärend, die Funktion λ_B repräsentiert dabei den Effektcharakter der Observablen, der für Projektoren ($F(B)^2 = F(B)$) natürlich in die charakteristische Funktion χ_B übergeht (VII.6). Die Bezeichnung Hyperraumdarstellung rechtfertigt das folgende

Theorem 178 *Für jede Hyperraumdarstellung $\langle F, \rho, \mu, X, \mathcal{X}\rangle$ von $\mathcal{S}$ bildet die Funktion $w \mapsto \overline{f_w}$, welche jedem Zustand $w \in \mathcal{S}$ den Funktionsgraphen $\overline{f_w}$ von $f_w : x \mapsto \rho(w,x)$ in $\mathcal{X} \otimes \Re$ zuordnet, einen Homöomorphismus von $\mathcal{S}$, versehen mit der schwachen Topologie bezüglich F, auf den Hyperraum $\big\langle \mathcal{X} \otimes \Re, \{\overline{f_w} | w \in \mathcal{S}\}\big\rangle$.*

Bew.: Da $\mathcal{X}$ als lokalkompakt und mit abzählbarer Basis vorausgesetzt wurde, ist es auch $\mathcal{X} \otimes \Re$. Die Funktionen $f_w : x \mapsto \rho(w,x)$, $w \in \mathcal{S}$ sind stetig. Daher ist $\big\langle \mathcal{X} \otimes \Re, \{\overline{f_w} | w \in \mathcal{S}\}\big\rangle$ nach Satz 60 ein Hyperraum. Die Abbildung $w \mapsto \overline{f_w}$ ist injektiv, denn stetige Funktionen besitzen einen abgeschlossenen Graphen, und $\overline{f_w} = \overline{f_v}$ ist äquivalent mit $f_w = f_v$. Mit der Vollständigkeit von F (VII.3) ist dies gleichbedeutend mit $w = v$.

Um die Stetigkeit zu beweisen, sei $w_i \longrightarrow w$ im schwachen Sinne bezüglich F angenommen. Sei weiterhin $x \in X$ beliebig und $x_n \longrightarrow x$. Dann ist wegen der Stetigkeit von ρ auch $f_{w_n}(x_n) \longrightarrow f_w(x)$. Erst recht ist natürlich $f_{w_n}(x) \longrightarrow f_w(x)$. Damit sind die beiden Voraussetzungen der strengen Konvergenz erfüllt, und die ist mit Satz 60 äquivalent zu $\overline{f_{w_n}} \longrightarrow \overline{f_w}$ im Hyperraum.

Sei also umgekehrt $f_{w_n} \longrightarrow f_w$ im strengen Sinne, dann konvergiert die Folge auch punktweise und nach [Bauer(92), Satz 20.5] auch μ-stochastisch. Aus (VII.2) und (VII.6) folgt $\lambda_X = \chi_X = 1$. Die Normierungsbedingung $F(X) = \mathbf{1}$ in (VII.2) ergibt dann mit (VII.5) $1 = \langle F(X) \rangle_v = \int 1 \cdot f_v \mathrm{d}\mu$ für jedes $v \in \mathcal{S}$, also ist insbesondere $\lim_{n\to\infty} \int f_{w_n} \mathrm{d}\mu = \int f_w \mathrm{d}\mu = 1$. Dann folgt mit [Bauer(92), Lemma 21.6] die Konvergenz von $f_{w_n} \geq 0$ im Mittel gegen $f \geq 0$, und weiter unter Beachtung von $0 \leq \lambda_B \leq 1$

$$\int |\lambda_B f_{w_n} - \lambda_B f_w| \,\mathrm{d}\mu = \int \lambda_B \,|f_{w_n} - f_w| \,\mathrm{d}\mu \leq \int |f_{w_n} - f_w| \,\mathrm{d}\mu,$$

mithin $\lim_{n\to\infty} \int \lambda_B f_{w_n} \mathrm{d}\mu = \int \lambda_B f_w \mathrm{d}\mu$. Das ist aber nichts anderes als $\langle F(B) \rangle_{w_n} \longrightarrow \langle F(B) \rangle_w$ für jedes $B \in \mathcal{B}(\mathcal{X})$ (VII.5), oder $w_n \longrightarrow w$ im Sinne der schwachen Topologie bezüglich F (VII.4), was zu zeigen war. □

Auch wenn einen Observable vollständig ist, heißt das nicht, daß sie die schwache Topologie auf der gesamten Algebra induziert. Daher war es notwendig, die Topologie auf die Observable zu relativieren. Insbesondere ist die schwache Topologie bezüglich einer Observablen nicht die schwache Topologie des Hilbertraumes. Aber sie gibt die topologische Information über ihre Effekte wieder, und der Hyperraum reproduziert das Ergebnis. Zu allgemeinen Untersuchungen über empirische Uniformitäten siehe [Werner(83)].

Die Existenz von Hyperraumrepräsentationen ist noch nicht erwiesen, obwohl sie sehr wahrscheinlich erscheint. Hauptsächlich liegt dies an der starken Stetigkeitsbedingung für die Funktion ρ. Der Ansatz [Singer(92), Def. 3.1] impliziert zwar die Stetigkeit der Abbildungen von den Zuständen auf die Wahrscheinlichkeitsmaße und deren Umkehrung. Es wird aber nirgends die Existenz von Dichten zu einem gemeinsamen Maß gezeigt, geschweige denn stetiger Dichten oder gar einer stetigen Funktion wie ρ. Dennoch ist Optimismus begründet, da in der Definition der Hyperraumdarstellung außer der Lokalkompaktheit und der Separabilität nichts für den Raum X gefordert wurde. Im Folgenden seien einige neuere Forschungsresultate zusammengetragen, die wichtige Meilensteine sind.

- Für Norm-separable Räume gibt es immer eine einzige vollständige Observable [Singer(92), Theorem 2.2]. Eine vollständige Observable kann allerdings nicht projektorwertig sein (Satz 2.3 loc. cit., siehe auch [Stulpe(90)]). Dies zeigt, warum die Einführung der Funktionen λ_B notwendig ist.

- Vollständige Observablen müssen nicht immer anschaulich sein. Die Projektoren für die Spinkomponenten in drei orthogonale Raumrichtungen bilden keinen vollständigen Satz von Observablen für Spin-1-Systeme [Singer(90)], während dies hingegen für Spin-1/2-Syteme gilt [Stulpe(90), Kap. 3]. Für spinlose eindimensionale Teilchen konnte allerdings eine vollständige unscharfe gemeinsame Observable für Ort und Impuls gefunden werden [Stulpe(92), Kap. 4], [Stulpe(94)].

- Jede vollständige Observable definiert eine schwach stetige, lineare Abbildung auf die signierten Maße des zugehörigen Maßraumes. Das Ergebnis setzt nichts über den Maßraum voraus, die Definition des Maßes erfolgt aber lediglich trivial über $P_w : B \mapsto \langle F(B) \rangle_w$. Zu jedem Effekt $F(B)$ existiert dann eine Funktion λ_B mit $\langle F(B) \rangle_w = \int \lambda_B \, dP_w$ [Singer(92)].

- Möchte man lediglich Ortsstatistiken repräsentieren, verzichtet also auf die Vollständigkeit, so können quantenmechanische Zustände durch klassische Markov-Prozesse ausgedrückt werden [Werner(86)].

VII.3 Modelle verborgener Parameter

Zum Abschluß soll noch eine Problemstellung der modernen Quantenphysik diskutiert werden. Man kann sich fragen, ob der gegenwärtigen Beschreibung der Quantenmechanik eine klassische Struktur zugrundeliegt, deren Größen nicht direkt beobachtbar sind. Den quantenmechanischen Zuständen müßten dann klassische Teilchenensemble entsprechen. Für faktorisierende verborgene Parameter wurde eine empirische Widerlegung über eine logische Konsequenz, die Bellsche Ungleichung, gefunden. Die philosophische Diskussion über die Relevanz dieser Bedingung dauert bis heute an.

VII.3.a Einfachheit und Faktorisierung

Unter einem **Modell** einer Observablenmenge[3] $\mathcal{O}$ über einer Zustandsmenge $\mathcal{S}$ von Dichteoperatoren eines Hilbertraumes wollen wir eine Vorschrift verstehen, die jedem Operator P aus $\mathcal{O}$ eine reellwertige Funktion $[P](.)$ und jedem (Dichte-)Zustand $w \in S$ ein Wahrscheinlichkeitsmaß ρ_w mit dem Definitonsbereich Λ zuordnet, so daß sich alle Erwartungswerte als Lebesgue-Integral

$$\langle A \rangle_w = \int_\Lambda [A](\lambda) \, d\rho_w(\lambda) \tag{VII.7}$$

[3] Ohne Beschränkung der Allgemeinheit enthalte $\mathcal{O}$ nur Projektionsoperatoren.

darstellen lassen. Dabei ist ein **Wahrscheinlichkeitsmaß** ρ hier wie üblich eine nichtnegative reellwertige σ-additive Funktion auf einer Sigma-Algebra Σ über Λ mit $\rho(\Lambda) = 1$. Man bezeichnet das Integral auch als ein **Verborgene-Parameter-Modell**[4] der Observablenmenge $\mathcal{M}$ im Hilbertraum $\mathcal{H}$ und Λ als den **Parameterraum**, $[.]$ heißt **Modellfunktional**.

Ein Modell heißt **stochastisch** genau dann, wenn $[.]$ die Kolmogoroffschen Wahrscheinlichkeitsaxiome erfüllt: $0 \leq [P] \leq 1$ und $[P] + [P^{\perp}] = 1$ für jeden Projektor P und sein orthogonale Komplement $P^{\perp}$ aus $\mathcal{O}$ sowie $[0] = 0$. Ein Modell heißt **streuungsfrei**, wenn $[P](\lambda)$ für alle $\lambda \in \Lambda$ nur die Werte 0 und 1 annehmen kann. Hinter dem Begriff des streuungsfreien Modells verbirgt sich die Vorstellung, daß jedes Teilchen, das durch einen Zustand aus $\mathcal{S}$ beschrieben wird, für jede Observable aus $\mathcal{O}$ einen bestimmten, im allgemeinen unbekannten und nicht notwendigerweise vorhersagbaren Wert besitzt, der in den Elementen des Raumes der verborgenen Parameter kodiert ist und mit einer Wahrscheinlichkeit im Teilchenensembel vertreten ist, die sich aus ρ_w ergibt. Ein Element des Raumes der verborgenen Parameter stellt also die Zusammenfassung aller Größen und Eigenschaften dar, die einem potentiellen Teilchen des Ensembels irgendeiner Wellenfunktion aus $\mathcal{S}$ zukommen können. $[P]$ ist dabei gerade eine charakteristische Funktion der Teilmenge von Λ, deren Elemente die P zugeordnete Eigenschaft besitzen.

Stochastische Modelle ordnen hingegen den verborgenen Parametern und den Operatoren nur Wahrscheinlichkeiten zu. $[P](\lambda)$ ist dabei eine bedingte Wahrscheinlichkeit, die jedem gegebenen λ die Wahrscheinlichkeit zuordnet, die durch den Projektor P beschriebene Eigenschaft zu realisieren oder realisiert zu haben. In jedem Falle sollten jedoch die verborgenen Parameter Λ als Eigenschaften verstanden werden, die allein den Teilchen und nicht dem Meßgerät zukommen, da ρ_w nur vom Zustand des Teilchens abhängt.

Ein Modell über eine Menge von Zweiteilchenoperatoren heißt **faktorisierend** genau dann, wenn für jede Observablen $P \otimes Q \in \mathcal{O}$ gilt

$$[P \otimes Q] = [P \otimes 1][1 \otimes Q] \qquad \text{(VII.8)}$$

Nehmen wir an, das Modellfunktional eines solchen Zweiteilchenmodells läßt sich durch Wahrscheinlichkeiten $\mathrm{p}(ab|\lambda)$ ausdrücken, wobei a und b den beiden Teilchen zugeordnete Zufallsvariablen sind. Dann ist das Mo-

[4] Die Bezeichnung "verborgen" bezieht sich darauf, daß es im allgemeinen mehrere nicht experimentell voneinander unterscheidbare Modelle (oder gar keines) von M gibt - vorrausgesetzt, die Quantentheorie ist wahr. Sind zwei Modelle experimentell unterscheidbar, so ist die Quantenmechanik unvollständig und eines der Modelle könnte eindeutig charakterisierter Bestandteil einer Nachfolgetheorie werden.

dell faktorisierend, wenn jede Wahrscheinlichkeitsfunktion einer dieser Observablen nicht von der anderen abhängt, also

$$\text{(VII.9)} \qquad \mathrm{p}(a|b,\lambda) = \mathrm{p}(a|\lambda)$$

Denn es folgt sofort

$$\begin{aligned} [P \otimes Q](\lambda) &= \textstyle\sum_{ab} ab\, \mathrm{p}(ab|\lambda) \\ &= \textstyle\sum_{ab} ab\, \mathrm{p}(a|b,\lambda)\, \mathrm{p}(b|\lambda) \\ &= \textstyle\sum_{ab} ab\, \mathrm{p}(a|\lambda)\, \mathrm{p}(b|\lambda) \\ &= (\textstyle\sum_a a\, \mathrm{p}(a|\lambda))(\sum_b b\, \mathrm{p}(b|\lambda)) \\ &= [P \otimes 1](\lambda) \cdot [1 \otimes Q](\lambda) \end{aligned}$$

Die gegenseitige statistische Unabhängigkeit wird häufig als Lokalitätsbedingung interpretiert. Sie ist sinnvoll für solche Zweiteilchenzustände, deren Teilsysteme raumartig separiert sind. $P \otimes 1$ und $1 \otimes Q$ sind hierbei Operatoren an raumartig getrennten Systemen, deren Messung so schnell erfolgt, daß die Wahl des einen Operators die Wahl des anderen und die verborgenen Parameter nicht beeinflußt.

Eine genauere Analyse von Jarrett, zitiert in [Redhead(87), Kap. 4.4 S. 99], zeigt jedoch, daß mehr vorausgesetzt werden muß. Das Modellfunktional ist zu entwickeln nach Wahrscheinlichkeitsfunktionen $\mathrm{p}_{\alpha\beta}(ab|\lambda)$, die noch von den Einstellungen α und β der beiden Meßgeräte abhängt, und nicht nur von den formalen Observablen. Dann benötigt man zu den Lokalitätsannahmen

$$\begin{aligned} \mathrm{p}_{\alpha\beta}(a|\lambda) &= \mathrm{p}_{\alpha\gamma}(a|\lambda) \quad , \quad \gamma \text{ beliebig} \\ \mathrm{p}_{\alpha\beta}(b|\lambda) &= \mathrm{p}_{\delta\beta}(a|\lambda) \quad , \quad \delta \text{ beliebig} \end{aligned}$$

auch noch eine sogenannte Vollständigkeitsannahme

$$\mathrm{p}_{\alpha\beta}(a|b,\lambda) = \mathrm{p}_{\alpha\beta}(a|\lambda)$$

um die Faktorisierung herleiten zu können. Auf der anderen Seite möchte man aber das Modell gar nicht von den Einstellungen der Meßgeräte abhängig machen, denn für kontextsensitive Modelle gibt es triviale Lösungen, die isomorph zur Quantenmechanik selber sind. Aus diesem Dilemma - Rationalitätslücke versus Kontextsensitivität - kommt man heraus, indem man (VII.9) als *Einfachheitsbedingung* auffaßt. Die einfachst mögliche Wahl einer Theorie ist, wie wir gesehen haben, die mit faktorisierenden Zuständen. Beispielsweise kann man den Parameterraum als $\Lambda = \Lambda_1 \times \Lambda_2 \times \Lambda_{12}$ auffassen, wobei Λ_1 dem ersten Teilchen, Λ_2 dem zweiten Teilchen und Λ_{12} der gemeinsamen Verhangenheit, die nun nicht mehr von den Einteilchen-Observablen abhängt, zukommt.

Wir beschränken uns nun auf die Observablenmenge

$$\mathcal{O}_{\text{Bell}} = \{A^{(\perp)}, A'^{(\perp)}, B^{(\perp)}, B'^{(\perp)}\},$$

wobei $A^{(\perp)} = P^{(\perp)} \otimes 1$ und $A'^{(\perp)} = P'^{(\perp)} \otimes 1$ der ersten und $B^{(\perp)} = 1 \otimes Q^{(\perp)}$ und $B'^{(\perp)} = 1 \otimes Q'^{(\perp)}$ dem zweiten Teilchen zugehören. Die den Paaren zugeordneten Zufallsvariablen bezeichnen wir mit a, a', b, b'. Mit $U, V, \ldots, Z$ seien Variablen für Operatoren aus $\mathcal{O}_{\text{Bell}}$ bezeichnet.

Lemma 179 *Es gibt ein faktorisierendes stochastisches Modell für $\mathcal{O}_{\text{Bell}}$ und w genau dann, wenn eine konjugierte Wahrscheinlichkeitsverteilung aller vier Observablen $\mathrm{p}(aa'bb')$ existiert.*

Bew.:

$\rightarrow$ Wir setzen

$$\mathrm{p}(aa'bb') := \int_\Lambda [a][a'][b][b'] \; d\rho_w$$

und zeigen die Marginalgleichungen.

$$\mathrm{p}(ab) = \mathrm{p}(aa'bb') + \mathrm{p}(aa'b\bar{b}') + \mathrm{p}(a\bar{a}'bb') + \mathrm{p}(a\bar{a}'b\bar{b}') = \int_\Lambda [a][b] \; d\rho_w .$$

Nach Vorraussetzung ist dies gleich $\langle ab \rangle_w$.

$\leftarrow$ Wir setzen Λ als den Raum der 4-Tupel von Nullen und Einsen

$$\Lambda := \{\langle \lambda_1, \lambda_2, \lambda_3, \lambda_4 \rangle | \lambda_i \in \{0,1\}\},$$

wobei die Zahlen 1 und 0 einem negierten bzw. unnegierten Operator entsprechen.

$$[A]\left(\langle \lambda_1, \lambda_2, \lambda_3, \lambda_4 \rangle\right) := \delta_{0\lambda_1}, \; [A^\perp]\left(\langle \lambda_1, \lambda_2, \lambda_3, \lambda_4 \rangle\right) := \delta_{1\lambda_1}, \ldots$$

Die vorgegebene Wahrscheinlichkeitsverteilung ist die Dichte des Modells:

$$\rho_w\left(\langle \lambda_1, \lambda_2, \lambda_3, \lambda_4 \rangle\right) := \mathrm{p}((\neg)^{\lambda_1} A, (\neg)^{\lambda_2} A', (\neg)^{\lambda_3} B, (\neg)^{\lambda_4} B')$$

wobei $(\neg)^0 X = X$ und $(\neg)^1 X = X^\perp$ gesetzt ist. Da für p die Marginalgleichungen gelten, errechnet man schnell die Gleichungen (VII.7) und (VII.8). □

Das eben konstruierte Modell ist sogar streuungsfrei. Gegeben ein faktorisierendes stochastisches Modell, so kann man mit den obigen Gleichungen einen anderen Parameterraum konstruieren, auf dem sich ein streuungsfreies faktorisierendes stochastisches Modell mit denselben konjugierten Verteilungen erklären läßt. Dieser Zusammenhang gilt allgemein für Modelle endlich vieler Operatoren. Für dem Fall $\mathcal{O}_{\text{Bell}}$ können wir notwendige und hinreichende Bedingungen für die Existenz konjugierter Wahrscheinlichkeitsverteilungen angeben. Es sind dies die bekannten empirisch verletzten Bell'schen Ungleichungen.

Lemma 180 *Es existiert ein faktorisierendes streuungsfreies stochastisches Modell für $\mathcal{O}_{\text{Bell}}$ genau dann, wenn ein faktorisierendes stochastisches Modell existiert.*

Theorem 181 *Es existiert ein faktorisierendes stochastisches Modell für $\mathcal{O}_{\text{Bell}}$ genau dann, wenn die Bell'schen Ungleichungen gelten*

$$0 \leq \mathrm{p}(A) + \mathrm{p}(B) + \mathrm{p}(A'B') - \mathrm{p}(AB') - \mathrm{p}(AB) - \mathrm{p}(A'B) \leq 1 \quad \text{(VII.10)}$$

(Vertauschung von A und A' bzw. B und B' ergibt die anderen sechs Ungleichungen)

VII.3.b Einfachheit, Symmetrie und Ignoranzinterpretation

Unter einer Reihe von Bedingungen lassen sich Symmetrieannahmen für verborgene Parameter zum Widerspruch mit den Bell'schen Ungleichungen führen. Ein Quintupel $\langle \mathcal{O}, S, [.], \mathcal{X}, \rho \rangle$ heißt **Topologisches kontextfreies Verborgenes-Parameter-Modell** dann und nur dann, wenn die folgenden Bedingungen erfüllt sind.

- **Bezeichnung:** $\mathcal{O}$ ist eine Menge von Projektionsoperatoren, S eine Menge von Zuständen, repräsentiert durch Dichteoperatoren, ρ ordnet jedem Zustand $w \in S$ ein Maß ρ_w auf der vom topologischen Raum $\mathcal{X}$ erzeugten Borel-Algebra Σ zu, so daß die Modellgleichung (VII.7) erfüllt ist.
- **Beschränkung:** Für jeden Operator $P \in \mathcal{O}$ ist $0 \leq [P] \leq 1$.
- **Topologie:** Der topologische Raum ist lokalkompakt und besitzt eine abzählbare Basis.
- Es gilt die **Reichhaltigkeitsbedingung für Operatoren**

$$P, Q \in \mathcal{O} \wedge [P, Q] = 0 \rightarrow PQ, P^{\perp}Q, PQ^{\perp}, P^{\perp}Q^{\perp} \in \mathcal{O}.$$

- **Reichhaltigkeitsbedingung für Zustände:** Je zwei kommutierende Operatoren haben eine gemeinsame Eigenbasis in S

$$P, Q \in \mathcal{O} \wedge [P, Q] = 0 \rightarrow \bigvee W \subseteq S : \sum_{w \in W} w = 1$$
$$\wedge \bigwedge w \in W \bigvee \lambda, \lambda' \in \{0, 1\} : Pw = \lambda w \wedge Qw = \lambda' w$$

- **Darstellbarkeit:** Es gibt ein Maß μ auf Σ, so daß jedes Maß ρ_w, $w \in S$ durch eine Dichte f_w bezüglich μ mit $\mu(\delta\{f_w > 0\}) = 0$ dargestellt werden kann:

(VII.11) $$\rho_w(M) = \int_M f_w \, \mathrm{d}\mu \quad \text{für } M \in \Sigma$$

- **Stetigkeit:** Ist $w_1, w_2, \ldots$ eine Folge von Zuständen, die bezüglich der Norm des Hilbertraumes gegen w konvergiert, so konvergieren die Dichten $f_{w_1}, f_{w_2}, \ldots$ punktweise gegen f_w.

Die erste Bedingung enthält kaum mehr als Bezeichnungen. Der zweite Punkt ist klar: Da jeder Projektor Wahrscheinlichkeiten repräsentiert, sollten die im Modell zugeordneten Werte ebenfalls zwischen null und eins liegen. Der dritte Punkt ist selbstverständlich, die beiden folgenden Punkte sind unproblematische Reichhaltigkeitsforderungen. Die vorletzte Bedingung fordert, daß alle Modellmaße über einem gemeinsamen Maß durch eine Dichte definierbar sind. Nach dem Satz von Radon-Nikodym ist dies immer der Fall, wenn nur die Nullmengen von μ auch solche von ρ_w sind. Hier wird aber zusätzlich gefordert, daß der Rand der Menge, auf der die Dichte nicht verschwindet, vom Maß Null ist. Es ist sehr schwer, Beispiele zu konstruieren, für die das nicht gilt. Wenn μ das Lebesguemaß ist, dann könnte man für die Dichte die charakteristische Funktion auf das Komplement eines kompakten verallgemeinerten Diskontinuums positiven Maßes setzen. Eine solche Dichte wäre völlig unstetig und physikalisch kaum sinnvoll. Die Stetigkeitsbedingung und die Forderung nach Lokalkompaktheit wird nicht für den Beweis des Haupttheorems benötigt, sie sind aber wichtig für die spätere Diskussion der Struktur des Raumes der verborgenen Parameter mittels Hyperraumrekonstruktion.

Das Darstellbarkeitsaxiom lohnt sich, wie das folgende Lemma zeigt. Man kann dort, wo sich Teilbereiche der verborgenen Parameter überlappen, beliebige Eigenschaften von bestimmten Zuständen des Modells auf andere verallgemeinern. Unter dem Träger $\operatorname{supp}(\rho)$ eines Borelmaßes über Σ wollen wir wie üblich das Komplement der größten offenen Nullmenge (deren Existenz mit der zweiten Bedingung gesichert ist) verstehen.

Lemma 182 (Überdeckungslemma) *Sei* $\langle \mathcal{O}, S, [.], \mathcal{X}, \rho \rangle$ *ein topologisches kontextfreies Modell,* $\{w_i\}_{i \in I}$ *eine abzählbare Familie von Zuständen, und* w *ein Zustand, dessen Träger des zugeordneten Maßes von denen der Maße der Familie überdeckt wird:*

$$\text{(VII.12)} \qquad \text{supp}(\rho_w) \subseteq \bigcup_{i \in I} \text{supp}(\rho_{w_i})$$

Dann gilt jede Aussage, die ρ_{w_i}*-f.ü. für alle* $i \in I$ *wahr ist, auch* ρ_w*-f.ü.*

Bew.: Wir zeigen zunächst, daß jede ρ_{w_i}-Nullmenge aus ihrem Träger auch eine ρ_w-Nullmenge ist. Sei $N \in \Sigma$, $N \subseteq \text{supp}(\rho_{w_i})$ eine Menge mit $\rho_{w_i}(N) = 0$. Es genügt, $\mu(N) = 0$ zu zeigen, dann ist mit (VII.11) auch $\rho_w(N) = 0$. Da $\text{supp}(\rho_{w_i}) \subseteq \overline{\{f_{w_i} > 0\}}$ und nach Voraussetzung $\mu(N \cap \delta\{f_{w_i} > 0\}) = 0$, muß nur $\mu(N \cap \{f_{w_i} > 0\})$ betrachtet werden. Wäre dieser Ausdruck positiv, dann mit (VII.11) auch $\rho_{w_i}(N) \geq \rho_{w_i}(N \cap \{f_{w_i} > 0\}) > 0$, im Widerspruch zur Annahme. Also $\mu(N) = 0$. Man beachte, daß $\{f_{w_i} > 0\}$ und $\delta\{f_{w_i} > 0\}$ meßbare Mengen sind.

Sei nun $E_i := \text{supp}(\rho_{w_i})$, dann haben wir soeben gezeigt, daß

$$\rho_w\left(\Lambda \backslash \bigcup_{i=1}^{\infty} E_i\right) = 0$$

Sei nach Voraussetzung $A(\lambda)$ wahr ρ_{w_i}-f.ü. für jedes i. Es gibt also Mengen M_i, so daß $\rho_{w_i}(\Lambda \backslash M_i) = 0$ und $A(\lambda)$ ist wahr für alle $\lambda \in \bigcup_{j \in J} M_j$. Da

$$\rho_{w_i}(E_i \backslash M_i) \leq \rho_{w_i}(\Lambda \backslash M_i) = 0$$

folgt mit dem zuerst Bewiesenen $\rho_w(E_i \backslash M_i) = 0$. Auf die folgende Inklusion angewendet

$$\begin{aligned} \bigcup_i E_i &= \bigcup_i (E_i \backslash M_i \cup E_i \cap M_i) \\ &\subseteq \bigcup_i (E_i \backslash M_i) \cup \bigcup_i M_i \end{aligned}$$

ergibt dies unter Berücksichtigung von $F \subseteq G \cup H \to \Lambda \backslash H \subseteq \Lambda \backslash F \cup G$ mit Hilfe der σ-Additivität

$$\rho_w\left(\Lambda \backslash \bigcup_{i=1}^{\infty} M_i\right) \leq \rho_w\left(\Lambda \backslash \bigcup_{i=1}^{\infty} E_i\right) + \sum_{i=1}^{\infty} \rho_w(E_i \backslash M_i) = 0$$

In anderen Worten: $A(\lambda)$ ist wahr ρ_w-f.ü., was zu zeigen war. □

Wir gehen nun in zwei Schritten vor. Zunächst zeigen wir, daß für jedes boolesche Untermodell auf seinem Bereich eine noch schärfere Eigenschaft als Faktorisierung (VII.8) gilt, und zwar die **Produktregel**

$$\text{(VII.13)} \qquad [P, Q] = 0 \to [PQ] = [P][Q]$$

Sie impliziert Streuungsfreiheit, denn aus $[PP] = [P][P]$ folgt $[P] \in \{0,1\}$. Dann zeigen wir, daß sich unter bestimmten Symmetrieannahmen diese Eigenschaft mit Hilfe des vorhergehenden Lemmas auf das gesamte Modell verallgemeinern läßt. Dies führt zum Widerspruch mit der Bell'schen Ungleichung. Seien

$$M = \langle \mathcal{O}, S, [.], \mathcal{X}, \rho \rangle, \quad M' = \langle \mathcal{O}', S', [.], \mathcal{X}, \rho \rangle$$

topologisches kontextfreies Modelle, dann heißt M' genau dann ein **boolesches** Teilmodell von M, wenn $\mathcal{O}' \subseteq \mathcal{O}$ und $S' \subseteq S$ und alle Operatoren aus $\mathcal{O}'$ paarweise kommutieren und letztlich alle Zustände aus S' Eigenzustände zu sämtlichen Operatoren aus $\mathcal{O}'$ sind. Ein boolesches Teilmodell verhält sich völlig klassisch und wir erwarten daher, daß dies die verborgenen Parameter ebenfalls tun. Dies zeigt das folgende Lemma.

Theorem 183 *Ein boolesches Untermodell $\langle \mathcal{O}', S', [.], \mathcal{X}, \rho \rangle$ mit S' abzählbar erfüllt die Produktregel (VII.13) für alle Operatoren aus $\mathcal{O}'$ auf einer Menge $\Lambda_0 \subseteq \Lambda$ mit $\rho_w(\Lambda \backslash \Lambda_0) = 0$ für jeden Zustand $w \in S'$,.*

Bew.: Für jeden Projektor $P \in \mathcal{O}'$ und (Eigen-)zustand $w \in S$ lautet die Modellgleichung (VII.7)

$$\langle P \rangle_w = \int_\Lambda [P](\lambda)\, \mathrm{d}\rho_w(\lambda) = \begin{cases} 1 & \text{falls } Pw = w \\ 0 & \text{falls } Pw = 0 \end{cases}$$

Da $0 \leq [P] \leq 1$ und $\int \mathrm{d}\rho_w = 1$ folgt

$$\text{(VII.14)} \qquad \left. \begin{array}{lcll} [P](\lambda) & = & 1 & \text{falls } Pw = w \\ [P](\lambda) & = & 0 & \text{falls } Pw = 0 \end{array} \right\} \rho_w - \text{f.ü.}$$

Für zwei Projektoren $P, Q \in S'$ auf orthogonale Teilräume sind die folgenden Kombinationen von Gleichung (VII.14) möglich:

$$\text{(VII.15)} \qquad \begin{array}{l} \left. \begin{array}{lcl} [P](\lambda) & = & 1 \\ [Q](\lambda) & = & 0 \end{array} \right\} \quad \rho_w - \text{f.ü. für} \quad Pw = w,\ Qw = 0 \\ \left. \begin{array}{lcl} [P](\lambda) & = & 0 \\ [Q](\lambda) & = & 1 \end{array} \right\} \quad \rho_w - \text{f.ü. für} \quad Pw = 0,\ Qw = w \\ \left. \begin{array}{lcl} [P](\lambda) & = & 0 \\ [Q](\lambda) & = & 0 \end{array} \right\} \quad \rho_w - \text{f.ü. für} \quad Pw = Qw = 0 \end{array}$$

Für je zwei (kommutierende) $P, Q \in \mathcal{O}'$ können (VII.14) und (VII.15) zusammengefaßt werden

$$\text{(VII.16)} \qquad \left.\begin{array}{l} [P](\lambda) \in \{0,1\} \\ P \perp Q \rightarrow [P][Q] = 0 \end{array}\right\} \rho_w - \text{f.ü. für jedes } w \in S'$$

Für jede Folge paarweise orthogonaler Projektoren R_i aus $\mathcal{O}'$ mit $\sum_i R_i = 1$ folgt aus (VII.16) $\sum_i [R_i] \leq 1$ oder

$$1 - \sum_i [R_i] \geq 0$$

Das Integral des linken Terms über $d\rho_w$ verschwindet für jeden Zustand $w \in S'$ aufgrund der Modellgleichung (VII.7). Damit verschwindet aber auch der Integrand fast überall.

$$\text{(VII.17)} \qquad \sum_i [R_i] = 1 \quad \rho_w - \text{f.ü. für jedes } w \in S'$$

Für (kommutierende) Projektoren P und Q aus $\mathcal{O}'$ impliziert die Reichhaltigkeitsbedingung für Operatoren, daß die folgenden beiden Gleichungen wohldefinierte Instanzen von (VII.17) sind.

$$\left.\begin{array}{lcl} [PQ] + [PQ^\perp] + [P^\perp Q] + [P^\perp Q^\perp] & = & 1 \\ {[P]} + [P^\perp Q] + [P^\perp Q^\perp] & = & 1 \end{array}\right\} \rho_w - \text{f.ü. für jedes } w \in S'$$

Die Kombination beider Gleichungen ergibt

$$\text{(VII.18)} \qquad [PQ] + [PQ^\perp] = [P] \quad \rho_w - \text{f.ü. für jedes } w \in S'$$

und aus Symmetriegründen ebenfalls

$$\text{(VII.19)} \qquad [PQ] + [P^\perp Q] = [Q] \quad \rho_w - \text{f.ü. für jedes } w \in S'$$

Unter Verwendung von (VII.16) und (VII.18, VII.19) folgt die Produktregel (VII.13)

$$\begin{array}{lcl} [P][Q] & = & ([PQ] + [PQ^\perp])([PQ] + [P^\perp Q]) \\ & = & [PQ]^2 \\ & = & [PQ] \end{array}$$

auf Mengen Λ_w mit $\rho_w(\Lambda \backslash \Lambda_w) = 0$ für jedes $w \in S'$, und somit auf deren (nach Voraussetzung abzählbaren und somit meßbaren) Vereinigung $\Lambda_0 := \bigcup_{w \in S'} \Lambda_w$ mit $\rho_w(\Lambda \backslash \Lambda_0) = 0$. □

Aus dem Stetigkeitsaxiom für topologische kontextfreie Modelle und der Forderung, daß der zugrundeliegende Raum $\mathcal{X}$ lokalkompakt ist, folgt, daß (der Abschluß der) Graphen der Dichten, wenn diese nicht auf jedem offenen Teilraum unstetig sind, als Hyperraum in $\mathcal{X} \otimes \Re$ betrachtet werden können. Damit überlappen sich die Träger der Dichten benachbarter Zustände immer mehr. Wenn nun die Dimension von $\mathcal{X}$ kleiner seien soll, als die Dimension des Hyperraumes, so müssen sich bestimmte Dichten denselben Satz von verborgenen Parametern teilen.

Wir fragen uns nun, in wieweit die verschiedenen Teilbereiche des Modells, also die Träger der Maße sich überlappen dürfen. Ein (Teil-)Modell heißt **symmetrisch** genau dann, wenn für je zwei Basen $\{v_i\}_i$ und $\{w_i\}_i$ gilt

$$\bigcup_{i \in I} \operatorname{supp}(\rho_{v_i}) = \bigcup_{i \in I} \operatorname{supp}(\rho_{w_i}) \tag{VII.20}$$

wenn also den beiden Basen die selben verborgenen Parameter zugeordnet werden. Diese Beziehung läßt sich formal als Einfachheitsbedingung auffassen.[5] Wir nennen ein x aus dem Raum der verborgenen Parameter **physikalisch möglich** im verborgenen Zustand ρ genau dann, wenn $x \in \operatorname{supp}(\rho)$. Die physikalisch möglichen Punkte der verborgenen Parameter sind also genau diese, welche eine nichtverschwindende Wahrscheinlichkeit besitzen. Nicht physikalisch möglich sind diejenigen Punkte, die eine Umgebung vom ρ-Maß null besitzen.

Zur physikalischen Bedeutung der Symmetriebedingung sei an den Unterschied zwischen Gemenge und Gemischzustand erinnert. Ein Gemengezustand ist eine rein gedankliche Vereinigung von Teilchenensembles, welche zu verschiedenen, in der Regel orthogonalen Zuständen $w_1, \ldots, w_n$ mit Wahrscheinlichkeiten $\mathrm{p}_1, \ldots, \mathrm{p}_n$ gehören. Er besitzt im Hilbertraumfor-

---

[5] Für einen endlichdimensionalen Hilbertraum ist der Hyperraum aller abgeschlossenen Mengen der Form

$$\bigcup_{i=1}^{n} \operatorname{supp}(\rho_{w_i})$$

für jede Basis $w_1, \ldots, w_n$ ist natürlich am einfachsten, wenn er nur ein Element enthält, wenn also die Symmetriebedingung gilt.

Eine allgemeinere Aussage ist nur möglich, falls die Abbildung $w \longmapsto \operatorname{supp}(\rho_w)$ stetig ist. Dann ist auch die Abbildung von den Basen auf die Hyperraumelemente stetig, wobei die Basen als Matrizen $\sum_{i=1}^{n} \alpha_i w_i$ mit $\alpha_i \neq \alpha_j$ für $i \neq j$ aufgefaßt werden können; sie bilden dann einen kompakten und lokaleuklidischen Teilraum des Hilbertraumes der Matrizen. Dann ist der Satz über dimensionserniedrigende Abbildungen anwendbar. Falls der Hyperraum nulldimensional ist, besitzt also irgend ein Element des Hyperraumes ein Urbild mit (mindestens) der Dimension des Hilbertraumes der oben konstruierten Matrizen. Nach einem bekannten Satz der Dimensionstheorie des $\Re^N$ enthält das Urbild dann eine offene Menge von Matrizen, die auf dasselbe Hyperraumelement abgebildet wird. Das Modell eingeschränkt auf eine offene Menge von Zuständen $\bigcup_{i=1}^{n} O_i$, $O_i \ni w_i$, für eine Basis $w_1, \ldots, w_n$ ist symmetrisch.

malismus der Quantenmechanik keine Entsprechung, wohl aber gibt es Formalisierungen im Rahmen der sogenannten Quantenlogik. In Modellen verborgener Parameter lassen sich Gemengezustände durch Kombination der Maße der Teilzustände darstellen.

$$\rho_{\text{Gemenge}} = \sum_{i=1}^{n} \mathrm{p}_i \cdot \rho_{w_i} \tag{VII.21}$$

Davon zu unterscheiden sind die Gemischzustände, die in der Quantenmechanik durch einen Dichteoperator w repräsentiert werden. In den Modellen verborgener Parameter entspricht ihm ein eigenes Maß.

$$\rho_{\text{Gemisch}} = \rho_w\,, \quad w = \sum_{i=1}^{n} \mathrm{p}_i \cdot w_i$$

Gemischzustände entstehen aus reinen Mehrteilchenzuständen als verkürzte Beschreibungen, wenn nur die Eigenschaften einiger Teilchen betrachtet werden und, vergleichbar den Marginalen, die Korrelationen mit anderen Teilsystemen nicht berücksichtigt werden. Eine Besonderheit ist die in der Regel nicht eindeutige Zerlegung eines Gemisches nach einer Basis, insbesondere für den unpolarisierten Zustand

$$w = \frac{1}{n}\mathbf{1} = \frac{1}{n}\sum_{i=1}^{n} w_i = \frac{1}{n}\sum_{i=1}^{n} v_i \tag{VII.22}$$

(w_i, v_i sind beliebige Basen). Ein solcher Zusammenhang ist für die Gemengezustände nicht zu erwarten. Nennen wir ein Gemenge (VII.21) **homogen**, wenn $\mathrm{p}_i = \mathrm{p}_j$ für alle i, j ist. Dann sind in der Regel für verschiedene Basen w_i, v_i die homogenen Gemenge verschieden.

$$\frac{1}{n}\sum_{i=1}^{n} \rho_{w_i} \neq \frac{1}{n}\sum_{i=1}^{n} \rho_{v_i}$$

Wenn sich auch die Wahrscheinlichkeitsdichten der homogenen Gemenge unterscheiden, so muß das jedoch nicht für die Klasse der physikalisch möglichen Punkte des Parameterraumes gelten. In Bezug auf die Observablenstatistiken sind nämlich die homogenen Gemenge untereinander und von dem unpolarisierten Zustand (VII.22) nicht unterscheidbar. Das folgt aus der Linearität der Modellgleichung (VII.7)

$$\begin{aligned} \textstyle\int_\Lambda [A](\lambda)\, \mathrm{d}\left(\frac{1}{n}\sum_{i=1}^{n}\rho_{w_i}\right)(\lambda) &= \textstyle\frac{1}{n}\sum_{i=1}^{n}\int_\Lambda [A](\lambda)\, \mathrm{d}\rho_{w_i}(\lambda) \\ &= \textstyle\frac{1}{n}\sum_{i=1}^{n}\langle A\rangle_{w_i} = \langle A\rangle_{\frac{1}{n}\mathbf{1}} \end{aligned}$$

Wenn nun der Parameterraum nur Werte der Observablen repräsentiert, die ein System auch dann besitzt, wenn sie nicht gemessen werden, wenn er also keine prinzipiell unbeobachtbaren intrinsischen Eigenschaften enthält, dann *müssen statistisch gleichwertige Zustände die gleichen physikalisch möglichen Parameterwerte besitzen.* Mit der Beziehung

$$\operatorname{supp}\left(\frac{1}{n}\sum_{i=1}^{n}\rho_{w_i}\right)=\bigcup_{i=1}^{n}\operatorname{supp}(\rho_{w_i})$$

folgt die Symmetriebedingung.

Die Symmetriebedingung führt aber für nichttriviale Systeme schnell zum Widerspruch mit den klassischen Unmöglichkeitstheoremen. Für zweidimensionale Hilberträume, die ein Spin-1/2-Teilchen beschreiben, lassen sich noch symmetrische Modelle konstruieren. Dies scheitert jedoch schon für das der Bellschen Ungleichung zugrundeliegende System zweier korrelierter Teilchen mit Spin 1/2. Sind nämlich

$$\langle \mathcal{O}_1, S_1, [.]_1, \mathcal{X}_1, \rho^1\rangle \text{ und } \langle \mathcal{O}_2, S_2, [.]_2, \mathcal{X}_2, \rho^2\rangle$$

symmetrische Modelle, so ist auch jedes Zweiteilchenmodell

$$\langle \{\mathcal{P}\otimes\mathcal{Q}|\mathcal{P}\in\mathcal{O}_1, \mathcal{Q}\in\mathcal{O}_2\}, \{v\otimes w|v\in S_1, w\in S_2\}, [.], \mathcal{X}_1\otimes\mathcal{X}_2, \rho^1\otimes\rho^2\rangle$$

auf den faktorisierenden Zuständen für irgend ein Modellfunktional [.] symmetrisch. Mit dem folgenden Theorem folgt die Produktregel, die ihrerseits die Bellschen Ungleichungen impliziert.

Theorem 184 *Jedes symmetrische topologische kontextfreie Modell erfüllt die Produktregel (VII.13) auf jedem Zustand, der zu einer Basis im Modell gehört. (Die Lokalkompaktheit und Stetigkeit wird nicht verlangt).*

Bew.: Seien P, Q kommutierende Projektoren und $w_k \in S$ ein beliebiger (im allgemeinen also kein Eigen-) Zustand, der aber zur Basis $\{w_i\}_i \subseteq S$ gehört. Die beiden Reichhaltigkeitsbedingungen stellen sicher, daß P und Q zusammen mit einer gemeinsamen Eigenbasis $\{v_i\}_i$ in einem booleschen Untermodell enthalten sind. Mit dem letzten Theorem 183 folgt die Produktregel auf dem Träger für jedes Maß ρ_{v_i}. Mit dem Überdeckungslemma 182 gilt sie dann auch auf jeder anderen Zustandsbasis, insbesondere $\{w_i\}_i$, da die Symmetriebedingung VII.20 schon die Prämisse VII.12 impliziert. □

Die einfachst mögliche realistische Interpretation eines Quantenzustandes würde außer einer Statistik über die Werte sämtlicher Observablen keine weiteren (verborgenen) Parameter enthalten. Eine solche Interpretation der Quantenmechanik ist nicht möglich. Die Theorien verborgener Parameter tragen ihren Namen zurecht. Eine kontextfreie, von der Meßanordnung unabhängige Beschreibung muß notwendigerweise verborgene Eigenschaften enthalten. Der Spielraum für solche, zudem nichtlokale Theorien ist aber sehr eng. Er würde mit einem hohen Komplexitätszuwachs erkauft, der die Erklärungskraft der Theorie über die Quantenmechanik hinaus unbedeutend macht. Theorien verborgener Parameter sind also keine rationale Wahl im Rahmen des heutigen Standes der Physik.

Kapitel VIII

Danksagung

Ich möchte Herrn Essler für die geduldige und freundliche Betreuung meiner Arbeit danken, für den breiten Raum, den er meinen Ergebnissen im Rahmen seiner Seminare gab, sowie für die große Unterstützung bei der Beantragung der Stipendien. Herrn Metzler und Herrn Detel danke ich für ihre Bereitschaft, weitere Gutachten zu erstellen. Ich schulde dem Land Hessen für die Gewährung eines Graduiertenstipendiums und dem Deutschen Akademischen Auslandsdienst für einen Reisekostenzuschuß großen Dank. Ohne sie wäre diese Arbeit in dieser Form nicht möglich gewesen. Ebenfalls danke ich der Geschwister Boehringer Ingelheim Stiftung für Geisteswissenschaften für die Gewährung eines Druckkostenzuschusses. Weiterhin möchte ich Herrn Redhead und seinen Mitarbeitern für ihre freundliche Aufnahme und Betreuung in Cambridge (GB) und für viele fruchtbare Diskussionen danken. Frau Cand. Math. Cornelia Eicheler danke ich besonders herzlich für bedeutende semantische und syntaktische Korrekturen.

Bibliographie

Topologie

[Bauer(92)] Bauer, H.
Maß- und Integrationstheorie Berlin, 1992

[Essler/Brendel(87)] Essler, W.K. und Brendel, E.
Grundzüge der Logik Frankfurt, 1987

[Grotemeyer(69)] Grotemeyer, K.P.
Topologie Mannheim, 1969

[Helmberg(62)] Helmberg, G.
On Convergence Classes of Sets (1962), 918-921

[Isbell(64)] Isbell, J.R.
Uniform Spaces Am. Math. Soc., Rhode Island, 1964

[Janos(78)] Janos, L.
Topological Dimension as a First Order Property Lincei **64** (1978), 572-577

[Menger(28)] Menger, K.
Dimensionstheorie Leipzig/Berlin, 1928

[Michael(51)] Michael, E.
Topologies on Spaces of Subsets Trans. Amer. Math. Soc. **71** (1951), 151-188

[Morita(75)] Morita, K.
Cech Cohomology and Covering Dimension for Topological Spaces Fundamenta Mathematicae **87** (1975), 31-52

[Mrówka(57)] Mrówka, S.
On the convergence of nets of sets Fundamenta Mathematicae **45** (1957), 237-246

[Nadler(78)] Nadler, S.
Hyperspaces of Sets New York, 1978

[Nagata(83)] Nagata, J.
Modern Dimension Theory Berlin, 1983

[Richman et al. (76)] Richman, F. et al.
Constructive Dimension Theory Composito Mathematica **33** Vol. 2 (1976), 161-177

[Scepin(72)] Scepin, E.
Axiomatics of the Dimension of Metric Spaces Dokl. Akad. Nauk SSSR **13** No. (1972), 1177-1179

[Schubert(75)] Schubert, H.
Topologie Stuttgart, 1975

Einfachheit

[Balmer(85)] Balmer, D.
How Many Parameters Can a Model Have and Still Be Testable J. Math. Psych. **29** (1985), 443-473

[Barker(61)] Barker, S.
On Simplicity in Empirical Hypotheses Phil. Sci. **28** (1961), 162-171

[Essler(70)] Essler, W. K.
Induktive Logik Freiburg/München, 1970

[Essler(73)] Essler, W.K.
Wissenschaftstheorie III Wahrscheinlichkeit und Induktion Freiburg/München, 1973

[Essler(78)] Essler, W.K.
Corrupted Concepts and Empiricism Erkenntnis **12** (1978), 181-187

[Friedmann(72)] Friedman, K.
Empirical Simplicity as Testability Brit. J. Phil. Sci. **23** (1972), 25-33

[Goodman(49)] Goodman, N.
The Logical Simplicity of Predicates J. Symb. Logic **14** No. 1 (1949), 32-41

[Goodman(55)] Goodman, N.
Axiomatic Measurement of Simplicity J. Phil. **52** (1955) 709-722

[Humburg(64)] Humburg, J.
Die Problematik des induktiven Schließens bei Carnap und Richter Diplomarbeit, München, 1964

[Joy(75)] Joy, G.
Karl Popper's View of Simplicity in Science J. Thought **10** (1975), 16-23

[Kamlah(71)] Kamlah, A.
Kepler im Lichte der modernen Wissenschaftstheorie. In: H. Lenk (Hrsg.), Neue Aspekte der Wissenschaftstheorie, Braunschweig 1971

[Kamlah(98)] Kamlah, A.
Der Griff der Sprache nach der Natur, 1998

[Kargopoulos(92)] Kargopoulos, P.
On the Simplicity of Curve Hypotheses Erkenntnis **37** (1992) 27-35

[Kemeny(53a)] Kemeny, J.
The Use of Simplicity in Induction Phil. Rev. **62** (1953), 391-408

[Kemeny(53b)] Kemeny, J.
A Logical Measure Function J. Symb. Log. **18** (1953), 289-308

[Kemeny(55)] Kemeny, J.
Two Measures of Complexity J. Phil. **52** (1955), 722-733

[Manders(76)] Manders, K.
Friedman's Criterion for Simplicity Brit. J. Phil. Sci. **27** (1976), 395-397

[Martin(65)] Martin, M.
The Falsifiability of Curve-Hypotheses Phil. Stud. **16** (1965), 56-60

[Nelson(72)] Nelson, A.
Simplicity and the Confirmation Paradoxes Sw. J. Phil. **3** (1972), 99-107

[Pambuccian(86)] Pambuccian, V.
Simplicity

[Popper(59)] Popper, K.
Logik der Forschung 7. Auflage, Tübingen 1982

[Post(58)] Post, H.
Simplicity in Scientific Theories Brit J. Phil. Sci. **11** (1961), 32-41

[Post(62)] Post, H.
A criticism of Popper's Theory of Simplicity Brit. J. Phil. Sci. **12** (1962), 328-331

[Redhead(84)] Redhead, M.
Unification in Science Brit..J. Phil. Sci. **35** (1984), 274-9

[Redhead(89)] Redhead, M.
Explanation Preprint (1989)

[Schlesinger(61)] Schlesinger, G.
Dynamic Simplicity Phil Rev **70** (1961), 485-499

[Stegmüller(85)] Stegmüller, W.
Theorie und Erfahrung 2. Bd Theorienstrukturen und Theoriendynamik Berlin, 1985

[Suppes(56)] Suppes, P.
Nelson Goodman on the Concept of Logical Simplicity Phil Sci **23** (1956), 153-159

[Turney(90)] Turney, P.
The Curve Fitting Problem: A Solution Brit. J. Phil. Sci. **41** (1990), 509-530

[Turney(91)] Turney, P.
A Note on Popper's Equation of Simplicity with Falsifiability Brit. J. Phil. Sci. **42** (1991), 105-109

[Watson(53)] Watson, P.
On the Limits of Sequences of Sets Quart. J. Math. **2** Vol. 4 (1953), 1-3

[Watkins(84)] Watkins, J.
Science and Scepticism Princeton University Press, Princeton, 1984

Methodologie

[Blumer(89)] Blumer, A.et al.
Learnability and the Vapnik-Chervonenkis-Dimension J. ACM **36** (1989), 929-965

[Gemes(94)] Gemes, K.
Schurz on Hypothetico-Deductivism Erkenntnis **41** (1994), 171-181

[Hempel(77)] Hempel, C.G.
Aspekte wissenschaftlicher Erklärung Walter de Gruyter, 1977

[Lauth(96)] Lauth, B.
New Blades for Occam's Razor Erscheint in: Erkenntnis

[Lenzen(74)] Lenzen, W.
Theorien der Bestätigung wissenschaftlicher Hypothesen Frommann-Holzbog, Stuttgart, 1974

[Schurz(91)] Schurz, G.
Relevant Deduction Erkenntnis **35** (1991), 391-437

Zustandsbeschreibungen und Theoretizität

[Balzer(85)] Balzer, W.
On a New Definition of Theoreticity Dialectica **39** (1985), 127-145

[Bartelborth(96)] Bartelborth, T..
Begründungsstrategien Berlin, 1996

[Essler(82)] Essler, W.K.
Wissenschaftstheorie I Definition und Reduktion Freiburg/München, 1982

[Essler(Disp.)] Essler, W.K.
On Determining Dispositions Unveröffentlichtes Paper

[Gähde(90)] Gähde, U.
On Innertheoretical Conditions for Theoretical Terms Erkenntnis **32** (1990), 215-233

[Gähde(95)] Gähde, U.
Holism and the Empirical Claim of Theory-Nets in: Balzer, Moulines: Research Topics in Structuralist Philosophy of Science, Berlin, 1994

[Gaifman et al. (90)] Gaifman, H. et al.
A Reason for Theoretical Terms Erkenntnis **32** (1990), 149-159

[Kamlah(95)] Kamlah, A.
Two Kinds of Axiomatization of Mechanics Phil. Nat. **32** (1995), 27-46

[Kyburg(78)] Kyburg, J.R. und Henry, E.
How to Make Up a Theory Phil. Rev. **87** (1978), 84-87

[Mackey(63)] Mackey, G.W.
Mathematical Foundations of Quantum Mechanics New York, 1963

[Moulines/Straub(94)] Moulines, C. U. und Straub, R.
Approximation and Idealization from the Structuralist Point of View, Poznań Studies in the Philosophy of the Sciences and the Humanities **42** (1994), 25-48, 53-55

[Moulines(96)] Moulines, C.U.
Structuralist Models, Idealization, and Approximation. In: Hegselmann et al. (eds.), *Modelling and Simualtion in the Social Sciences from the Philosophy of Science Point of View*, Kluwer 1996, 157-167

[Redhead(75)] Redhead, M.
Symmetry in Intertheory Relations Synthese **32** (1975), 77-112

[Simon(84)] Simon, H.
Quantification of Theoretical Terms and the Falsifiability of Theories

[Schmidt(93)] Schmidt, H.-J, *A Definition of Mass in Newton-Lagrange Mechanics* Philosophia Naturalis **30** (1993), 189-207

[Stegmüller(86)] Stegmüller, W. *Theorie und Erfahrung 3. Bd Die Entwicklung des neueren Strukturalismus seit 1973* Berlin 1986

[Schurz(1990)] Schurz, G. *Paradoxical Consequences of Balzer's and Gähde's Criteria of Theoreticity. Results of an Application to Ten Scientific Theories.* Erkenntnis **32** (1990), 161-214

Relativistische Raumzeit

[Aberg(88)] Aberg, C. *Theoretical and Empirical Ingredients in Modern Physics: Philosophical Comments on the Developing Theory for Superstrings.* Conceptus **22** (1988), 59-68

[Carnap(25)] Carnap, R. *Über die Abhängigkeit der Eigenschaften des Raumes von denen der Zeit* Kant-Studien **30** (1925), 331-345

[Essler(79)] Essler, W.K. *Wissenschaftstheorie IV Erklärung und Kausalität* Freiburg/München, 1979

[Hawking(73)] Hawking, S. *The large scale structure of space-time* Cambridge 1973

[Heathcote(88)] Heathcote, A. *Zeeman-Göbel Topologies* Brit. J. Phil. Sci. **39** (1988), 247-261

[Hilbert(Grundl.)] Hilbert, D. *Grundlagen der Geometrie* Stuttgart, 1987

[Hogarth(92)] Hogarth, M. *Metrical Realism and the Conventionality of Simultaneity* Eingereicht für Phil. Sci. (Darwin College, Cambridge (GB), CB3 9EU, 1992)

[Jammer(1980)] Jammer, M.
Das Problem des Raumes Darmstadt 1980

[Mundy(86)] Mundy, B.
Optical Axiomatization of Minkowsky Space-Time Geometry Phil. Sci. **53** (1986), 1-30

[Schmidt(94)] Schmidt, J.
A simple proof of the Alexandrov-Zeeman-theorem Unveröffentlichtes Manuskript (1994)

[Zeeman(64)] Zeeman, E.C.
Causality Implies the Lorentz Group J. Math. Phys. **5** Vol 4 (1964), 490-493

Quantenmechanik

[Busch(93)] Busch, P. et. al.
On Classical Representations of Finite-Dimensional Quantum Mechanics Int. J. Th. Phys. **32** (1993), 399-405

[Giuntini(91)] Giuntini, R.
Quantum Logic and Hidden Variables Mannheim 1991

[Ludwig(78)] Ludwig, G.
Die Grundstrukturen einer physikalischen Theorie Berlin 1978

[Redhead(87)] Redhead, M.
Incompleteness, Nonlocality and Realism: A Prolegomenon to the Philosophy of Quantum Mechanics Oxford, 1987

[Singer(90)] Singer, M. und Stulpe, W.
Informational Incompleteness of the Observables S_x, S_y, S_z for Spin-1 Systems Found. Phys. **20** (1990), 471-472

[Singer(92)] Singer, M. und Stulpe, W.
Phase-space representations of general statistical physical theories J. Math. Phys. **33** (1992), 131-142

[Stulpe(90)] Stulpe, W.
Some Remarks on the Determination of Quantum States by Measurements Found. Phys. Lett. **3** (1990), 153-166

[Stulpe(92)] Stulpe, W.
On the Representation of Quantum Mechanics on Phase Space Int. J. Th. Phys. **24** (1994), 1089-1094

[Stulpe(94)] Stulpe, W.
Some Remarks on Classical Representation of Quantum Mechanics Found. Phys. **31** (1992), 1785-1795

[Werner(83)] Werner, R.
Physical Uniformities on the State Space of Nonrelativistic Quantum Mechanics Found. Phys. **13** (1983), 859-881

[Werner(86)] Werner, R.
A generalization of stochastic mechanics and its relation to quantum mechanics Phys. Rev. **D34** (1986), 463-469

[Zoubek(92)] Zoubek, G. und Lauth, B.
Zur Rekonstruktion des Bohrschen Forschungsprogramms I & II Erkenntnis **37** (1992) 223-247, 249-273